農学基礎
シリーズ

花卉園芸学の基礎

腰岡政二
［編著］

農文協

まえがき

大学などでは花卉（観賞）園芸学について体系的に学ぶ場合，通常は植物生態学や植物生理学などを学んだあとに花卉園芸学を学ぶことが多いと思われます。しかし，花卉の生態学や生理学は，稲，野菜，果樹など他の農作物と共通するところが多い反面，花卉特有のところも多くあります。そこで，本書では，書名を『花卉園芸学の基礎』とし，花卉に特化した生態学や生理学をも学ぶことで花卉園芸を理解できるように努めました。

したがって，今までの花卉園芸学に関する参考書とはちがい，あえて個々の花卉を論ずる各論は含めていません。しかし，生産上重要である花卉や，研究対象としてよくあつかわれている花卉については，本文に含めるようにしました。さらには，花卉生産という出口をみすえたうえで，最新の知識と技術をとりいれ，花卉をより理解できるように努めました。また，内容については，はじめて花卉を学ぼうとする人にも理解しやすいように，図，表およびそれらの説明，専門用語の解説，話題のコラムを多くいれるようにしました。

現在では，1990 年に開催された「国際花と緑の博覧会」を契機に，花卉への関心が日常生活に浸透したといっても過言ではありません。さらに，2014 年 6 月 27 日には「花きの振興に関する法律」が公布され，花卉産業や花卉文化の発展と振興が期待されています。このようなとき，花卉に興味をもち，花卉に関連する科学的あるいは生産的な知識を学ぼうとする学生諸君に，あるいは花卉を専門とする方々に，さらには花卉に関心を抱いている一般の多くの方々に本書を活用していただけることを願っています。

本書は 13 名の専門家が執筆しています。多くが花卉の研究現場で活躍されている諸氏であり，最新の知識，技術を紹介しながら花卉を理解できるよう心がけて執筆していますが，不十分な点あるいは舌足らずな点もあるのではないかと危惧しております。今後，ご批判を得て充実していきたいと考えています。

最後に，企画から出版にいたるまで種々尽力された農文協編集局の丸山良一氏，ならびに図，表の作成に助力を得た磯部礼葉さんに厚くお礼申し上げます。

2015 年 1 月

腰岡 政二

目次

3 第3章 育種と繁殖 80

4 第4章 生産技術と環境管理 112

第1章 花卉園芸の特色と歴史

I 園芸と花卉

1 園芸の定義と特色

1 「horticulture」と「園芸」

園芸とは，英語では「horticulture」といい，囲まれた土地で果樹，野菜，花卉の栽培や造園をすることをあらわす。

語源はラテン語の Horticultura（注1）であるが，Horticultura という語がはじめて用いられたのは 1631 年で，ローレムベルグ（P. Lauremberg）の著書『HORTICVLTVRA』（図1-I-1）のなかである。英語は 1678 年に新語 horticulture として紹介されたが，文献にあらわれるのは 1914 年で，ベイリー（L.H. Bailey）の著書『The Standard Cyclopedia of Horticulture』である。

わが国で「園芸」という語があらわれるのは，明治時代にはいってまもなく発行された『英和語彙』（1873 年）のなかで，horticulture, gardening の訳語としてである。その後，1880 年に駒場農学校（注2）の「諸

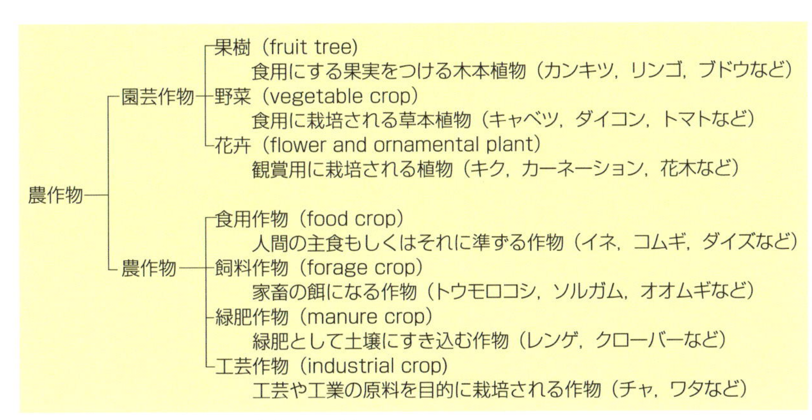

図1-I-2　園芸作物と農作物の分類

〈注1〉
Horticultura は，庭あるいは園（囲まれた土地）を意味する hortus と，栽培あるいは耕作を意味する cultura からつくられた。中世ヨーロッパでは，hortus には植物園（botanical garden）の意味もあった。

PETRI
LAVREMBERGII
HORTICVL-
TVRA,
Libris II. comprehensa;
HVIC NOSTRO COELO
IN QVA
QVICQVID AD HORTVM
PROFICVE COLENDVM, ET E-
Francofurti ad Mœ

図1-I-1　ローレムベルク著『HORTICVLTVRA』

〈注2〉
東京大学，筑波大学，東京農工大学の農学部の前身である。

学科改定表」のなかに，「園芸および樹林培養法」としてでてくる。

こうした歴史を経て，果樹，野菜，花卉などの作物を園芸作物（horticultural crop）というようになった（図1-Ⅰ-2）（注3）。

〈注3〉
囲まれた土地で栽培される園芸作物に対して，広い土地で栽培される作物を農作物とよび，図1-Ⅰ-2のように分類される。なお，広義には園芸作物も含めて農作物とよぶ。

2 園芸学

欧米では園芸と造園は同じ学問体系となっているが，わが国では1940年代半ばから，果樹，野菜，花卉の栽培を園芸とし，造園と切り離して考えるようになった。このことは1944年発行の『園芸大辞典』（石井勇義著）に記されている。

園芸学とは果樹，野菜，花卉などをあつかう学問をさし，それぞれ果樹園芸学（pomology, fruit science），野菜園芸学（olericulture, vegetable crop science），花卉園芸学（floriculture, floricultural science）（注4）という。

また，果樹，野菜，花卉の収穫後の生理，貯蔵，流通などをあつかう学問領域として園芸利用学（postharvest horticulture），施設利用に特化した栽培学の領域として施設園芸学（protected horticulture）がある。

〈注4〉
近年，観賞園芸学（ornamental horticulture）という語も使われるようになってきた。

2 花卉

「花」は種子植物の有性生殖を行なう器官の総体で，草をあらわす「艸（そう）」（「草」の本字）と美しいという意味をあらわす「化」からなる形声文字で，葉の変形である花葉（花器官を構成するがく，花弁，雄ずい，雌ずいなどの器官）と，茎の変形である花軸からなる。

「卉」は，芽生えや草の芽を意味する「屮」（注5）を3つ合わせた会意文字で，草の総称である。この2文字を組み合わせた「花卉」（注6）は，花をつけるすべての植物のことである。

狭義では，おもに花店であつかわれる切り花，鉢物，苗物などをいうが，広義では，これに観賞樹，球根，地被植物，芝を加えたもので，観賞植物（ornamental plant）ともよばれる（注7）。

〈注5〉
音読み：てつ，そう
訓読み：め，めばえ，くさ

〈注6〉
花卉という文字は，中国では1630年（明代）の『群芳譜』（王象晋著）に，わが国では1694年の『花譜』（貝原益軒著）の序文にでてくる。

〈注7〉
農林水産省では，広義の花卉を「花き」と表記している。

3 花卉園芸

花卉園芸とは，花卉を栽培，生産，利用することで，大きく以下の3つに分類できる。

1 趣味の花卉園芸（amateur gardening）

個人の趣味として花卉を栽培，育種，観賞すること。古代から現代まで，花卉園芸の大部分をしめ，ヨーロッパの宮殿庭園（注8）や江戸時代の園芸文化（注9）も含まれる。現代では，家庭園芸ともよばれ人々の暮らしに深く根づいている。

〈注8〉
フランスのベルサイユ宮殿庭園，オーストリアのシェーンブルン宮殿庭園などがある。図1-Ⅰ-3は17世紀のドイツのハイデルベルグ城の庭園である。庭園内には，果樹園，野菜園，花卉園のほか，小動物園などが整備されていた。

〈注9〉
江戸時代は，多様な品種の育成など，世界的にみてもきわめて高い水準の園芸技術と花卉をたのしむ独自の園芸文化がつくられた（図1-Ⅰ-4）（本章Ⅲ-3-5参照）。

2 生産花卉園芸（commercial floriculture）

ヨーロッパでは，14世紀以降君主制がひろがるにつれて，宮殿庭園の

図 1-Ⅰ-3　ドイツのハイデルベルグ城の庭園
（Hortus Palatinus, Heidelberg, by J. Fouquieres　17 世紀）

左：江戸時代にたのしまれていたさまざまな鉢植え
歌川芳虎「新板植木つくし」（1857 年，大判錦絵）（国会図書館ウェブサイトから転載）

下：スイセンの早つくり
江戸時代にはさまざまな植物の促成栽培も発達していた（中山雄平『剪花翁伝』1851 年より）

図 1-Ⅰ-4　世界的にも高い水準だった江戸時代の園芸

建設がさかんになる。その庭園の維持整備のために近隣での花卉生産がはじまり，流通するようになった。わが国でも，江戸時代の参勤交代によって地域の花卉文化が交流するとともに，地域大名の江戸屋敷の庭園整備などのため，江戸近郊での花卉生産がはじまり，庶民にも流通した。こうした活動が，現在の生産花卉園芸の基礎になっている。

3 アメニティ花卉園芸（amenity floriculture）

福祉，環境保全などを目的とした花卉園芸である。20 世紀後半に学問としてはじまる。福祉では，栽培や観賞などの花卉園芸活動そのものを心身の健康向上やストレスの解消に，あるいは医療の補助行為としてとりいれられている。環境保全では，ガーデニングや街路緑化，都市緑化など住環境の改善や住みよい地域環境の創造に利用される（詳しくは第 5 章Ⅲ参照）。

Ⅱ 花卉の分類

〈注 1〉
同類であると認識できる個体の集合のことで，植物学的分類上の基本単位。

〈注 2〉
新品種の保護のために定めた種苗法にもとづく品種登録数は，2014 年 3 月時点で 23,385 品種あるが，取消し品種，放棄品種，期間満了品種を除いた有効登録品種数は 8,639 品種である。花卉以外は，野菜 652，果樹 548，食用作物 678，きのこ類 191，飼料作物 201，工芸作物 98，材木 16，桑 3，海草 11 品種である。

〈注 3〉
生物の種は固定したものではなく，長い時間と環境によって分化するものであることを示し，リンネの分類体系を理論的に説明した。

〈注 4〉
植物の分類・命名は植物命名国際規約（International Code of Botanical Nomenclature）にしたがって決定される。

1 花卉の種類

花卉の種類は多く，種（species）（注 1）の数は約 1,000 である。また，品種登録数（有効登録品種数）は草花 4,623，観賞樹 1,613，計 6,236 で，作物全体の 72% をしめる（2014 年 3 月現在）（注 2）。

花卉市場での流通数は日本花き取引コード（Japan Flower Code；JF コード）で示される。2014 年 6 月現在で約 88,000 品種にコード番号がつけられているが，実際の流通量は約 40,000 品種である。このように多種，多様にある花卉は，目的に応じて以下の項目のように分類される。

2 植物学的分類

1 植物の分類体系

❶リンネとダーウィン

1753 年にスウェーデンのリンネ（C. von Linne）（図 1 - Ⅱ - 1 -①）が『Species Plantarum（植物の種）』を出版し，雌ずいと雄ずいの数や形を分類の基本にして，属名（genus）と種小名（species）を用いた二名式命名法（binomial nomenclature）による分類体系をつくった。その約 100 年後の 1859 年に，ダーウィン（C.R. Darwin）（図 1 - Ⅱ - 1 -②）が『On the Origin of Species（種の起源）』で，生物の進化論を著した（注 3）。これらをふまえて，現在の分類体系ができた（注 4）。

❷分類階級

植物の分類体系には，上位から門，綱，目，科，属，種の分類階級があり，門では被子植物と裸子植物，綱では双子葉植物と単子葉植物，目ではバラ目，ナデシコ目などのように分類される。

①カール・フォン・リンネ
（1735 ～ 1740 年ころの肖像）

②ダーウイン
（1880 年ころの肖像）

図 1 - Ⅱ - 1

2 植物名（学名）の表記方法

❶基本になる表記方法

植物を含む個々の生物（種）につけられる世界共通の名称が学名であり，属名と種小名（種名）の二名式命名法で，ラテン語の斜体で表記する。

たとえば，テッポウユリの学名は *Lilium longiflorum* Thunb. と表記する。*Lilium* は属名，*longiflorum* は種小名，Thunb. は命名者の Thunberg を示す。命名者名は省略することができる。

同様に，ヤマユリは *L. auratum*（注５），スカシユリは *L. maculatum*，ササユリは *L. japonicum* と記載するが，これらの花卉は，形態が似ていることから同じ属名 *Lilium* がつけられている。一方，種小名は草姿，開花時期，花色，花器の形によって区別できることでつけられる。

〈注５〉
同じ属名が前出する場合は，後出の属名は *L. auratum* のように，略すことができる。この場合，種小名を簡略化することはできない。また，種小名を略す場合は，単数の場合は「sp.」，複数の場合は「spp.」とし，*Lilium* sp.，*Lilium* spp. のように表記する。この場合は，属名を略すことはできない。

❷変種や品種の表記

種のなかにも変異がみられる場合，亜種，変種あるいは品種として，亜種は「subsp.」，変種は「var.」，品種は「f.」の略号を前につけて，斜体で表記する（表１-Ⅱ-１）。亜種は変種ほどの変異はないが，同種ともいえない場合につけられる。変種はおもに地理的あるいは生態的変異がある場合，品種はおもに個体にあらわれる花色，八重性などの変異がある場合につけられる。たとえば，サクラソウ（*Primula sieboldii*）と同属のユキワリソウ（*Primula farinosa* subsp. *modesta*）には，変種のユキワリコザクラ（*Primula farinosa* subsp. *modesta* var. *fauriei*）や品種のシロバナユキワリコザクラ（*Primula farinosa* subsp. *modesta* var. *fauriei* f. *leucantha*）などがある。

表１-Ⅱ-１　変種，品種，栽培品種の区別と略号

ラテン語	英語	略号	日本語訳
subspecies	subspecies	subsp.	亜種
varietas	variety	var.	変種
forma	form	f.	品種
cultivar	cultivar	cv.	栽培品種

注）日本語では変種，品種，栽培品種の３つを区別することなく，品種とよぶことも多い

❸人工的に作出した植物の表記

自然交雑ではおこりえない植物を，属間交雑や種間交雑で人工的につくった場合は，新しくつけた属名あるいは種小名の前に「×」をつけて表記する。たとえば，ランのコクリオダ属（*Cochlioda*）とオドントグロッサム属（*Odontoglossum*）との交配でつくられたオドンチオダ属（× *Odontioda*），オオシマザクラ（*Cerasus speciosa*）とエドヒガンザクラ（*C. spachiana* f. *ascendens*）の交配でつくられたとされるソメイヨシノ（*C.* × *yedoensis*）などがある。

3 園芸植物の品種の表記方法

園芸植物の品種（園芸品種）は，栽培化によって獲得あるいは消失した形質をあらわしたもので，植物分類学上の変種や品種とはちがう（注６）。

品種名は，以前に用いられた curtivar の略「cv.」にかわり，現在ではコーテーションマーク（‘　’）で囲んで種小名の後ろに表記する。たとえば，キク品種の神馬は *Chrysanthemum* × *morifolium* ‘Jinba’，秋芳の力は *C.* × *morifolium* ‘Shu-ho-no-chikara’ と表記される。

〈注６〉
園芸植物の品種名は国際栽培植物命名規約（International code of nomenclature for cultivated plants）で決定される。

3 園芸的分類

花卉の園芸的分類は，生育習性や形態的特性による分類であり，基本的には，一・二年草，宿根草，球根，花木の４つに分類される。しかし，花卉の流通がグローバル化してきたために，わが国原産でない花卉はわが国の気象条件に応じた形で栽培されることも多く，基本的な４つの分類にはそぐわないものもでてきた。

したがって，品種の多様性や利用の観点から，実用的には次のようなグループに分類される。

1 一・二年草（annual plant and biennial plant）

一年草は播種から1年以内に開花，結実して一生を終える植物であり，二年草は播種から1年以上，2年以内に開花，結実して一生を終える植物である。

春播き一年草（summer annual plant）：春〜夏に生育，夏〜秋に開花，冬に枯死する。アスター，コスモス，ヒマワリ，ペチュニア属などがある。

秋播き一年草（winter annual plant）：秋〜冬に生育，春〜初夏に開花，夏に枯死する。キンセンカ，カスミソウ属，スイートピー，ストックなどがある。

二年草（biennial plant）：春に播種すると夏〜冬に生育し，翌年の春〜夏に開花し，その後枯死する。秋に播種すると翌年は栄養成長のみで開花せず，翌々年の春〜初夏に開花し，夏に枯死する。タチアオイ，フウリンソウ，ジギタリスなどがある。近年では，育種がすすみ，一年生の品種もつくられている。

2 宿根草（perennial plant）

開花結実しても枯死せず，植物体の全体か一部が毎年残り，成長・開花をくり返す。マーガレット，ミヤコワスレ，キク，シュッコンカスミソウ，ハナショウブ，シャクヤク，キキョウなどがある。

3 球根（bulb plant）

肥大あるいは多肉化した器官の種類と形態のちがいで，表1-Ⅱ-2のように分類される。

表1-Ⅱ-2　球根の分類

分類	特徴	花卉の例
鱗茎（bulb）	○葉または葉鞘の基部が肥大して貯蔵器官になったものである ○葉が変形した皮膜で覆われる有皮鱗茎には，母球更新型鱗茎と非母球更新型鱗茎がある ○皮膜がない無皮鱗茎もあり，母球鱗片の上位の腋芽が肥大し分球する	更新型鱗茎：ダッチアイリス，チューリップなど 非更新型鱗茎：アマリリス属，ヒアシンス，リコリス属など 無皮鱗茎：クロユリ，ユリ属など
球茎（corm）	茎が球形や卵形に肥大したもので，節と節間があり，葉の基部が薄い皮になって球茎を包む。母球更新型である	クロッカス属，フリージア属，グラジオラス属，コルチカムなど
塊茎（tuber）	茎が肥大したもので，皮膜に覆われていない。母球更新型塊茎と非更新型塊茎がある	更新型塊茎：アネモネ属，カラジウム，グロリオサ，サンダーソニアなど 非更新型塊茎：キュウコンベゴニア，シクラメン，グロキシニアなど
根茎（rhizome）	地下茎が肥大したもの	フクジュソウ，シラン，カンナ，スズラン，ジャーマンアイリスなど
塊根（tuberous root）	根が肥大したもので，上部にクラウンとよばれる茎の部分（あるいは一部）がないと発芽しない	ダリア属，ラナンキュラスなど

表1-Ⅱ-3　花木の分類

分類	特徴	花木の例
高木	高さ3〜4m以上の単幹性の樹木	カエデ属，モモ，ツバキ属，サルスベリ，ウメ，ライラックなど
低木	高さ3〜4m以下で枝分かれが多く，主幹と側枝の区別がはっきりしない樹木	アジサイ，ツツジ属，バラ属，ボタンなど
木本性つる植物	他の植物や物体を支えに高いところへ茎を伸ばす植物	ノウゼンカズラ，サネカズラ，フジ，ムベなど

なお，毎年母球が消耗し新球がつくられる母球更新型と，毎年母球が肥大する非更新型がある。

4 花木（ornamental tree and shrub, flowering tree and shrub）

花，茎，葉，果実などを観賞する木本植物で，大きく表1-Ⅱ-3ように分類される。

5 観葉植物（foliage plant）

葉や茎が観賞の対象となる，草本や木本性の温室植物とシダ植物をさす。草本植物にはディフェンバキア，モンステラ属，フィロデンドロン属など，木本植物にはアナナス属，ドラセナ属，インドゴムノキ属，フリーセア属など，シダ植物にはアディアンタム属，ヘゴ属，タマシダ属などがある。

6 ラン類（orchid）

約750属25,000種があるとされている。園芸的には独立したグループとしてあつかうが，形態や生態のちがいで次のように分類される。

❶形態による分類

茎が分枝せず成長する単茎性ラン（monopodial orchid）と毎年新しい茎をだして成長する複茎性ラン（sympodial orchid）がある。前者にはファレノプシス属，バンダ属など，後者にはシンビジウム属，ミルトニア属，オドンチオダ属などがある。

❷生態特性による分類

樹木の枝や幹あるいは岩石上で生育する着生ラン（epiphytic orchid）と，地中に根を伸ばして生育する地生ラン（terrestrial orchid）がある。着生ランにはカトレヤ属，デンドロビウム属，ファレノプシス属などが，地生ランにはシンビジウム属，キンラン，パフィオペディルム属などがある。

❸原産地による分類

日本，中国に自生し古くから栽培された東洋ランと，欧米で育成され日本に導入された洋ランがある。前者にはシュンラン，カンラン，セッコクなどが，後者にはカトレヤ属，シンビジウム属，デンドロビウム属，オンシジウム属，ファレノプシス属，バンダ属などがある。

7 多肉植物（succulent plant）

サボテン（cactus）を含み，約250属3,000種があるとされており，園芸的には1つのグループとしてあつかう。茎葉が肥大して多肉で多量の水を蓄える。シャコバサボテンやカニバサボテンを含むスクルンベルゲラ属，ゲッカビジンを含むエピフィルム属，アロエ属，エケベリア属，カランコエ属，セダム属などがある。

8 水生植物（aquatic plant, hydrophyte）

根が水中や水面下の土壌中にある植物で，ホテイアオイ，ハス，コウホネ，スイレン属などがある（注7）。

〈注7〉
ハスなどハス科植物は，地下茎から長い茎を伸ばし水面に葉をだす。水面よりも高く葉をだすこともある。茎には通気のための穴が通っている。葉は円形で葉柄が中央につき，撥水性がある。
スイレンやコウホネなどのスイレン科植物は，地下茎から長い茎を伸ばし，水面に葉や花を浮かべる。葉は円形から広楕円形で円の中心付近に葉柄がつくが，葉縁から葉柄まで深い切れ込みがはいる。葉の撥水性は弱い。

9 食虫植物（carnivorous plant）

昆虫などの小動物を捕らえて消化し，養分の一部にする植物である。捕食のしかたで，落とし穴式のウツボカズラ，粘着式のモウセンゴケ，はさみわな式のハエトリグサ，袋わな式のタヌキモなどに分類される。

10 有毒植物（poisonous plant, toxic plant）

❶有毒植物とは

植物には，人の健康に害を与えるものがあり，有毒植物とよばれている。①誤食により中毒をおこす植物，②触れて皮膚炎になる植物，③花粉症の原因となる植物などがある。花卉園芸でも，吸引や接触による健康被害に注意を払い，必要な場合には手袋やマスクなどの防御の手立てを講じる必要がある（注8）。皮膚炎をおこす園芸植物と皮膚炎の種類を表1-Ⅱ-4に示した。

なお，すべての有毒植物を園芸から排除することが大切なのではなく，生産から流通・販売，利用の各場面で，有毒植物に対する情報を共有し，とりあつかい方を十分に周知することが大切である。

❷有毒植物の数

イギリス園芸貿易協会（The Horticultural Trade Association）は英国王立園芸協会（Royal Horticultural Society）と協力し，潜在的な有害植物（potentially harmful plant）として117の分類群（属，種など）を選定し，注意事項別に3区分して公開している（注9）。また，アメリカ毒管理センター（American Association of Poison Control Centers）では，毎年，200ページをこえる年報を公開している。

日本では厚生労働省が，自然毒のリスクプロファイルとして公開してお

表1-Ⅱ-4　皮膚炎をおこすおもな園芸植物と皮膚炎の種類

皮膚炎の種類	植物と事例
刺激性接触皮膚炎	
機械的刺激	アロエ：葉に含まれる針状結晶 サボテン科植物：刺 ディフェンバキア（図1-Ⅱ-2）：茎葉に含まれる針状結晶
一次刺激性物質	アネモネ（図1-Ⅱ-3）：汁液 クリスマスローズの仲間：汁液 クレマチス：汁液 ジンチョウゲ：樹液 ポインセチア：乳液 ミドリサンゴ：乳液 ラナンキュラス：汁液
光毒性接触皮膚炎	ホワイトレースフラワー：汁液
アレルギー性接触皮膚炎	
接触蕁麻疹（じんましん）	事例は少ない
遅延型接触皮膚炎	キク科植物（キク，マーガレット，ヒマワリ，ダリアなど）：汁液 チューリップ（特に球根）：汁液 プリムラ・オブコニカ（図1-Ⅱ-4）：毛の先端の細胞に含まれるプリミン ブルースター：汁液

（佐竹ら（2012），指田ら（1998），指田・中山（2012）から作成）

〈注8〉
大量にキクをあつかう生産者や業者で，皮膚炎がおきることが知られている。チューリップでも大量にあつかう生産者など人の指先などに重篤な皮膚炎がおき，ヨーロッパでは昔からチューリップ指（tulip finger）の病名がつけられている。アルストロメリアでもチューリップ指とよく似た症状がでることが知られる。

〈注9〉
http://apps.rhs.org.uk/schoolgardening/uploads/documents/hta_poisonous_plants_600.pdf

図1-Ⅱ-2　ディフェンバキア

図1-Ⅱ-3　アネモネ

図1-Ⅱ-4
プリムラ・オブコニカ

り（注10），高等植物は22分類群が示されている。このうち，栽培または園芸活動で利用される可能性があるものは16分類群で，欧米にくらべると情報量は少ない（注11）。

〈注10〉
http://www.mhlw.go.jp/topics/syokuchu/poison/

〈注11〉
土橋は2014年に，マバリーの新しい分類体系によって整理し，日本で栽培される有毒・有害植物は83科，193属，298分類群（種，交雑種および園芸品種）におよぶと報告している。

4 生理・生態的分類

花卉の原産地は世界全域である。植物の生活を規定するのは，気候や土壌などの環境要因である。したがって，原産地の環境と花卉の生理・生態を理解し，生育に適した栽培環境をつくることで生育させることができる。

1 光周性による植物の分類

地球上では，昼と夜が24時間の周期でくり返して1日が過ぎる。この明暗の周期を光周期（photoperiod），明期の長さを日長（day length）とよぶ。植物の成長や開花が日長（注12）によって影響される性質を光周性（photoperiodism）いい，これによって植物は大きく長日植物（LDP；long-day plant），短日植物（SDP；short-day plant），中性植物（DNP；day-neutral plant）3群に分類される（詳しくは第2章Ⅲ-2参照）。

〈注12〉
実際には，明期の長さではなく連続する暗期の長さを感知して花芽分化する。

2 光強度に対応した植物の分類

植物には生育に適した光量（光強度）があり，それによって表1-Ⅱ-5のように大きく3つに分類される。

表1-Ⅱ-5　光強度による分類

分　類	特　徴	花卉の例
強光種	光合成の光飽和点が約45W/㎡以上の強光を好む陽生植物（sun plant）（第2章〈注14〉参照）	キク，ポインセチア，ヒマワリなど
弱光種	光合成の光飽和点が約15 W/㎡以下の弱光を好む陰生植物（shade plant）（第2章〈注14〉参照）	アンスリウム属，セントポーリア属，シダ植物など
中光種	前記2種以外の多くの植物が含まれ，光合成の光飽和点が15～45 W/㎡の植物	カトレヤ属，シクラメン，プリムラ属など

3 気候型による植物の分類

植物の成長を支配するのは，生育する地域の土壌と気候であるが，原産地に類似した気候環境であれば，地域がちがっても生育・開花の特徴は共通するところが多いとされている。表1-Ⅱ-6のような気候型に分類される。

5 生産・流通上の分類

農林水産省の統計資料や生産状況調査，花卉卸売市場で，花卉生産や流通の形態から，表1-Ⅱ-7の7項目に分類している。

表 1-Ⅱ-6　気候型による植物の分類

気候型による分類	気候の特徴と原産地	植物例
地中海気候型植物	冬季温暖，夏季乾燥で降雨が少ない地域である，地中海沿岸，カリフォルニア，オーストラリア西南部，チリ中部などを原産とする	カーネーション，スイートピーなど
大陸西岸気候型植物	冬季低温，夏季冷涼で降雨が少ない地域である，ヨーロッパ中北部，北米西北部，南米西南部，ニュージーランド南島などを原産とする	スズラン，デルフィニウム属，パンジーなど
大陸東岸気候型植物	夏冬の温度差が大きく，夏季高温多湿で降雨が多い地域である，日本，中国，北米東部，南米東南部，アフリカ東南部などを原産とする	ヤブツバキ，キク，テッポウユリなど
熱帯高地気候型植物	年間の温度が 15 ～ 20℃とほぼ一定で，降雨が適量な地域である，アンデス山系，メキシコ高原，中国西南部，ヒマラヤ山麓などを原産とする	キュウコンベゴニア，ポインセチア，ペチュニア属など
熱帯気候型植物	年間の平均気温が 20 ～ 30℃で，乾期と雨期がある，アフリカ，インド，ミャンマー，ベトナム，インドネシア，タイ，ボルネオ，ニューギニア，オーストラリア北部，ニューカレドニア，メキシコ，ブラジル北部などの地域を原産とする	アンスリウム属，イチジク属，アマリリス属など
砂漠気候型植物	昼夜温度差がきわめて大きな地域である，北米西南部，メキシコ，南米，アフリカ，アラビアなどを原産とする	カランコエ・ブロスフェルディアナ，マツバギクなど
北帯気候型植物	高山頂部や寒帯，亜寒帯地域である，ヒマラヤ，カナダ北部，ヨーロッパ大陸北部などを原産とする	クロユリ，エーデルワイスなど

表 1-Ⅱ-7　生産・流通上の分類

分　類	花卉の種類
切り花類 (cut flower)	切り花，球根切り花，花木切り花，切り枝，切り葉をいう
鉢もの類 (potted plant)	鉢植えにされたすべてのものをいい，観葉植物，洋ラン，サボテン類，花木類，盆栽類を含む
球根類（bulb plant）	秋植え球根，春植え球根など，球根として生産出荷されるすべてのものをいう
花木類 (ornamental tree and shrub)	タケを含む観賞用樹木をいう。このなかで「苗木」は，挿し木，取り木，実生などによる繁殖時からおおむね２年未満のもので，造園用，盆栽用などに販売するために養成されているものをいい，「成木」はそれ以上のものをいう
花壇用苗もの類 (bedding plant)	花壇，プランター，鉢などに植付けるために生産される苗をいう
芝 (lawn grass)	造園用，土木用，ゴルフ場用などに販売するために圃場で養成されているものをいう。日本芝はノシバ，コウライシバなど，西洋芝はベントグラス類，ブルーグラス類とこれらの類似の芝をいう
地被植物類 (cover plant)	成長とともに平面的な広がりをもって地面や壁面をカバーしていく植物で，芝を除いたものをいう。シダ植物やコケ植物（moss）が含まれる

Ⅲ 花卉園芸の歴史

1 人類と花卉のかかわりのはじまり

人類と植物とのかかわりは，食べものや薬としては人類が誕生したときまでさかのぼるが，花卉とのかかわりは6万年前のネアンデルタール人（注1）とされている。1951から1960年にかけて，アメリカ・コロンビア大学のソレッキー（R. Solecki）教授が，イラク北部のシャニダール洞窟で9体のネアンデルタール人の化石を発掘した。そのなかの，4号人骨の覆土から多種多量の花粉を発見した（図1-Ⅲ-1）（注2）。これだけ多くの植物の花粉が，洞窟の奥深いところに風や動物によって運ばれたとは考えにくいので，ソレッキー教授は当時の人々が花を集め死者に手向け埋葬したものと考え，野蛮な原始人と考えられていたネアンデタール人を，「最初に花を愛でた人々（The first flower people）」と名付けた。

図1-Ⅲ-1
シャニダール4号の発掘時のようす
シャニダール洞窟遺跡でみつかった遺体は，ひざを曲げた状態で横たわっていた（1990年「大阪国際花と緑の博覧会」での復元展示）
（写真提供：（財）国際花と緑の博覧会記念協会）

〈注1〉
ネアンデルタール人（*Homo neandertalensis*）は，20万～15万年前に出現し2万年前に消滅したとされる。現生人類（*Homo sapiens*）の先祖とする説もあったが，DNA鑑定から，現在では別系統の人類とされている。

〈注2〉
ロア・グーラン（A. Leroi-Gourhan）は，少なくとも7種の花粉があると推定した。サイネリア属，ノコギリソウ属，ヤグルマギク属，ムスカリ属，マオウ属が含まれており，いずれも当地に現存する植物で4～6月に開花する。

2 西洋での花卉園芸の発展

1 古代エジプト，古代ギリシャ，古代ローマ時代

多くの遺跡，壁画，出土物，出版物などから，この時代は花卉が装飾物として栽培・利用されていたことがわかる。たとえば紀元前1500年ころの壺にはキクやサフランの図柄が，エジプトの壁画にはユリの花を集めているようすが，またクレタ島の壁画には一重のバラが描かれている。

紀元前4～3世紀には，植物学の父と呼ばれたテオプラストス（Theophrastus）が著書『De Historia Plantarum』および『De Causis Plantarum』（注3）のなかで，花卉栽培についても記載している。

紀元前1世紀～紀元4世紀には，奴隷による大農園が開発されその後の荘園につながり，果樹園や花卉園（注4）も発達する。

〈注3〉
これらの著書にはバラ，ナデシコ，スミレ，スイセン，アイリスなど500種ほどの植物が記載されている。

〈注4〉
バラ，ユリ，スミレ，アイリス，スキラ，ナデシコ，キンギョソウ，クロッカス，ストック，スイセンなどが栽培された。

2 中世（5～15世紀ころ）

4～12世紀のヨーロッパは，キリスト教の全盛期である。この時代，バラは贅沢の象徴とされ栽培や利用がさけられたため，花卉の栽培はすたれた。ただし，教会や修道院では，バラは精油を抽出し香料や不快なにお

〈注5〉
復活祭では，古来よりマドンナリリー（白いユリで，聖母のシンボルとされた）（図1-Ⅲ-2）が利用されているが，わが国原産のテッポウユリ（図1-Ⅲ-3）が類似し，さらに形質が優れていたので，第二次世界大戦以前は欧米に向けて大量の球根が輸出され，育種材料にも利用された。

図1-Ⅲ-2　マドンナリリー

図1-Ⅲ-3　テッポウユリ

いを消す矯臭薬として利用するため，ユリ（注5）は復活祭の飾りつけに用いるために栽培が続けられた。

しかし，12世紀以降の封建制の時代になると，中産階級の生活水準が向上し庭園での栽培が復活する。やがてイギリスやフランスでは封建制が崩壊し，君主制にかわり宮殿建設がすすむとともに庭園も整備され，造園，果樹，野菜，花卉の栽培が一体になった宮廷園芸がはじまった。

14世紀のルネサンス期になると，庭園への関心はさらに高まり，平面幾何学式庭園ともいわれる整形式庭園が発達し，このころから花卉栽培がさかんになった。

3 近世（15～19世紀ころ）～20世紀

15～17世紀の大航海時代になると，新大陸からヨーロッパ各地へカンナ，ヒマワリ，マリーゴールド，地中海沿岸から北部ヨーロッパへヒアシンス，アネモネ，小アジアからオーストリアへチューリップなどが導入された。やがて，イギリスやオランダを中心に花卉の育種がはじまった。

18～19世紀の植民地時代には，南アフリカからフリージア，ペラルゴニウム，カラーが，南アメリカからアマリリス，フクシア，ベゴニアが，東洋からキク，セキチク（ナデシコのこと），コウシンバラがヨーロッパ各地に導入され花卉園芸が発展した。とくに，セキチクとコウシンバラは四季咲き性だったので，現在の四季咲き性カーネーションやバラの育種のもとになった。

4 プラントハンターの活躍とチューリップ，バラの栽培

ヨーロッパでの花卉園芸の発展のなかで注目すべきことに，プラントハンター（plant hunter）の活躍と，オランダでのチューリップ栽培，フランスでのバラ栽培がある。

❶プラントハンターの活躍

プラントハンターは，大航海時代から植民地時代にかけて，治世者からの資金を得て，世界各地の花卉資源を探索し本国へ導入した（注6）。それによって，植物分類や花卉の育種が飛躍的に進歩した。

❷オランダでのチューリップ栽培

オランダでのチューリップ栽培は，オーストリア王宮の植物学者である

〈注6〉
わが国で活躍したプラントハンターとして，ドイツのケンペル（E. Kaempfer，1651-1716）とシーボルト（P.F.B. von Siebold，1796-1866），スウェーデンのツンベルグ（C.P. Thunberg，1743-1828），イギリスのフォーチュン（R. Fortune，1812-1880）などが有名である。ちなみに，1853年に浦賀に来航したアメリカのペリー（M.C. Perry）艦隊にも植物収集家が乗っており，ツバキやフジなどの花木，ユリやキンランなどの草本植物，スゲやナズナなどの野草まで，100種以上の植物を本国に持ち帰った（図1-Ⅲ-4）。

図1-Ⅲ-4
ペリー艦隊が持ち帰ったキンランの標本
（『黒船が持ち帰った植物たち』小山鐵夫著，アボック社出版局より）

クルシウス（C. Clusius）が，1593 年にオランダのライデン大学の植物学教授に就任し，オーストリアからもってきたチューリップを植物園で栽培し，地元農家に栽培と育種を奨励したことにはじまる。

そのチューリップは，1554 年にオーストリア人でトルコ大使であったベルベキュウス（A.G. Besbequis）がトルコで tulipam（ターバンの形）とよばれる花の球根をクルシウスに送り，王宮植物園で栽培されたものであった。

やがて，チューリップ品種のカタログ本が出版され，珍しい品種に予約が殺到し，1634 ～ 1637 年には投機目的に球根売買がされるチューリップ狂時代（注 7）をむかえる。これによって，花卉園芸が発展したのも事実である。

〈注 7〉
‘ゼンペル・アウグストゥス’（Semper Augustus）（図 1-Ⅲ-5）という花弁に斑入りの品種の球根が，年収の 10 ～ 15 倍の額で取引されたそうである（この斑入りの模様はウイルス病によるとされている）。しかし，球根の増殖のむずかしさなどから商取引が中止され，チューリップ狂時代は終わる。

❸フランスでのバラ栽培

18 世紀になるとフランス皇帝ナポレオン（Napoléon Bonaparte）の妻であるボアルネ（J.de Boeauharnais）が，世界中からバラをマルメゾン宮殿のバラ園に収集する。そして，宮殿画家のルドーテ（P-J. Redoute）に世界ではじめてのバラ図鑑である『Les Roses』を描かせる。同じころ，宮廷園芸家であるデュポン（A. Dupont) が，人工授粉によるバラの育種技術を確立し，バラの育種が飛躍的に発展する（コラム参照）。

図 1-Ⅲ-5
チューリップ‘ゼンペル・アウグストゥス’
（ピーテル・ホルステイン（子）画，1645 年ころ『チューリップ・ブック』（八坂書房）より）

5 ヨーロッパでの花卉園芸発達の特徴

20 世紀初頭までは，支配層や中産階級の趣味の花卉園芸が中心であった。こうした上流社会を対象にした花卉生産は 17 世紀にはじまったと考えられが，一般大衆を対象とした産業としての花卉生産がはじまるのは 20 世紀にはいってからである。

なお，ヨーロッパでの花卉園芸発達の特徴は以下の 4 点である。①王侯貴族など上流階級の趣味の対象としてはじまり，近年まで続いた。②プラントハンターによって世界中から花卉を収集した。③人工授粉などによる交雑育種が発達した。④庭園整備のための生産花卉園芸が発達した。

バラの育種

1800 年ころに，四季咲き性のコウシンバラ（図 1-Ⅲ-6）や大輪性のロサ・ギガンティアなどが，中国からヨーロッパに導入された。それらと交配して，1867 年にフランスのギョー（J-B. Guillot）が，四季咲き，大輪，芳香性で淡桃色の品種 ‘La France(ラ フランス)’ を育成した。これがモダンローズの第 1 号で，その後の四季咲き性大輪バラの発展につながる。これらは，ハイブリッド・パーペチュアル系とティー系の交配種なので，ハイブリッド・ティ（ＨＴ）系とよばれる。これ以前のバラ品種はオールドローズとして分類されている。

その後，中東から黄色のロサ・フェティダ，東洋から房咲き性バラのノイバラやテリハノイバラなどが導入され，花色の多様性や房咲き性バラの育種がすすめられた。そして，1940 年代には四季咲き，房咲き，中輪，多彩な花色のフロリバンダ（ＦＬ，四季咲き中輪房咲き種）系のバラが育成され，現在に発展している。

図 1-Ⅲ-6
コウシンバラ（ロサ・キネンシス・センパーフローレンス系）
（『The Roses』（ピエール＝ジョゼフ・ルドーテ〈1759 ～ 1840 年〉画，TASCHEN）より）

図１-Ⅲ-７　トチの果実

① ベニバナの花

②紅花餅：ベニバナの花を発酵させてつくる紅花染めの原料

図１-Ⅲ-８　ベニバナ

〈注８〉
トチノキの果実（図１-Ⅲ-７）はデンプンやタンパク質を多く含み，当時から食用にされた。ベニバナの花は紅花餅に加工され，染料や口紅の原料に用いられていた（図１-Ⅲ-８）。

〈注９〉
奈良時代には，ウメは中国から渡来していたと思われる。しかし，ナデシコやアサガオはまだなかったので，ナデシコはハマナデシコかカワラナデシコ，アサガオは朝咲く花としてのキキョウやムクゲであったと思われる（図１-Ⅲ-９）。

〈注10〉
別名キクの節句ともいわれ，９月９日に菊酒を飲み邪気を祓う習慣で，観菊や菊合わせもたのしまれた。１月７日の人日（じんじつ）（七草の節句），３月３日の上巳（じょうし）（桃の節句），５月５日の端午，７月７日の七夕の節句もこの時代に伝来しており，遣隋使や遣唐使によってもたらされたとされている。

〈注11〉
『枕草子』の一節に「草の花はなでしこ　唐のはさらなり　やまともめでたし」とある。草花のなかではナデシコがいい，唐のナデシコはいうまでもないが，大和のナデシコも魅力的だ，ということである。唐のナデシコとはこの時代に中国から伝来したセキチクを，大和のナデシコとはハマナデシコかカワラナデシコをさしている。

3　日本での花卉園芸の発展

1　縄文，弥生時代

わが国でも，紀元前の縄文時代の遺跡である長野県野尻仲町遺跡の墓穴からトチノキ属，カエデ属植物の花粉，北海道の名寄遺跡やエサンヌップ遺跡からキク科植物の花粉がみつかっている。さらに，３世紀ころの弥生時代の奈良県纏向遺跡からベニバナの花粉が出土し，わが国の古代の埋葬でも献花があったことが想像できる（注８）。

2　奈良時代

奈良時代（710～794年）に大友家持らによって編纂された，現存する最古の歌集『万葉集』には，ハギ，フジ，ノイバラ，ツバキ，ウメなどの花木，ツユクサ，ススキ，カタクリ，オミナエシ，スミレ，ナデシコ，アサガオなどの草本が詠まれており，当時，すでに花卉を栽培し観賞していたことは明らかである（注９）。

3　平安時代

平安時代（794～1185年ころ）には，中国から「重陽の節句」（注10）を祝う習慣とともにキクが伝来した（図１-Ⅲ-10）。また，清少納言の『枕草子』（996年）にはセキチク（ナデシコのこと）（注11）やキク，紫式部の『源氏物語』（1001年）にはコウシンバラやアサガオの記載があり，この時代に，奈良時代にはなかったセキチク，キク，コウシンバラ，アサガオなどが伝来していたことがわかる。

図１-Ⅲ-９　セキチク（ナデシコ／左）とカワラナデシコ（中），ハマナデシコ（右）

図 1-Ⅲ-10　平安貴族の菊合わせ
平安時代の都では，中国への憧れからキクに大変な関心がもたれ，宮中でキクを観賞し，菊酒を飲み，詩を詠んでたのしんだ（『十二ヶ月月次風俗図　重陽』部分，狩野井川院栄信画，江戸東京博物館所蔵）

図 1-Ⅲ-11　立花の名作
花道史上の名作といわれる専好（二代）の「立花図屏風」のなかの桜一式。室町期に興った「立て花」が安土・桃山時代を経て「立花」として一世を風靡した。17 世紀（東京国立博物館所蔵）

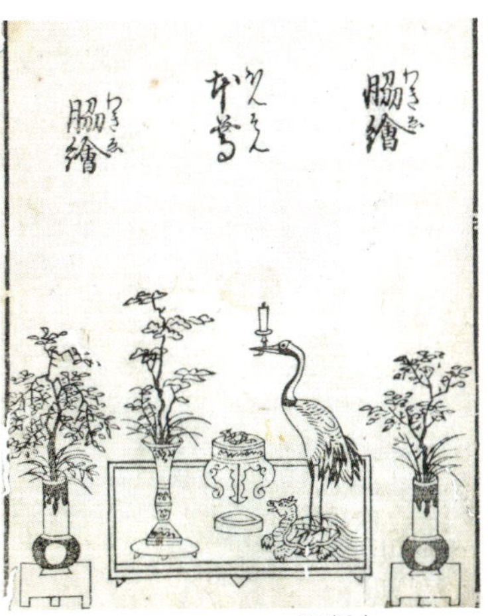

図 1-Ⅲ-12　代表的な三具足
供花の様式である三具足（燭台・香炉・花瓶）の代表的な荘厳。左右の脇花瓶にも花を立てている。15 ～ 16 世紀（『仙伝抄』富間弥著，国会図書館ウェブサイトから転載）

また，『枕草子』には「おもしろく咲きたる桜を長く折りて 大きなる甕にさしたるこそ をかしけれ」とある。美しく咲いた桜の枝を長めに切って大きな花瓶にさしてあるのは，とても趣があるという意味である。「生け花」は室町時代からはじまったが，すでに，平安時代には切り枝を花瓶にいれて観賞する習慣があったことがうかがわれる。

4 鎌倉，室町，安土桃山時代

鎌倉時代（1185 年ころ～ 1333 年）にはサクラの八重咲きが注目され，藤原定家日記の『明月記』や吉田兼好著の『徒然草』に記載がある。公家や武家には，観菊，菊合わせ，花合わせなどをたのしむ習慣もあった。

室町時代（1336 ～ 1573 年）になると，公家や武家の建築様式が寝殿造りから書院造にかわり，座敷に床の間がつくられるようになった。床の間を飾るものとして，「立花」（図 1 - Ⅲ -11）がはじまり，立花の秘伝書とされている『仙伝抄』（注 12）も出版された。また，生け花の流派として京都に池坊流（注 13）が誕生し，仏教では仏像の前に花を生ける供花が習慣となった。このころから，生け花に用いる生花や供花に用いるシキミなどを行商する，白川女や大原女が活躍するようになった。

安土桃山時代（1573 ～ 1603 年）には豊臣秀吉のために，1598 年に「醍醐の花見」とよばれる花見会が京都の醍醐寺で行なわれた。以後各地にサクラが植えられ，花見の習慣が広がった。

〈注 12〉
立花の様式では，床の間の中央に本尊その左右に脇絵とよばれる，3 幅を 1 対とした掛軸をかけ，その前に三具足とよばれる香炉，燭台，花瓶が置かれ，花が飾られる（図 1 - Ⅲ - 12）。

〈注 13〉
池坊には，花の飾り方（花姿図）を記述した『花王以来の花伝書』が伝わっている。そこには，生け花のさまざまな形のほか，抛入とよばれる掛花や釣花，舟の花など，多様な命題や形態の挿花などが描かれている。

5 江戸時代

江戸時代初期（17 世紀）の花卉園芸は，まだ公家や武士を中心としたものであったが，大名の参勤交代により各地の花卉品種が交流し，とくにツバキ，ボタン，ウメ，モモ，サクラ，ツツジなどの花木の品種改良がすすんだ。当時の品種改良は，自然に交雑したものから変異のあるものを選抜するやり方であった。また，わが国最初の花卉園芸専門書である『花壇綱目』（1681年）が，水野元勝によって著された。

江戸時代中期（18世紀）には，大名の江戸屋敷に納入するための植木や花卉の生産が江戸近隣ではじまった。このころには花見の風習が一般化するとともに，花卉園芸が庶民に普及した。とくに，キクの栽培が爆発的に流行し，各地方に独自の品種（注14）が育成され，新花を競う品評会もさかんになった。

〈注14〉
代表的なキクには伊勢菊，江戸菊，肥後菊，奥州菊，美濃菊，嵯峨菊などがあり，現在でも古典菊として分類され栽培されている。

江戸時代後期（19世紀）には，花木やキク以外にも新品種の育成がすすみ，サクラソウ，キク，アサガオ，ハナショウブなど日本独自の園芸作物として改良・育成された（図1-Ⅲ-13）。このころから栽培・観賞されてきた園芸植物は，現在では古典園芸植物と総称され52種ある（表1-Ⅲ-1）。

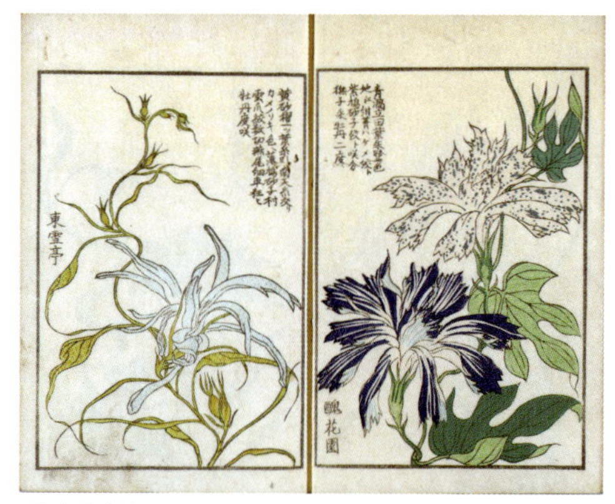

①変化朝顔
（『朝かがみ』東雪亭他著，1861年より）
（第3章Ⅰ-1-7のコラム参照）

②ツバキ
（『椿花図譜』より）

③サクラソウ
（『桜草写真』より）

④斑入り植物
万年青（おもと）（左）など多くの植物の斑入りが育成された（『草木錦葉集』1829年より）

図1-Ⅲ-13　江戸時代に品種改良がすすめられた植物の例（国会図書館ウェブサイトから転載）

表 1-Ⅲ-1　古典園芸植物

分　類	植　物　名
草本（18 種）	アサガオ，オモト，カキツバタ，ハナショウブ，キク，ギボウシ，サクラソウ，シャクヤク，セキチク，トコナツ，イセナデシコ，フクジュソウ，サイシン，ハラン，タンポポ，セキショウ，ツワブキ，タチアオイ
花木（19 種）	ウメ，カエデ，カラタチバナ，マンリョウ，ヤブコウジ，ナンテン，ムクゲ，ボケ，ボタン，ツバキ，ツツジ，サツキ，ハナザクロ，ハナモモ，マンサク，ロウバイ，クチナシ，サザンカ，センリョウ
ラン類（9 種）	スルガラン，イッケイキュウカ，キンリョウヘン，シュンラン，カンラン，ホウサイラン，セッコク，フウラン，エビネ
ヤシ類（2 種）	カンノンチク，シュロチク
シダ類（4 種）	イワヒバ，マツバラン，ヒトツバ，ノキシノブ

このように，江戸時代は花卉園芸が飛躍的に発展した時代であった。当時は趣味の花卉園芸であったが，公家や武士などの上級階層だけではなく，一般庶民にもささえられていた。

6 明治時代～第二次世界大戦

20 世紀初頭には，鉢物や露地の切り花生産が江戸や上方の都市近郊ではじまった。

第 1 次世界大戦（1914 ～ 1918 年）後になると，アメリカの花卉産業の発展にともなって，わが国でもガラス室を用いた，欧米式生産方式によるカーネーション，バラ，スイートピー，フリージア，テッポウユリなどの洋花生産がはじまった。なかでも鹿児島県沖永良部島で生産されたテッポウユリは，キリスト教の復活祭に用いられるマドンナリリーに似ており，イースターリリーとして重要な輸出作物であった。しかし，第二次世界大戦によってわが国の花卉産業は壊滅状態になった。

7 第二次世界大戦以降

第二次世界大戦（1939 ～ 1945 年）後，食料事情が改善されるにつれて，神奈川，千葉，愛知，兵庫，福岡県など大都市近郊で花卉栽培が再開される。そして，朝鮮戦争（1950 ～ 1953 年）の特需景気による国内経済の復興と，その後の高度経済成長によって，全国に花卉生産が広がった。とくに，1970 年以降の経済の安定成長期には花卉生産が急増し 1998 年度の花卉総粗生産額は約 6,300 億円，農業粗生産額の 6.3% に達した。

しかし，その後の経済の低迷と農業粗生産額の減少によって，2013 年には約 4,000 億円に落ち込んだ。とはいえ，米や野菜の 4 分の 1，果樹の 4 分の 3 の粗生産額であり，わが国農業に欠かせない部門になっている。

8 わが国での花卉園芸発達の特徴

わが国の花卉園芸発達の特徴として，以下の点があげられる。

①公家や武士など上流階層の趣味とて発達したが，18 世紀になると庶民の園芸として発達した。②立花・生け花など花卉のたのしみ方を中心に園芸が発達した。③おもに選抜による品種育成が発達した。④参勤交代によって，江戸屋敷の庭園整備のための生産花卉園芸が発達するとともに，各地で育成された独自の品種の交流もはかられた。

第2章 形態と成長

I 生活環と形態

1 花卉の生活環と生育相

1 生活環

植物の種子が発芽・成長し，枯死するまでの生育の流れを生活環（life cycle）という。発芽から花芽分化の開始までの過程を栄養成長，花芽分化から種子成熟までの過程を生殖成長という。

一・二年生花卉の例では，種子は水分，酸素，温度，光が適した条件になると発芽し，茎葉を成長させる。やがて温度や日長など環境の刺激や，一定の大きさになることで花芽分化を開始し開花・結実する。その後，植物体は枯死するが，結実した種子は成熟し，発芽に適した生理・環境条件になるまで休眠する（図2-I-1）。

2 生育相

生活環にはいくつかの生育相がある。生育相とは形態的や生理的にちがう成長過程のことをいう。一・二年生花卉は，休眠相（あるいはロゼット相）を経て栄養成長相にはいる。栄養成長相では幼若相から花熟相を経過し，やがて生殖成長相に移行する。生殖成長相では，花芽分化の開始－花芽分化－花芽発達という花芽形成を経て開花結実し，次世代をつくり生活環を完結する（図2-I-2）。

宿根草や花木では，幼

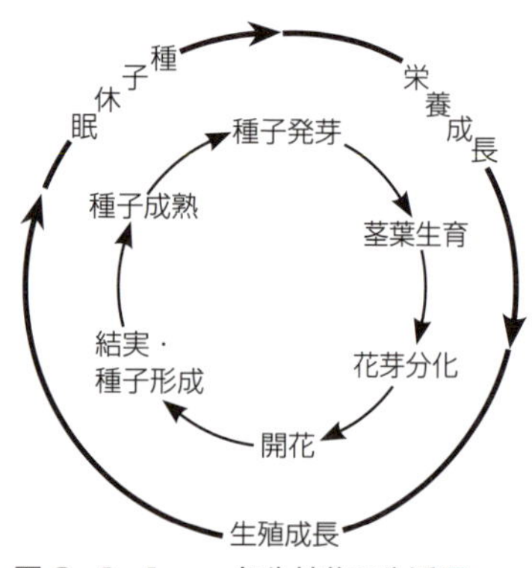

図2-I-1　一年生植物の生活環

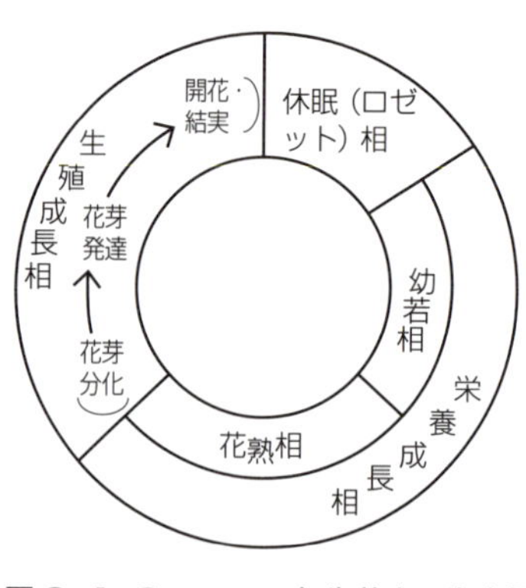

図2-I-2　一・二年生花卉の生育相

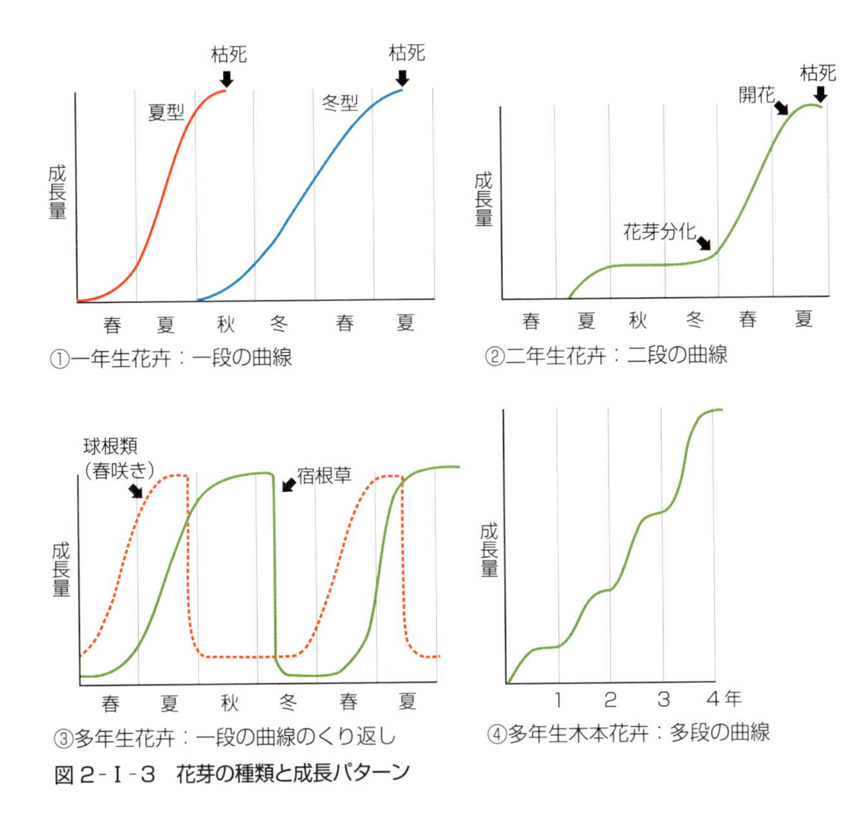

図2-Ⅰ-3　花芽の種類と成長パターン

若相を経過したのちは，毎年の成長のなかで栄養成長相と生殖成長相をくり返す（注1）。

3 成長パターン

生活環による地上部の成長量の推移を，成長のパターンとして示したのが図2-Ⅰ-3である。花卉の種類によって成長パターンはちがうが，年間の成長曲線は基本的にはシグモイド型成長曲線（sigmoidal growth curve，S字型成長曲線）になる。

2 種子の形成と形態

1 種子とは

種子植物が，受粉後，胚珠が発達してできるのが種子で，種皮（seed coat, testa），胚（embryo），胚乳（albumen）からなる（注2）。種子は成熟すると母植物から離れて地上に落ち，発芽する（注3）。

なお，実際は果実であるが，種子同様にあつかうものもあり，キク科やイチゴの瘦果（そうか）（achene），シソ科の分果（mericarp），イネ科の穎果（えいか）（caryopsis）などがある（注4）。

2 種子の形成

❶胚発生

植物の発生は，胚発生（embryogenesis）にはじまる。種子植物では花

〈注1〉
宿根草のなかには，タケ，ササ類，リュウゼツランなどのように，多年生植物ではあるが数十年という長い栄養成長相を経過したのち生殖成長相に移行し，1回の開花で生活環を終了する植物もある。このような植物を一稔植物（monocarpic plant）という。

〈注2〉
植物で最大の種子はオオミヤシで約20kg，最小はラン科のカトレヤ属では1果実中に100万個の種子がはいっているものもあるといわれている。

〈注3〉
例外にマングローブの仲間のオヒルギやメヒルギがあり，種子（果実）が母植物についたまま発芽し，ある程度の大きさになると落下して地上で成長する。胎生種子（viviparous seed）という。

〈注4〉
瘦果：果肉がないため果皮と種皮が密着しており，種子のようにみえる。穎果：果皮と種子が癒合している。イネ科にみられ，2枚の穎（籾殻）に包まれている。分果：複数の子房があり，熟すと子房ごとに分離して果実になる。それを分果といい，果皮と種皮が密着している。

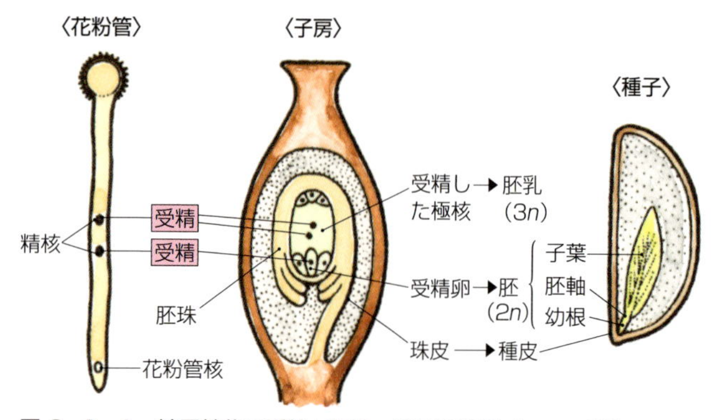

図２-Ⅰ-４　被子植物の受精と胚珠，種子の関係（2012，近藤）

粉（精子）が雌ずいに受粉して卵子に受精し，それぞれ半数体の細胞（コラム参照）であったものが，接合子（zygote）とよばれる１つの二倍体の細胞（受精卵）になる。しかし実際は，胚嚢（embryo sac）のなかでは，並行して２番目の精核が２つの極核と結合して三倍体の胚乳をつくる。これを重複受精（double fertilization）といい，種子植物に特有の現象である（図２-Ⅰ-４）。

その後，接合子は頂端細胞（apical cell）と基部細胞（basal cell）に分化し，頂端細胞は地上部の組織に，基部細胞は原根層と胚柄になる。

〈注５〉
種子の寿命はさまざまで，長命には2000年以上の大賀ハス，短命には１週間ほどのヤナギ科種子（種皮が薄く乾燥に弱い）がある。

❷胚の発達と種子の形成

受精卵が頂端細胞と基部細胞に分化し（１細胞期），頂端細胞は分裂をくり返し球状胚（globular stage embryo）になる。やがて頂端細胞の上部細胞に将来子葉になるふくらみができ，心臓型胚（heart stage embryo）になる。さらに，頂端部分では細胞伸長がおこり子葉が発達し，魚雷型胚（torpedo stage embryo）になる（図２-Ⅰ-６）。やがて胚は成熟し，胚を含む種子は水分を失い休眠状態にはいる（注５）。

相同染色体
〈体細胞分裂〉
2n
2n
2n
DNAの複製
4n
4n
〈減数分裂〉
2n
2n
1n
1n
1n
1n
娘細胞
二価染色体
第一分裂
第二分裂

図２-Ⅰ-５　減数分裂の経過

3 種子の形態

❶種皮

種皮（seed coat, testa）は種子の表面を覆い，胚や胚乳を保護している。双子葉植物の離弁花類と単子葉植物では，外種皮と内種皮の２枚あるが，双子葉植物の合弁花類と裸子植物では１枚である。

大部分は珠被からつくられる。胚珠の一部が発達して種子を包むものもあり，仮種皮とか種衣とよばれている。

❷胚

種子の胚（embryo）は，受精卵から発達した幼植物体である。幼根（radicle），胚軸（hypocotyl），子葉

減数分裂と半数体の細胞

精子や卵子などの生殖細胞ができるときの細胞分裂を減数分裂といい，それぞれの細胞の染色体数は元の細胞の半数である，半数体の細胞になる。

減数分裂は連続した２回の細胞分裂である。第一分裂では２本の染色分体からなる相同染色体同士が近接し，DNAの複製を行ないDNAが2倍になって接合し，４本の染色分体からなる二価染色体をつくる。

その後，それぞれの２本ずつの相同染色体は分離して第一分裂が終了する。

続いて第二分裂がおこるが，ここではDNA複製を行なわず２本の染色分体が分離する。こうして，元の細胞の半分の量のDNAが含まれる４個の娘細胞ができる（図2-Ⅰ-5）。

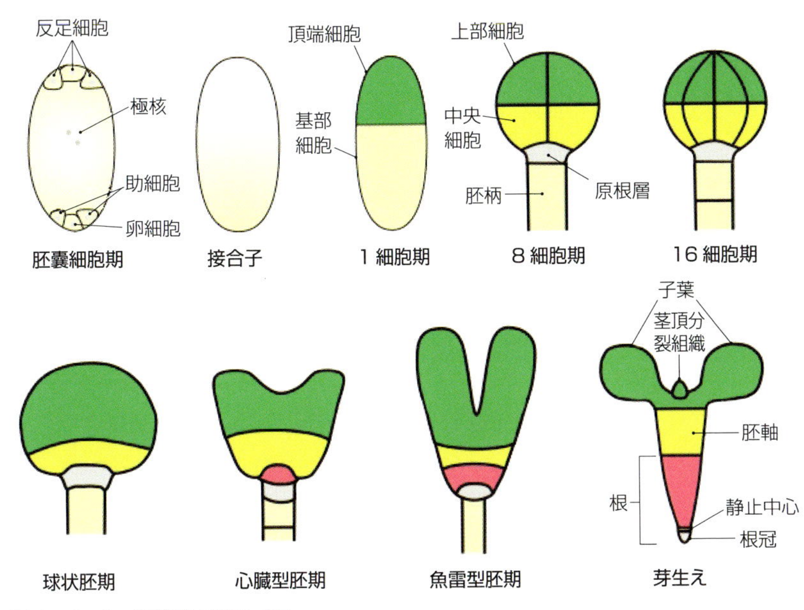

図2-Ⅰ-6　受精後の胚の成長

(cotyledon)，上胚軸（epicotyl）と，成長して地上部の茎葉になる幼芽（plumule）からなっている。

❸胚乳

胚乳（albumen）は，胚の発育や発芽のための養分が貯蔵されている組織で，胚乳をもつ種子を有胚乳種子（albuminous seed）という。マメ科，バラ科，ブナ科植物などには，子葉が発達して養分を蓄え胚乳が消失しているものもある。胚乳のない種子を無胚乳種子（exalbuminous seed）という（注6）。

〈注6〉
有胚乳種子の例：オシロイバナ，パンパスグラス，ベニセツム，マツなど。
無胚乳種子の例：アサガオ，ヒマワリ，スイートピー，ナズナなど。

❹子葉

子葉は胚の一部であり，次の2つのタイプがある。

地上子葉（epigeal cotyledon）：胚軸が伸びるとともに地上にあらわれ，葉緑体を増やして同化作用を行ない，養分を供給する。多くの花卉がこのタイプである。

地下子葉（hypogeal cotyledon）：多量の養分を蓄えて肥大し，発芽後も地中に残って植物体に養分を供給するタイプである。クリ属，ソテツ，イチョウ，ミズナラ，ベニバナインゲンなどがある。

3 葉の形態と葉序

1 葉とは

❶葉の役割

葉は，茎のまわりに規則的につき，扁平な形をしている。種子植物とシダ植物など，維管束が発達した維管束植物（vascular plants）では，葉（leaf）は根（root）や茎（stem）と同じ栄養器官（vegetative organ）である。

葉は葉緑体（chloroplast）をもち，あらゆる生命の根源ともいえる

〈注 7〉
光合成は子葉や植物体の緑色の部分でも行なわれているが，おもに担っているのは普通葉である。

光合成（photosynthesis）を営むとともに，呼吸（respiration）や蒸散（transpiration）を担っている。このような葉の本来の機能をもっている葉を普通葉（foliage leaf）とよび，一般に葉といえば普通葉のことをさす（注 7）。

❷完全葉と不完全葉

葉には葉身，葉柄，托葉の 3 器官あり，すべてそろっている葉を完全葉（complete leaf）（図 2 - I - 7），いずれかが欠けている葉を不完全葉（incomplete leaf）とよぶ。

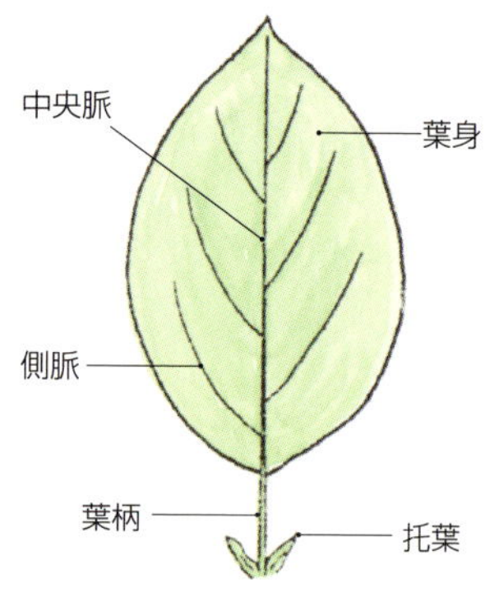

図 2 - I - 7
葉の模式図（完全葉）

❸子葉と本葉

種子から発芽して最初にでてくる葉を子葉（cotyledon）という。裸子植物は 2 枚から多数枚，被子植物と単子葉植物は 1 枚，双子葉植物は 2 枚ある（注 8）。

子葉の後にでてくる普通葉を，園芸では本葉（true leaf）とよんでいる。

〈注 8〉
双子葉植物でもシクラメン属の子葉は 1 枚である。また，ストレプトカーパス・ウェンドランディー（図2 - I - 8）は，本来2枚あるべき子葉の 1 枚が退化して残り 1 枚が大きく発達し，最後までこの 1 枚の子葉のみで育つ。

図 2 - I - 8
一生1枚の子葉で育つストレプトカーパス・ウェンドランディー

2 葉のつくり

❶葉身

葉の広がった部分を葉身（blade, leaf blade, lamina）という，光合成を行なう葉の本体で，ふつうは扁平であるが，針葉樹のような針状葉（needle leaf）や，ネギ属のような管状葉（tubular leaf）になるものもある。葉身

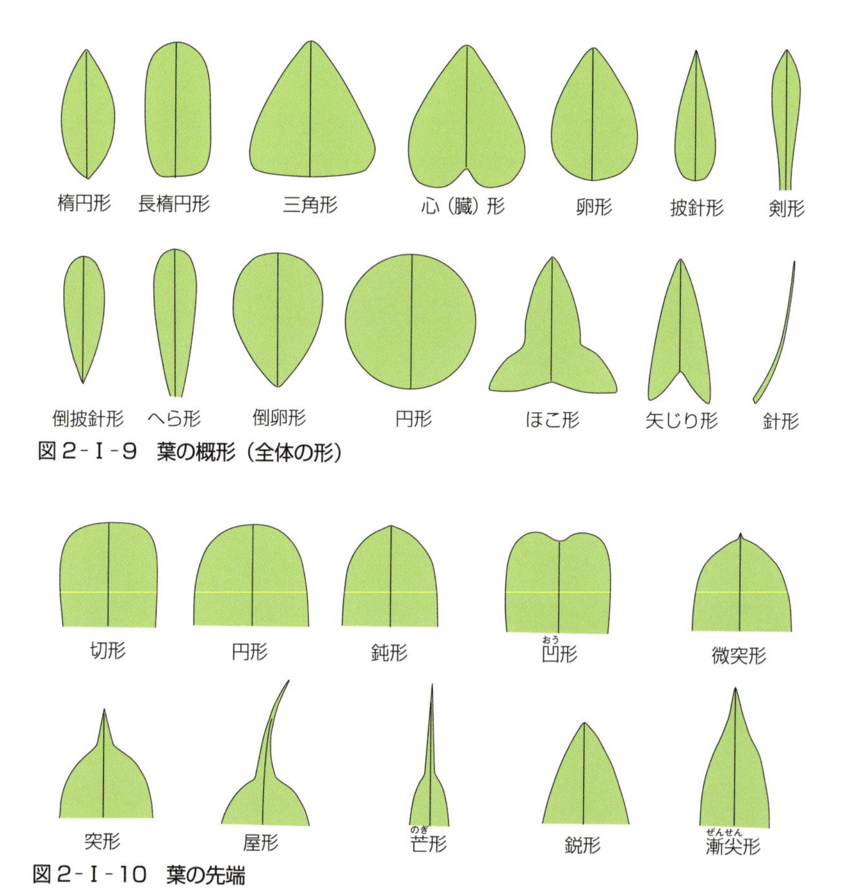

図 2 - I - 9　**葉の概形（全体の形）**

図 2 - I - 10　**葉の先端**

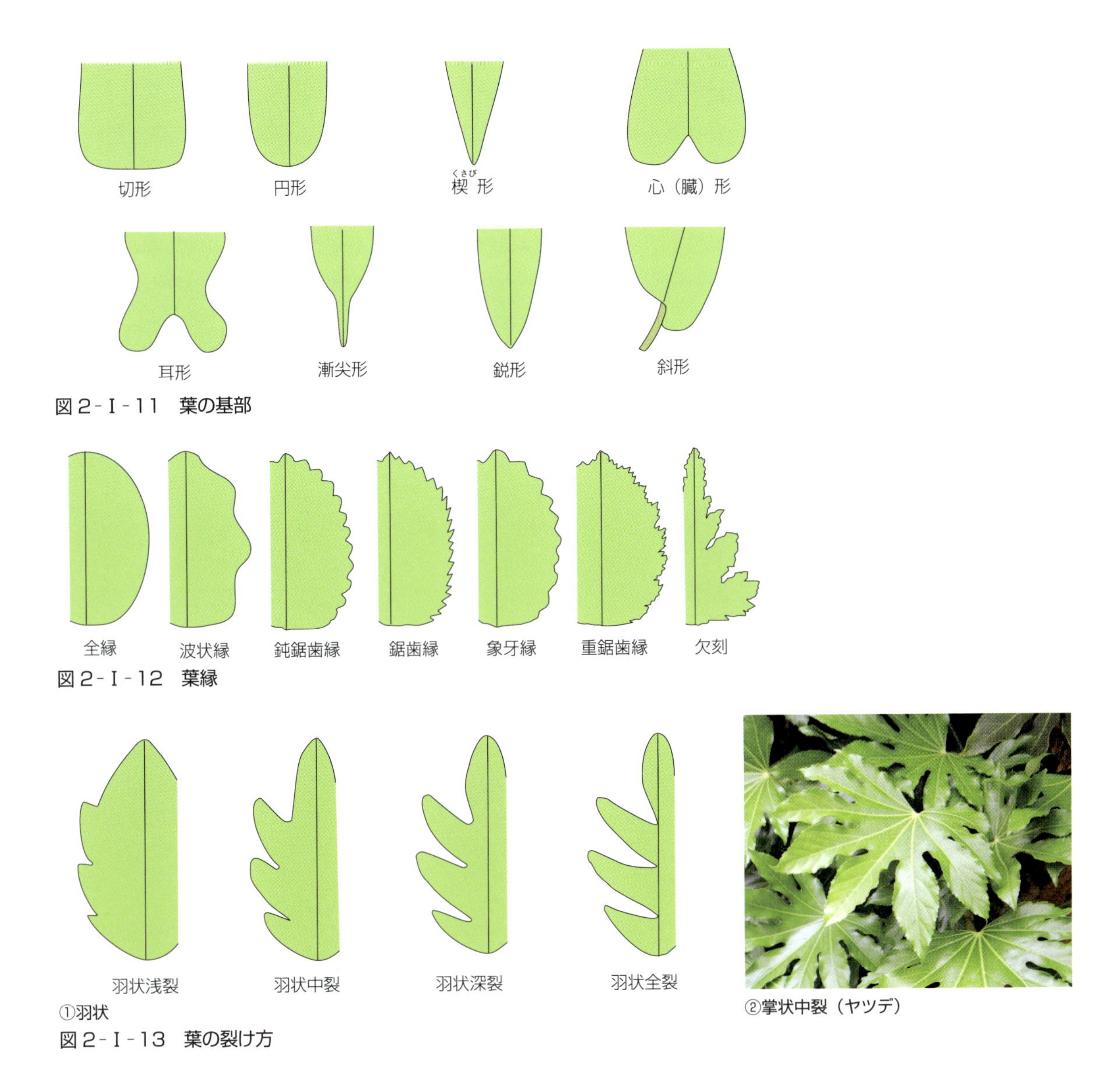

図2-Ⅰ-11　葉の基部

図2-Ⅰ-12　葉縁

①羽状

②掌状中裂（ヤツデ）

図2-Ⅰ-13　葉の裂け方

の形はさまざまで，概形（全体の形），先端，基部，葉縁（leaf margin）などに分けて表現する（図2-Ⅰ-9～12）。

葉縁にある細かい凹凸を鋸歯（serration）といい，凹凸がまったくない場合を全縁（entire）という。

大きな凹凸がある場合は，葉縁が裂けるとか，切れ込みがあるといい，切れ込みのある葉を分裂葉（lobed leaf）という。切れ込み方は，羽状（pinnate）と掌状（palmate, digitate）に大別され，切れ込みと切れ込みのあいだを裂片（lobe），切れ込みの程度によって浅裂（lobed），中裂（cleft），深裂（parted）という（図2-Ⅰ-13）。切れ込みが深くなって，ほとんど中央脈まで達した状態を全裂（divided），葉身が複数に分かれた葉を複葉という。

特殊なものに，マドカズラ（図2-Ⅰ-14）のように，葉身の側脈の中間部に孔が開くものもある。

図2-Ⅰ-14　マドカズラ

なお，これらの用語は植物体の他の平面的な器官でも同様に使われる。

❷葉柄

葉身と茎のあいだの，柄のような部分を葉柄（petiole, leaf stalk）という。養分や水の輸送路であるとともに，葉を支え，葉身を光の方向に向けたり，葉の重なりを調節する役目もしている（注9）。

〈注9〉
アルストロメリア属は葉柄がねじれており，葉身の裏面が上面を向くことが多い。

葉柄はすべての葉にあるわけではなく，ナデシコ属のように葉柄がないものは無柄葉（sessile leaf），あるものは有柄葉（petiolate leaf）とよぶ。

❸托葉

托葉（stipule）は，葉が茎についている部分にあり，葉状，鱗片状，突起状，刺状など形はさまざまであるが，葉身以外の葉のようにみえる器官はすべて托葉とよぶ。托葉は，おもに芽の中の葉身を保護する働きをしているとされている。双子葉植物でよくみられるが，単子葉植物にはほとんどない。

バラ属のように葉柄にそってついているものは合生托葉（adnate stipule），アカネ科のように対生する葉のあいだにあるのは葉間托葉（interfoliar stipule）という（図2-Ⅰ-15）。エンドウでは，托葉が大きく葉身と同じ働きをする。

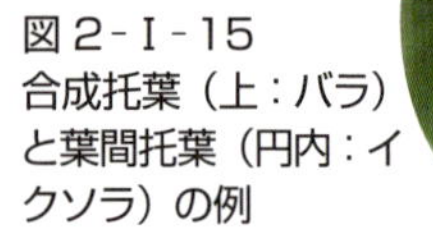

図2-Ⅰ-15
合成托葉（上：バラ）と葉間托葉（円内：イクソラ）の例

❹葉鞘

葉鞘（leaf sheath）は，葉の基部が鞘状になって茎を包んでいる部分で，単子葉植物でよくみられる。葉柄が広がったものとか，葉柄と托葉が合わさったものと考えられている。カンナ科，ショウガ科，バショウ科などのように，地下から葉鞘が何枚も重なり合って伸び，茎のようにみえるのを偽茎（pseudostem）（図2-Ⅰ-16）という。

図2-Ⅰ-16
偽茎の例（レッド・ジンジャー）

❺葉脈と脈系

葉身の中に分布する維管束を葉脈（vein, nerve）といい，分布の状態を脈系（venation）とよぶ。脈系は葉の観賞性に影響し，次の4タイプに分けられる（図2-Ⅰ-17）（注10）。

〈注10〉
おもな葉脈による区分であり，細かな葉脈の分布状態は関係していない。

○網状脈系（reticulate venation, netted venation）

おもな葉脈が網目状になっているもので，双子葉植物にふつうにみられ，単子葉植物ではサトイモ科などの一部でみられる。中央に太い中央脈（central vein）があり，そこから分枝した側脈（lateral vein）があるものを羽状脈（pinnate venation），おもな葉脈が掌状に分布するものを掌状脈（palmate venation）という。

○平行脈系（parallel venation）

おもな葉脈が平行で分枝しないものをいう。おもな葉脈間を結ぶ細かい葉脈があるが，直角に結ぶため葉脈で囲まれた最小区画はほぼ長方形になる。

○二叉脈系（dichotomous venation）

葉脈が二叉に分かれ，網目をつくらないものをいう。原始的な脈系のタイプと考えられ，シダ植物や裸子植物のイチョウでみられる。

○単一脈系（simple venation）

中央脈1本のみで分枝しないものをいう。多くの裸子植物でみられる。

①網状脈系（ハイビスカス）

②平行脈系（コルジリネ）

③二叉脈系（イチョウ）

④単一脈系（ソテツ）

図２-Ⅰ-17　葉脈の４つのタイプ

3 単葉と複葉

❶単葉

葉全体が１枚の葉身になっているものを単葉（simple leaf）という。ヤツデ（図２-Ⅰ-13-②参照）のように切れ込みがあるものも単葉で，とくに分裂葉（lobed leaf）とよばれている。

❷複葉

葉身が２つ以上に完全に分裂している葉を複葉（compound leaf），分裂してできた各部分を小葉（leaflet）という。小葉に葉柄状の器官があれば小葉柄（petiolile），托葉状の器官があれば小托葉（stipel）とよぶ。

葉には腋芽（axillary bud）があるが小葉にはないので，葉と小葉の区別ができる。また，小葉は葉身の一部にあたるので，一平面上にならんでいる。複葉は，小葉の配列によって，以下のように分けられる。

○羽状複葉（pinnate compound leaf）

中央に葉軸（rachis）があり，その左右に小葉がならぶ複葉をいう（注11）。葉軸の先に１枚の小葉がある場合，この小葉を頂小葉（terminal leaflet），その他の小葉を側小葉（lateral leaflet）という。

頂小葉があるものを奇数羽状複葉（impari-pinnate compound leaf），ないものを偶数羽状複葉（pari-pinnate compound leaf）と区別する（図２-Ⅰ-18）。さらに分かれる場合は，２回羽状複葉（bipinnate compound leaf），３回羽状複葉（tripinnate compound leaf）と表現し，奇数，偶数の区別をすることもある。

〈注11〉
シダ植物でも羽状複葉はよくみられるが，小葉はとくに羽片（pinna）とよばれる。

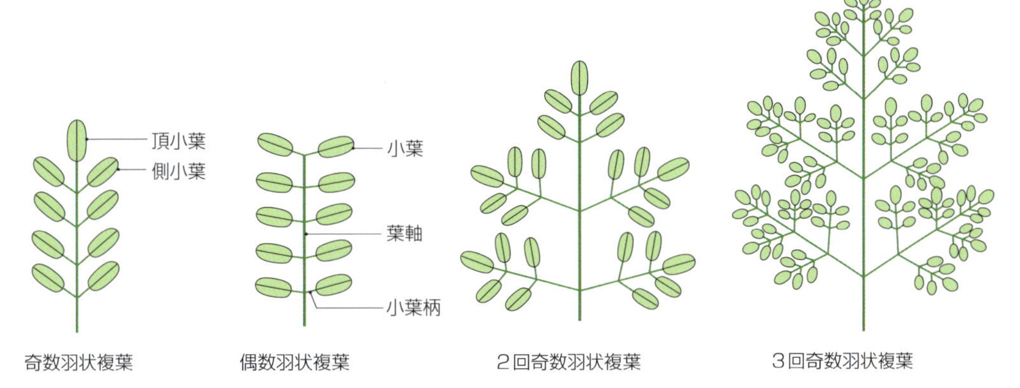

図２-Ⅰ-18　羽状複葉の区別

図2-Ⅰ-19　掌状複葉

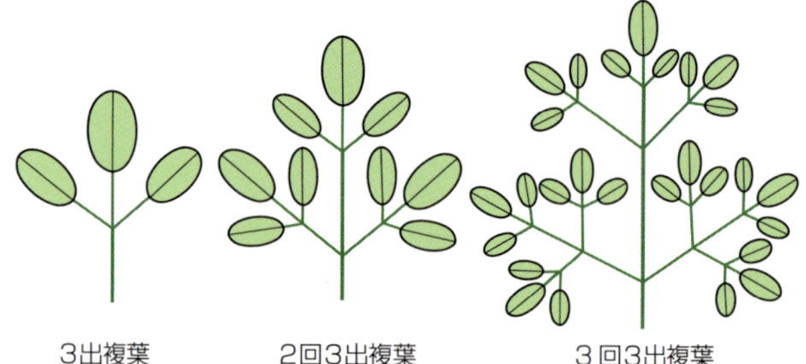

図2-Ⅰ-20　3出複葉

図2-Ⅰ-21　鳥足状複葉

○掌状複葉（palmate compound leaf）

葉柄の先端から何個かの小葉が手のひら（掌）状につく複葉をいう（図2-Ⅰ-19）。

○３出複葉（ternate leaf）

頂小葉と一対の側小葉のみからなる複葉を3出複葉という（図2-Ⅰ-20）。さらに分かれる場合，2回3出複葉，3回3出複葉とよぶ。

○鳥足状複葉（pedately compound leaf）

掌状複葉に似ているが，小葉が同じ場所からでないで，最下部の小葉が上部の小葉の小葉柄の途中からでているものをいう（図2-Ⅰ-21）。

4 葉のつき方（葉序）

葉は茎の節（node）につき，光を受けやすいよう互いの葉が重ならないように規則性をもって配列される。この配列のされ方を葉序（phyllotaxis, leaf arrangement）といい，図2-Ⅰ-22のように大別される。

❶互生（alternate）

茎の1節に1枚の葉がつくことで，茎をらせん状に回ってある角度を保ってつく場合と，同じ平面状につく場合がある。後者は2列互生（distichous alternate）とよぶ。

らせん状に回ってつく場合，次の葉との角度を開度（divergence）という。開度が180度であれば，茎を1回転するあいだに2枚の葉がつくことになり，これを1/2葉序と表現する。アサガオのように，茎が2回転するあいだに5枚の葉がつく場合は，2/5葉序と表現する。

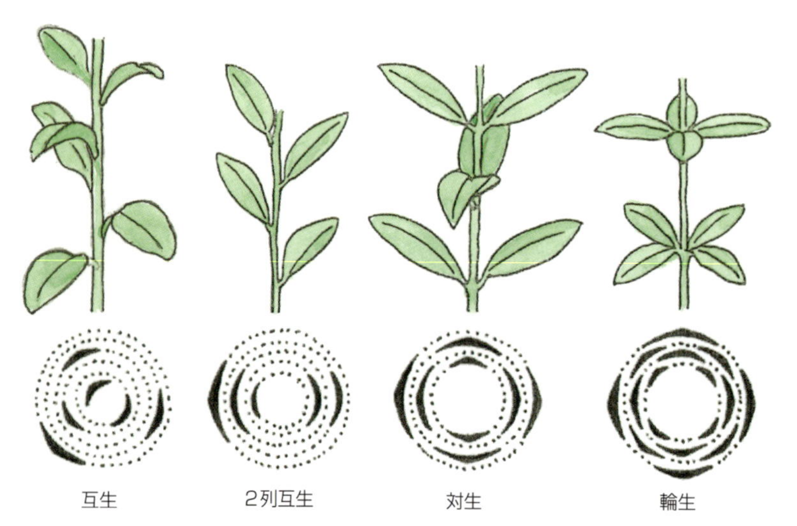

図2-Ⅰ-22　葉のつき方（葉序）

❷対生（opposite）

茎の1節に2枚ずつの葉が向き合ってつくことをいう。上下の節の葉が重ならないようにつくことが多く，茎の先端からみると４枚の葉で十字をつくるため，十字対生（decussate opposite）とよぶ。

❸**輪生**（whorled, verticillate）

茎の１節に３枚以上の葉がつくことをいう。

5 特殊な葉

❶根出葉とロゼット葉

地上茎の基部の節についている葉で，地ぎわからでている。あたかも根からでているようにみえるので，根出葉（radical leaf）または根生葉とよばれている。

根出葉が地表近くに放射状に広がったものを，ロゼット葉（rosette leaf），ロゼット葉の集合をロゼット（rosette）という（注12）。

〈注12〉
ロゼットはバラの花形のことで，上からみるとバラの花形のようにみえるのでこのようによばれている。

❷両面葉と単面葉

大部分の植物の葉は平面に広がり，気孔の密度，維管束の配置などから表裏の区別があり，このような葉を両面葉（bifacial leaf）という。

これに対して，ネギ属は葉の上部が円筒形になっており，表面が内側，裏面が外側になっている。アヤメ属は裏面が外側になるように２つ折りになっており，基部をみると葉の真ん中で２つ折りになっていることがよくわかる（図２-Ⅰ-23）。このような葉を単面葉（unifacial leaf）という。

図２-Ⅰ-23　単面葉の例
（ジャーマンアイリス）

❸多肉葉

肥厚して，全体に多の水を含んでいる葉を多肉葉（succulent leaf）とよび，サボテン科，ベンケイソウ科などにみられる。葉脈はない。

❹沈水葉，浮水葉，抽水葉

水生植物は，水中や水辺などで生育するために，その環境に応じた特殊な葉をつける。バイカモなどにみられる，水中に沈んでいる状態に適応した葉を沈水葉（submerged laef），スイレンなど水面に浮かぶ葉は浮水葉または浮葉（floating leaf）という。ハスなど浅い水域で生育するものは，水面から伸びでる抽水葉（emergent leaf）をもっている。

❺幼葉と成葉

生育の初期と成熟期で葉の形態がいちじるしくちがう花卉もある。前者を幼葉（young leaf），後者を成葉（mature leaf）とよぶ。観葉植物のポトスやオオイタビは，幼葉を利用している。ポトスの成葉は長さ80cmほどになり羽状に裂ける（図２-Ⅰ-24）。

図２-Ⅰ-24　ポトスの幼葉（左）と成葉（右）

❻苞

花や花序を抱いている葉を苞（bract）または苞葉（bract leaf）という。花芽を保護したり，花より目立って花粉を媒介するポリネーター（花粉媒介者）を引き寄せたりする働きがある。ポインセチアやブーゲンビレアは，苞が花弁のように大きくなっ

図 2-Ⅰ-25
仏炎苞の例（アンスリウム）

図 2-Ⅰ-26
小苞の例（ダイアンサス）

〈注 13〉
近年，葉巻きひげのないスイートピー品種が育成されている。

図 2-Ⅰ-27
捕虫葉の例（ウツボカズラ）

図 2-Ⅰ-28
葉状茎の例（シャコバサボテン）

て観賞の対象になったものである。

苞は形やつく位置により，次のように分類される。

○総苞（involucre）

苞が花序の基部に密集してつくものを総苞，その１つ１つを総苞片（involucral scale）という。キク科の頭状花序の基部にある総苞は，がくのようにみえる。

サトイモ科の肉穂花序を包む，大型の苞も総苞の一種で，仏炎苞（ぶつえんほう）(spathe)とよばれ，アンスリウム（図 2-Ⅰ-25）やスパティフィラムなどは観賞の対象になっている。

○小苞（bracteole）

最も花に近い小型の葉を小苞という。ナデシコ属（図 2-Ⅰ-26）では，がくの基部に２から多数，対の小苞をつける。

6 葉の変形

❶葉針

植物の体表に突起している，先端が尖って硬いものを刺（spine）という。葉や小葉，托葉が変形してできた刺を葉針（leaf spine）といい，サボテン科でよくみられる。これに対し，ボケなどのように茎が針や刺のように変形したものを茎針（stem spine）という。

❷葉巻きひげ

他物に巻きついて植物体を支える，ひげ状のものが巻きひげ（tendril）であるが，葉身，小葉，葉柄，托葉など葉の一部が変形したものを葉巻きひげ（leaf tendril）という。スイートピーは羽状複葉であるが，最下部の１対の小葉以外は葉巻きひげになっている（注 13）。

❸捕虫葉

食虫植物にみられる，昆虫などの小動物を捕えるように変形した葉が捕虫葉（insectivorous leaf）で，形や捕虫法はさまざまである。ウツボカズラ属（図 2-Ⅰ-27）では，葉の先が葉巻きひげになり，その先に嚢状（のうじょう）の捕虫葉である捕虫嚢（insectivorous sac）をつくる。サラセニア属では，葉柄が捕虫嚢になっている。

❹貯蔵葉，鱗茎葉

たくさんの貯蔵物質を貯え，多肉質になった葉を貯蔵葉（storage leaf）という。ユリ科の鱗茎（bulb）は貯蔵葉が集合したもので，１つ１つを鱗茎葉（bulb leaf）といい，園芸上は鱗片（scale）とよぶ。

7 茎の変形

茎が扁平になって，葉のようにみえるものを葉状茎（cladophylla）という。シャコバサボテン（図 2-Ⅰ-28），ゲッカビジン，クジャクサボテン，カンキチクなどでみられる。

8 斑入り葉植物

本来１色になる組織の一部に別の色がはいって模様をつくることを斑入

り（variegation），この現象があらわれた植物を斑入り植物（variegated plant）という。花弁，茎にもあらわれるが，葉に多く，斑入り葉植物（variegated foliage plant）とよばれる（注 14）。

〈注 14〉
斑入りにはさまざまなタイプがあり，覆輪，爪斑，中斑，散斑，刷毛込み斑，縞斑，脈斑，虎斑，切斑などに区別される。

4 花の形態と花序

1 花とは

花（flower）とは，種子植物（裸子植物と被子植物）の有性生殖を行なう生殖器官（reproductive organ）のことであるが，ふつうは被子植物の花をさすので，ここでは被子植物の花について解説する。

2 花のつくり

被子植物の花は，花托や花軸，花床とよばれる短くなった茎に，原則として，外側からがく片，花弁，雄ずい，雌ずい（注 15）が輪生したもので，花柄によって茎につながっている（図 2 - Ⅰ - 29）。

❶花托，花軸，花床

花葉がつく茎の先端部分を花托（receptacle）という。花托は，ふつうは短いが，ハスでは発達して花の中央部にふくらんで雌ずい全体を包む（図 2 - Ⅰ - 30）。

モクレン属のように軸状になるものを花軸（floral axis）（図 2 - Ⅰ - 31），キク科のように多数の花をつけて平たく広がるものを花床（receptacle）という。

❷がく片とがく

花の最も外側の花葉で，1 枚 1 枚をがく片（sepal），1 つの花のがく片全体をがく（calyx）といい，がく片が相互につながっているものを合片がく（gamosepal），離れているものを離片がく（chorisepal）という。合片がくの基部の筒状につながっている部分をがく筒（calyx tube），先端部の離れている部分をがく裂片（calyx lobe）（注 16）という（注 17）。

がくは，花葉のなかで最も普通葉に似ており，小型で緑色のものが多い。しかし，アネモネ属やクレマチス属，オシロイバナのように花冠のない花では，がくが花冠のように大きく発達していることがある（注 18）。

〈注 15〉
がく片，花弁，雄ずい，雌ずいは葉が変形してできたもので，花葉（floral leaf）とよばれている。

〈注 16〉
小さいがく裂片はがく歯（calyx tooth）という。

〈注 17〉
アブラナ科やケシ科のように開花前に落下するものや，花が枯死しても残るものもあり，後者を宿存がく（persistent calyx）とよぶ。

〈注 18〉
花冠があっても，サルビアのようにがくが色づくものもある。ホオズキでは，開花後しだいに大きく袋状になって果実を包み，熟すと色づく。

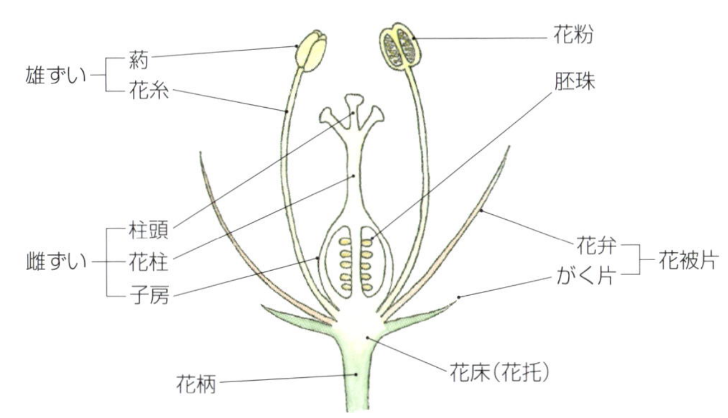

図 2 - Ⅰ - 29　被子植物の花のつくり

図 2 - Ⅰ - 30
中央部にふくらんで雌ずい全体を包んでいるハスの花托

図 2 - Ⅰ - 31
タイサンボクの花軸（花托が軸状になったもの）

アオイ科などでは，がくの外側にがく状のものがあり，副がく（accessory calyx, epicalyx）とよぶ。

❸花弁と花冠

がくの内側，雄ずいの外側にあり，1枚1枚を花弁（petal），1つの花の花弁全体を花冠（corolla）という。花冠はがくとともに生殖には直接かかわらず，雌ずいや雄ずいの保護とともに，さまざまな色彩やにおいをだしてポリネーターを引きつける役割もしている。

花弁が相互につながっている花を合弁花（sympetalous flower），離れている花を離弁花（choripetalous flower）という。合弁花の先がいくつかの裂片に分かれている花冠と，つながったり組み合わさっている花冠がある。前者の裂片を花冠裂片（corolla lobe），後者の細長い筒の部分を花冠筒（corolla tube）という（注19）。

〈注19〉
ラン科植物では，3枚ある花弁のうち1枚が他のものと形，大きさ，色彩などが明らかにちがうが，これを唇弁（しんべん）（lip）という。

❹花被片と花被

がく片や花弁を総称して花被（perianth）といい，1枚1枚を花被片（tepal）という。花被がある花を有花被花（chlamydeous flower），花冠かがくのいずれか一方しかない花を単花被花（mono dichlamydeous flower），両方ある花を両花被花（dichlamydeous flower）という。花被がまったくない花を無花被花（achlamydeous flower），または裸花（naked flower）という（注20）。

〈注20〉
ドクダミ，ヒトリシズカ，ポインセチアなどがある。

がくと花冠の区別ができる花は異花被花（heterochlamydeous flower）という。がくと花冠の外見がほとんどかわりないが，外側にならぶか内側にならぶかで区別できる場合，がく片に相当するものを外花被片（outer perianth），花弁に相当するものを内花被片（inner perianth），全体をそれぞれ外花被（outer perianth），内花被（inner perianth）という。外花被と内花被の区別ができない花は同花被花（homochlamydeous flower）といい，ユリ科など多くの単子葉花卉にみられる。

❺雄ずい

典型的な雄ずい（stamen）は，花粉（pollen）をつくる葯（anther）と，それをささえる花糸（filament）からなり，雄しべともいう（注21）。

〈注21〉
1つの花がもっている雄ずいのすべてを雄ずい群(androecium)とよぶ。

雄ずいが変形したり退化して，正常な花粉をもった葯をつけないものを仮雄ずい（staminode）といい，ラン科，ショウガ科，カンナ科でみられる（注22）。

〈注22〉
カンナの仮雄ずいは6個の雄ずいのうちの5個で，大きく発達して花弁状になっている。

雄ずいと雌ずいが癒合したものをずい柱（column）といい，ラン科の多くやガガイモ科でみられる。

❻雌ずい

雌ずい（pistil）は，花葉の最も先端につき，雌しべともいう。典型的な雌ずいは柱頭（stigma），花柱（style），子房（ovary）からなる。雌ずいは心皮（carpel）とよばれる特殊な葉でつくられており，被子植物では1から数個の心皮が集まって雌ずいになっている。心皮には，受精後種子になる胚珠（ovule）が含まれている。

アヤメ属では，花柱が3つに分かれて平たい花弁状になり裏面の先端に柱頭があるが，分かれた部分を花柱分枝（stylodium）（図2-Ⅰ-32）という。

図2-Ⅰ-32　花柱分枝の例
（ダッチアイリス）

❼花柄，花梗，花茎

1つの花をつける茎を花柄（pedicel），複数の花をつける茎を花梗（peduncle）という。地表面から伸びて，ふつう葉をつけずに頂部に花だけをつける茎を花茎（scape）とよぶ（注23）。

〈注23〉
デージーのようなキク科の頭状花序も花茎とよぶ。

図2-I-33　花冠の種類と花卉の例（❶〜⓲は表2-I-1に対応）

表2-Ⅰ-1　花弁の合弁・離弁と相称性による花冠の分類（❶～⓲は図2-Ⅰ-33に対応）

	合弁花冠	離弁花冠
放射相称花冠	・高盆形花冠（hypocraterimorphous corolla）：花冠筒部が長く，先が皿状に開く。高杯形花冠，高つき状花冠ともよぶ。サクラソウ属，フロックス属など（❶） ・車形花冠（rotate corolla）：花冠筒部が短く，先が水平に近い角度で開く。ナス科，ワスレナグサ属（❷）など ・鐘形花冠（campanulate corolla）：花冠の先のみが裂けて，鐘形になる。キキョウ，ホタルブクロ属など（❸） ・筒状（管状）花冠（tubular corolla）：キク科（タンポポ亜科を除く）の頭状花序の中央部にある（❹） ・壺形花冠（unceolate corolla）：花冠筒部がふくれ，先は細くくびれ壺状になる。アセビ（❺）など ・漏斗形花冠（infundibular corolla）：花冠筒部は上部に向かってしだいに広がり，漏斗形となる。アサガオ属（❻）など	・十字形花冠（cruciate corolla）：4枚の花弁が一対ずつ十字形になる。アブラナ科（❼）に特有 ・ナデシコ形花冠（caryophyllaceous corolla）：5枚の花弁からなり，基部はがく筒におさまる。ナデシコ亜科（❽）に特有 ・バラ形花冠（rosaceous corolla）：ほぼ円形の5枚の花弁が水平に開く。バラ属（❾），リンゴ属など ・ユリ形花冠（liliaceous corolla）：6枚の同質同形の花被片からなる。ユリ属（❿）など。ふつう離弁花冠だが，合弁花冠もある ・ラン形花冠（orchidaceous corolla）：ラン科にみられ，がく片，花弁ともに3枚ずつで，花弁の1枚が特殊化して唇弁になる（⓫）
左右対称花冠	・仮面状花冠（personate corolla）：唇形花冠によく似るが，上唇と下唇のあいだにふくらみができて，喉部をふさいでいる。キンギョソウ（⓬）など ・きんちゃく形花冠（calceolate corolla）：花冠が2裂し，下唇が袋状にふくらむ。カルセオラリア属（⓭）など ・唇形花冠（labiate corolla）：花冠の先端が上下2つに深裂して，唇形をしている。上を上唇，下を下唇という。シソ科（⓮），イワタバコ科など ・舌状花冠（ligulate corolla）：キク科の頭状花序の周辺部にあり，5枚の花弁がくっついて舌状になっている（⓯）	・かぶと状花冠（galeate corolla）：トリカブト属にみられ，がく片の一部がかぶと状になっている（⓰） ・スミレ形花冠（violaceous corolla）：スミレ属の花冠をいう（⓱） ・蝶形花冠（papilionaceous corolla）；マメ科に多くみられ，5枚の花弁が蝶形にまとまっている（⓲）

3 花冠の形

合弁花の合弁花冠（sympetalous corolla），離弁花の離弁花冠（choripetalous corolla）に大別される。また，相称性によって放射相称花冠（actinomorphic corolla）と左右対称花冠（zygomorphic corolla）に分類できる（図2-Ⅰ-33，表2-Ⅰ-1）(注24)。カンナのように花被片の大きさがちがい，相称面がまったくない花冠を非相称花冠（asymmetric corolla）という。

〈注24〉
正確には花冠とはいえないが，同花被花やがくだけの場合も，表2-Ⅰ-1の分類が適用されることがある。

4 副花冠

内花被や花冠と雄ずいのあいだにできた花冠状の付属物を副花冠(corolla, crown, paracorolla）といい，副冠ともよぶ。スイセン属では大きく発達している。トケイソウ属（図2-Ⅰ-34）では糸状になって放射状にならんでいる。

図2-Ⅰ-34
副花冠の例（トケイソウ）

5 距

がくや花冠の基部にある，蹴爪（けづめ）状に飛びだした部分を距（きょ）（spur）といい，なかに蜜腺があって蜜をためている。

ヒエンソウやセイヨウオダマキ（図2-Ⅰ-35），インパチエンスではがくに，スミレ属や多くのラン科では花冠に距がある。

図2-Ⅰ-35
距の例（セイヨウオダマキ）

6 両性花，単性花，中性花

花は，雌ずいと雄ずいの有無によって以下のように分類する。

❶両性花

ふつうにみられる，雌ずいと雄ずいの両方ある花を両性花（bisexual

flower, hermaphrodite flower）という。

❷単性花

雌ずいと雄ずいのどちらかが欠けているか，あっても退化している花を単性花（unisexual flower）という。

雌ずいだけで雄ずいがないかあっても機能していない花を雌花（female flower），雄ずいだけで雌ずいがないかあっても機能していない花を雄花（male flower）という。雌花と雄花が同じ株につくものを雌雄同株（monoecism），ちがう株につくものを雌雄異株（dioecism）という。

❸中性花

雌ずいも雄ずいも退化して，花被だけの花を中性花（neutral flower）という。アジサイのがくやオオデマリの花冠のように，大きく目立ち，花粉を媒介する昆虫などを引きつける中性花を装飾花（ornamental flower）といい，ガクアジサイ（図2-Ⅰ-36）では花序のまわりを縁どっている。

図2-Ⅰ-36　装飾花（ガクアジサイ）

図2-Ⅰ-37
ストックの八重咲き（左）と一重咲き（右）

7 一重咲きと八重咲き

花弁や花弁のようにみえる苞などの数は種によって一定しているが，それらの数が正常のものに比較して多くなっているものを八重咲き（double flowered），本来の数のものを一重咲き（single flowered）という。八重咲きは植物学的には奇形であるが，園芸的には観賞価値が高いとされている。

八重咲きのタイプは，以下のように分類される。

①ストック（図2-Ⅰ-37），ツバキ，バラなどのように，雌ずい，雄ずい，がく片が花弁状になるもので，弁化（petaloidy）といい，最も一般的な八重咲きのタイプ。

②カーネーション，ペチュニアなどのように，花弁と雄ずいが数を増やし，のちに弁化するもので，雌ずいと雄ずいが正常に機能しているタイプ。

③フクシア（図2-Ⅰ-38）などのように，花弁が縦に裂けて数を増やし，それぞれが大きくなったタイプ。

④カーネーションの一部の園芸品種のように，花托に茎頂分裂組織（shoot apical meristem）ができて花になる，花のなかにさらに花ができるタイプ。

⑤ヒマワリ（図2-Ⅰ-39）のように，頭状花序の中央部にある筒状花の大部分や全部が，舌状花の形に変化したタイプ。

⑥ポインセチア（図2-Ⅰ-40）の一部の園芸品種のように，花弁状にみえる苞の数が増えたタイプ。

図2-Ⅰ-38
フクシアの八重咲き（左）と一重咲き（右）

図2-Ⅰ-39
ヒマワリの八重咲き（左）と一重咲き（右）

図2-Ⅰ-40　ポインセチアの八重咲き（左）と一重咲き（右）

8 花序

❶花序の構造

花の配列は植物の種類によって一定の様式があり，この配列様

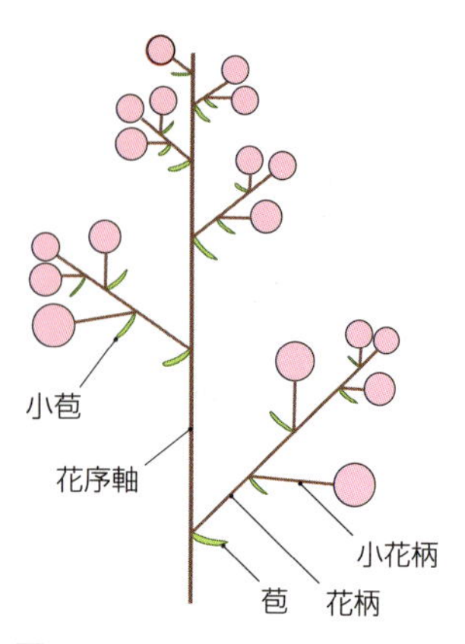

図2-Ⅰ-41
花序の構造（複総状花序）

式を花序（inflorescence）という。また，花をつける茎の部分全体も花序とよぶ。花序は，結果期になると果序（infructescence）とよばれる。

花序の構造は，複数の花をつけた花序の中心にある茎を花序軸（rachis），花の基部にある苞を小苞（bracteole），花のつける茎を花柄（peduncle），枝分かれした先端の花をつける茎を小花柄（pedicel）という（図2-Ⅰ-41）。

❷無限花序と有限花序

花序は，無限花序（indefinite inflorescence）と有限花序（definite inflorescence）に大きく分けられる。無限花序は，花序軸の先端の茎頂分裂組織が分裂をくり返し，花序軸を伸ばしながら腋芽に花をつくり続けるタイプで，総穂花序（botrys）ともいう。花は下から上に向かって咲き，最後に頂花が咲く。無限花序といってもしだいに成長が弱まるので，無限に咲き続けることはない。

有限花序は，花序軸の先端の茎頂分裂組織が花を分化すると分裂を終了するので，花序軸の先端に花をつけて成長を止める。次は，腋芽から茎(分枝）を伸ばして花をつける。この茎も花をつけると成長が止まり，その腋

表2-Ⅰ-2　単一花序の種類（❶～⓮は図2-Ⅰ-42に対応）

	花序のタイプ	特　徴
無限花序の単一花序	総状花序（raceme）（❶）	長く伸びた花序軸にほぼ均等に，花柄のある花を多数つける。花柄の長さはほぼ同じ
	穂状花序（spike）（❷）	長く伸びた花序軸にほぼ均等に，花柄がない花を多数つける
	肉穂花序（spadix）（❸）	穂状花序が特殊化したもので，花序軸が多肉化して花が表面に密生したもの。サトイモ科に多く，同科では花序を包む仏炎苞がある
	尾状花序（ament）（❹）	花序は細く，無花被または単花被の単性花を穂状につけ垂れ下がるもの。クリ属，ヤナギ属など
	散房花序（corymb）（❺）	花柄がある花を多数つけ，下の花の花柄ほど長いため花全体が半球面状にならぶ
	散形花序（umbel）（❻）	散房花序に似るが，節間が伸びず，全体が傘形になる
	頭状花序（capitulum, head）（❼）	花序軸の先端が短縮してやや円盤状になり，その上に花柄のない花があつまったもので，頭花（caput）ともいう。キク科にみられる
有限花序の単一花序	単頂花序（uniflowered inflorescence）（❽）	花茎の先や葉腋，枝先に1個の花をつける
	単出集散花序（monochasium）	側枝（分枝）が1節に1本伸びるもので，分枝の方向によって以下のように分ける （a）巻散花序（drepanium）（❾）：主軸に対して常に遠い側に分枝して，1平面で渦巻き状になる （b）かたつむり形花序（bostryx）（❿）：同一方向に直角な面に分枝し，立体的な渦巻き状になる （c）扇状花序（rhipidium）（⓫）：1平面で左右交互に分枝する （d）さそり形花序（cincinnus）（⓬）：左右相互に直角な面に分枝し，立体的になる
	二出集散花序（dichasium）（⓭）	側枝（分枝）が1節に2本伸びるもの
	多出集散花序（pleiochasium）（⓮）	側枝（分枝）が1節に3本以上伸びるもの

表2-Ⅰ-3　複合花序のタイプと種類（❶～❺は図2-Ⅰ-43に対応）

花序のタイプ	特徴と花序の種類
同形複合花序（isomorphous compound inflorescence）	同じ単一花序が組み合わさったもの 複総状花序（compound racem）（❶），複散形花序（compound umbel）（❷），複集散花序（compound cyme）（❸），輪散花序（verticillaster）（❹）などがある
異形複合花序（heteromorphous compound inflorescence）	2種類以上の花序が組み合わさったもの 散形総状花序（umbel-raceme）（❺），頭状散房花序（capitulum-corymb）などがある

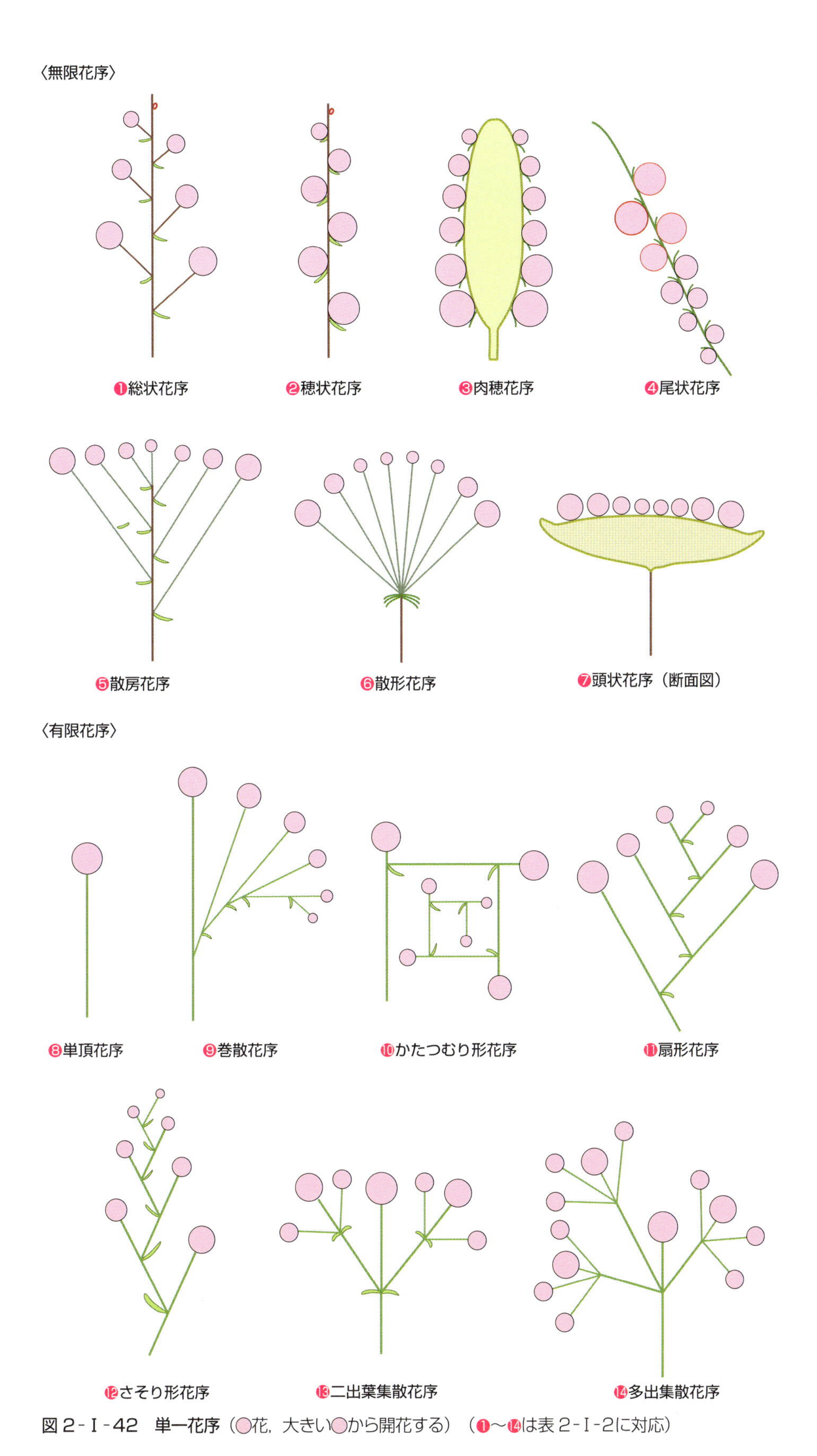

図 2-Ⅰ-42　単一花序（○花，大きい○から開花する）（❶〜⓮は表 2-Ⅰ-2に対応）

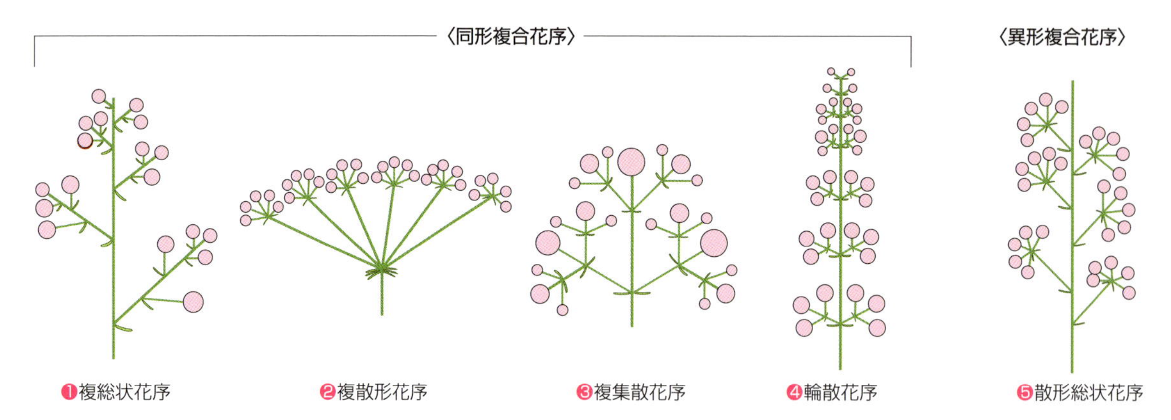

図 2-Ⅰ-43　**複合花序**（◯花，大きい◯から開花する）（❶〜❺は表 2-Ⅰ-3 に対応）

〈注 25〉
複合花序には，下の枝が上の枝より長く，花序全体が円錐形になる円錐花序（panicle）のタイプもある。

芽から茎が成長し次の花をつけるというように花がつくられるタイプで，集散花序（cyme, cymose inflorescence）ともいう。

❸単一花序と複合花序

花序は，単一の花序のみでつくられている単一花序（simple inflorescence）と，いくつかの花序が組み合わさった複合花序（compound inflorescence）にも大別できる。

単一花序と複合花序のタイプと種類を表 2-Ⅰ-2，3，図 2-Ⅰ-42，43 に示した（注 25）。

❹特定の植物群に特有な花序（図 2-Ⅰ-44）

○杯状花序（cyathium）

花序軸と総苞が変形して杯状や壺状になり，なかに雌ずい 1 個からなる雌花と，雄ずい 1 個からなる雄花が数個はいっており，壺状花序，椀状花序ともよばれる。トウダイグサ科にみられ，集散花序が特殊化したものと考えられている。

○隠頭花序（hypanthium）

花序軸が多肉化し，中央がくぼんで壺形になり，なかに微小な花が多数つき，外見は果実のようにみえる。イチジク属にみられ，イチジク状花序ともよばれる。集散花序が特殊化したものと考えられている。

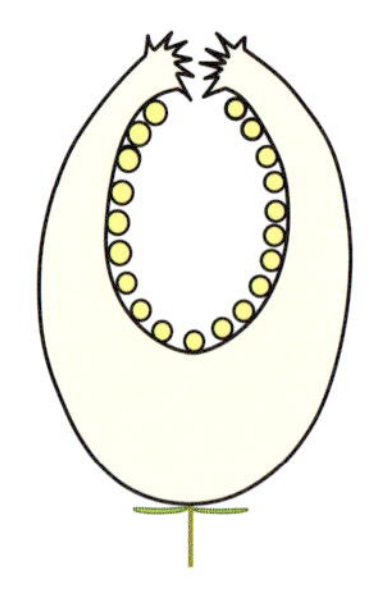

杯状花序（断面図）　陰頭花序（断面図）

図 2-Ⅰ-44　**特定の植物群に固有な花序**
（◯花，大きい◯から開花する）

Ⅱ 発育生理

1 光合成

独立栄養を行なう植物は，光エネルギーを用いて，水（H_2O）と大気中の二酸化炭素（CO_2）から炭水化物（$C_6H_{12}O_6$）をつくり，自身の体をつくったりエネルギーとして利用している（注1）。この過程で酸素（O_2）を放出する。

〈注1〉
植物の生体重の80～95%は水分で，水分を除いた乾物重の40数%が炭素（C）からなり，すべて大気中のCO_2から同化されたものである。炭水化物はそのまま蓄積されたり，細胞壁を構成するセルロースなどの多糖類，核酸，タンパク質など体の維持・成長に不可欠な物質の合成や呼吸に使われたりしている。

1 C_3植物（C_3 plant）の光合成

❶光合成の2つの反応

光合成（photosynthesis）は葉の葉肉細胞にある葉緑体（クロロプラスト，chloroplast）で行なわれる。クロロプラストは2重の膜で覆われ，内部には袋状構造をもつチラコイドがある。チラコイドの外側の部分をストロマという。

光合成は，チラコイドで光エネルギーを化学エネルギーに変換する光化学反応と，この化学エネルギーを利用してストロマのカルビン・ベンソン回路で炭水化物を合成する反応の2つに分けられる（図2-Ⅱ-1）。

❷光化学反応（photochemical reaction）

チラコイド膜にある光化学系Ⅱ（photosystem II，PS II）（注2）のクロロフィルは光を吸収すると，電子を放出し酸化状態になる。これを還元状態にもどすために水から電子がとりだされ，同時にO_2と水素イオン（H^+）が放出される。PS IIから放出された電子は光化学系Ⅰ（photosystem I,

〈注2〉
チラコイド上にあるクロロフィルとタンパク質の複合体で，数十種のサブユニットから構成されている。光化学系Ⅰも構造，機能は光化学系Ⅱに似ており，クロロフィルも含まれている。

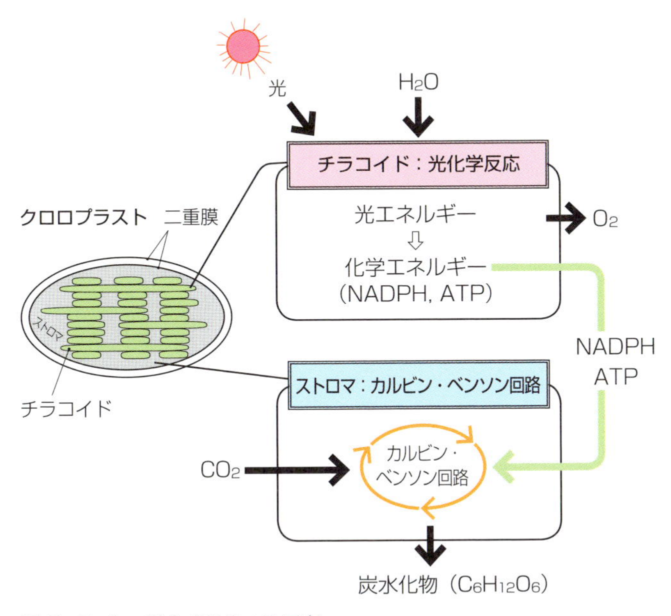

図2-Ⅱ-1　光合成の2つの反応

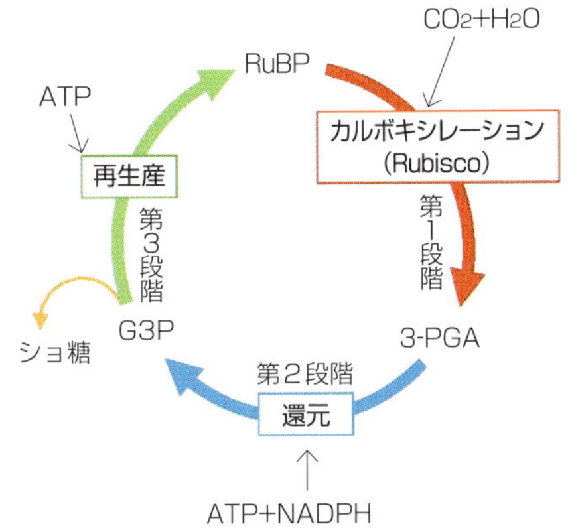

RuBP：リブロース-1,5-二リン酸，3-PGA：3-ホスホグリセリン酸，G3P：グリセルアルデヒド-3-リン酸

図2-Ⅱ-2　カルビン・ベンソン回路の3つの反応

PS I）に伝達される。PS I でもクロロフィルは電子を放出し酸化状態になるが，PS II から伝達された電子によって還元状態にもどる。

PS I から放出された電子は最終的に $NADP^+$（注３）に伝達され，ストロマに NADPH をつくる。

また，PS II から放出された H^+ は ATP 合成酵素によって利用され，ストロマに ATP（注４）をつくる。

❸カルビン・ベンソン回路

カルビン・ベンソン回路（Calvin Benson cycle）は，光化学反応でつくられた化学エネルギーと CO_2 を利用して炭水化物をつくる回路で，大きく３つの段階に分けることができる（図２-Ⅱ-２）。

第１段階はカルボキシレーション反応で，炭素固定酵素ルビスコ（Rubisco）（詳しくは３-③参照）によって，CO_2 がリブロース-1,5-二リン酸（RuBP）と結合し，炭素数３の３-ホスホグリセリン酸（３-PGA）をつくる。

第２段階は，３-PGA が ATP と NADPH を利用する酵素の働きによって，グリセルアルデヒド-３-リン酸（G3P）に還元され，その１/６から炭水化物がつくられる。第３段階は，残りの５/６の G3P から RuBP を再生産する。この３つの段階が循環しているのがカルビン・ベンソン回路である（注５）。

〈注３〉
$NADP^+$（ニコチンアミドアデニンジヌクレオチドリン酸）が酸化型で NADPH は還元型。光合成経路や解糖系の電子伝達物質である。

〈注４〉
アデノシン三リン酸（adenosine triphosphate）の略で，生物体内でのエネルギーの貯蔵，供給，運搬を仲介する。

〈注５〉
１分子の炭水化物（$C_6H_{12}O_6$）を生産するには６分子の CO_2 が必要である。CO_2 が固定されて最初に合成される物質が炭素数３の 3-PGA である植物を C_3 植物という。

2 C_4 植物，CAM 植物の光合成

❶ C_4 植物の光合成（図２-Ⅱ-３，表２-Ⅱ-１）

C_4 植物（C_4 plant）（注６）は，C_3 植物がもつ光化学反応系とカルビン・ベンソン回路に加えて，C_4 ジカルボン酸回路（C_4 回路，C_4 cycle）という CO_2 の濃縮回路をもっている。C_4 回路では，大気の CO_2 が葉肉細胞中にとり込まれ重炭酸イオン（HCO_3^-）となり，ホスホエノールピルビン酸カルボキシラーゼ（PEPC）によって炭素数４のオキサロ酢酸が合成され，ただちにリンゴ酸またはアスパラギン酸（注７）に代謝される。

これらの C_4 化合物は，維管束をとり囲むように配置されている維管束鞘細胞にはこばれ，脱炭酸されて CO_2 が遊離する。この CO_2 がカルビン・ベンソン回路にはいり炭水化物が合成される。

維管束鞘細胞の CO_2 濃度は，C_3 植物の葉肉細胞の CO_2 濃度よりもたいへん高く維持されるため，Rubisco による光呼吸がおさえられ光合成速度は C_3 植物より高い（３-③参照）。

PEPC は HCO_3^- と親和性がとても高いため，気孔があまり開かなくても十分な CO_2 をとり込むことができる。このため，蒸散がおさえられる利点もある。

❷CAM植物の光合成

CAM（カム）植物（CAM plant）（注８）は体内の水分損失を防ぐため，蒸散量が多くなる昼間は気孔を閉じ，夜間に気孔を開いて CO_2 をとり込む。また，気孔数が少ないため，C_3 植物より CO_2 のとり込み量が少なく，光合成速度は低い。

〈注６〉
サトウキビ，トウモロコシなどの食用作物をはじめ，花卉ではシバ（暖地型），ハゲイトウ，ケイトウ，マツバボタン，スベリヒユなどがある。

〈注７〉
炭素数４の化合物は C_4 化合物とよばれ，C_4 植物名はこれに由来する。

〈注８〉
ベンケイソウ型酸代謝（crassulacean acid metabolism，CAM）を行なう植物の総称で，花卉ではサボテン，ベンケイソウ，アナナス，リュウゼツランなどの一部の観葉植物と，ファレノプシスやカトレアなどのラン科植物がある。砂漠や，熱帯雨林でも水の供給が制限される樹上などに自生するものに多い。気孔数は C_3 植物より極端に少なく，葉が肉厚で水分を多く蓄えるなど，水ストレスに適応するように進化した植物である。

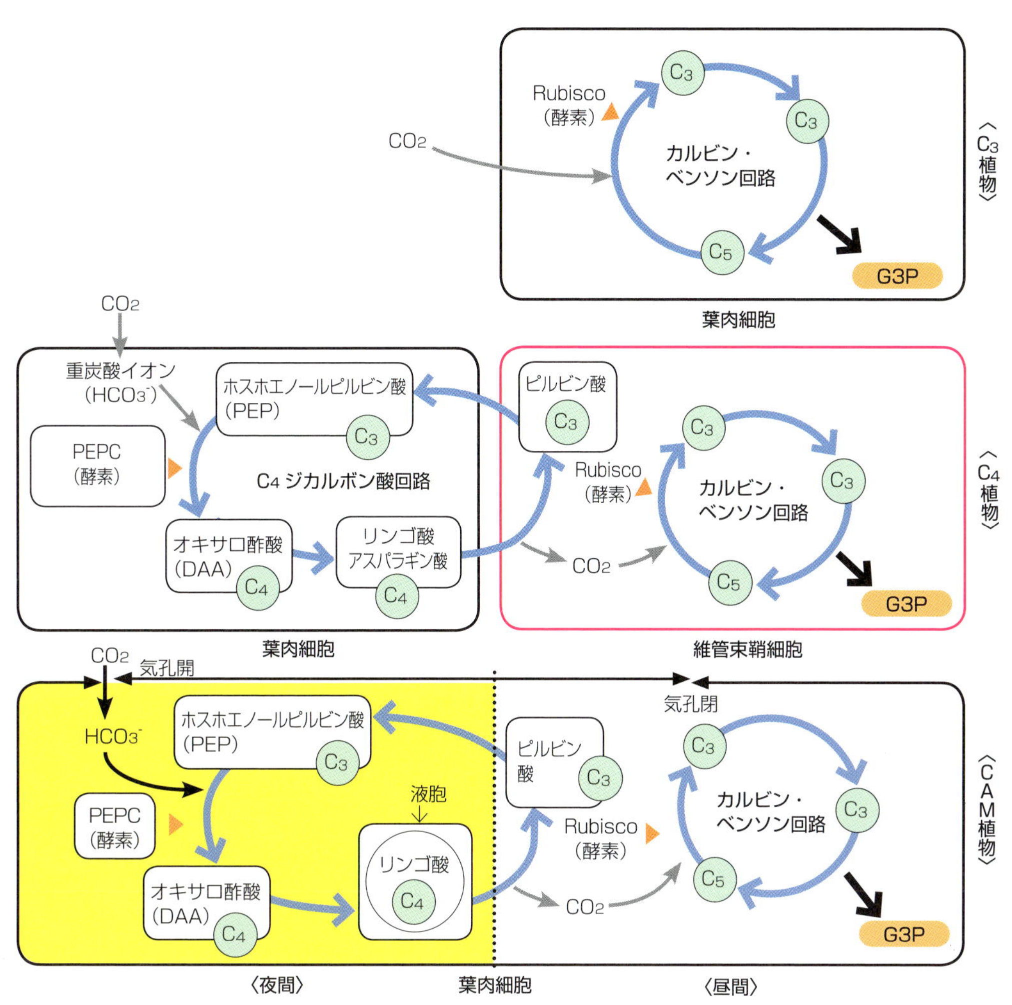

図2-Ⅱ-3　C_3，C_4，CAM植物の光合成のちがい（鈴木ら，2012を改変）
ⓒ3，ⓒ4，ⓒ5はそれぞれ炭素数3，4，5個の物質を示す

表2-Ⅱ-1　C_3，C_4，CAM植物の光合成と葉の構造のちがい

	C_3植物	C_4植物	CAM植物
CO_2固定酵素	Rubisco	PEPC	PEPC
CO_2固定の初期産物	3-PGA	リンゴ酸 アスパラギン酸	リンゴ酸
CO_2吸収時期	明期	明期	暗期
光呼吸の有無	あり	なし	なし
光飽和点	低い	きわめて高い	−
乾燥耐性	低い	高い	非常に高い
光合成を行なう葉の細胞	葉肉細胞	葉肉細胞・維管束鞘細胞	葉肉細胞

夜間にとり込んだCO_2は，PEPCによってC_4化合物であるリンゴ酸などになり，液胞中に貯蔵される。昼になるとリンゴ酸から遊離したCO_2がカルビン・ベンソン回路にはいり炭水化物が合成される。したがって，液胞中のリンゴ酸量は暗期の終わりに最も多く，明期の終わりに最も少なくなる（注9）。そのため，CO_2施用は，気孔が開いている夜間に行なわな

〈注9〉
ファレノプシスの場合，光環境が適切であれば葉のリンゴ酸量の日較差は150mmol/㎡になる。葉のリンゴ酸量とpHは高い相関関係があり，葉の抽出液のpHは暗期の終わりには約4，明期の終わりには約6と大きく変化する。葉のpHを朝と夕方に測定すればその期間に消費されたリンゴ酸量（光合成量）が評価でき，光環境が適切に管理されているかどうかを知ることができる。

ければ効果がない。

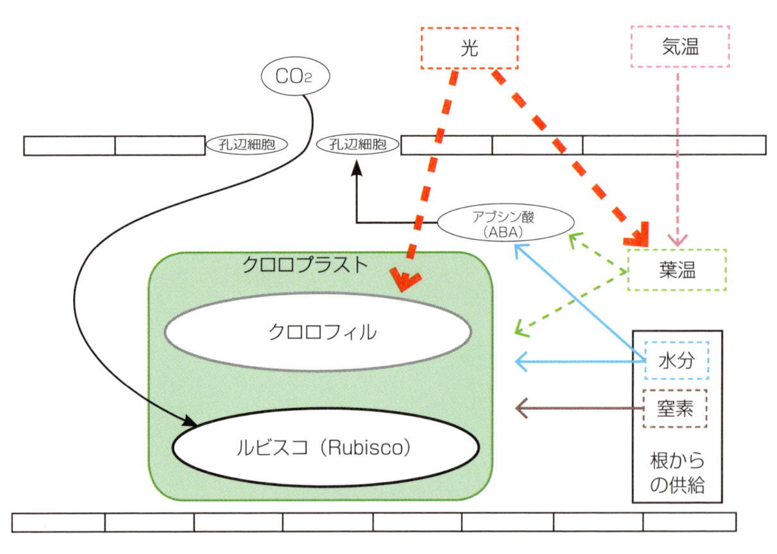

図 2 - Ⅱ - 4　葉の光合成を左右する要素と環境要因

3 光合成を左右する植物体の要素

光合成は気孔，クロロフィル，Rubisco の状態によって大きく左右される。これらは光，温度，CO_2 濃度，根から吸収される水や窒素によって影響される（図 2 - Ⅱ - 4）。

❶気孔

葉の表皮細胞にある一対の孔辺細胞がつくる孔隙を気孔（stomata）という。植物は気孔を通して水分を蒸散させ（注 10），CO_2 と O_2 のガス交換を行なっている。光合成を行なうには，気孔から葉肉細胞のクロロプラストに CO_2 がとり込まれなければならない。水分ストレスや温度ストレスを受けると，気孔が閉じ CO_2 がとり込めないため，光があっても光合成は大きく抑制される。

❷クロロフィル

高等植物にはクロロフィル（chlorophyll） a と b の 2 種類があり，青色光（400 ～ 500nm）と赤色光（600 ～ 700nm）を吸収し，両者の中間にある緑色光（500 ～ 600nm）はほとんど吸収しない（注 11）。

クロロフィルはアミノ酸から合成されるため，肥料の三大要素の 1 つである窒素が不可欠である。窒素が少ないとクロロフィル量が少なくなり葉は黄緑色に，窒素が多いとクロロフィルの合成がすすみ濃緑色になる。このため，窒素栄養が良好であれば光をよく吸収できる。

クロロフィル量は目視や簡単な機器で測定でき，窒素栄養を評価する指標としても使われている。

〈注 10〉
水が気孔から蒸散するとき気化熱として葉から熱を奪うため，気孔は葉の温度を調節する機能ももつ。

〈注 11〉
人工光を利用した植物工場では，クロロフィル吸収波長の光を効率的に照射するため，青色や赤色 LED（発光ダイオード，light emission diode）が利用されている。

光合成に利用される光

光は，電磁波としての性質とエネルギーの粒子としての性質を同時にもっている。光は波のように振動しながら真空中を 3×10^8m/s の速度ですすみ，連続する波の頂点と頂点（または谷と谷）の距離を波長という（図 2 - Ⅱ - 5）。周波数（ヘルツ：Hz）は，1 秒間に波が振動する回数を示す単位で，1 秒間に光がすすむ 3×10^8m を周波数で割ると波長が求められ，光の波長は 100nm ～ 1mm の範囲である。

ヒトの目は 360 ～ 780nm の光（可視光）を感じることができ，最も感度が高いのは 550nm 付近である（図 2 - Ⅱ - 6）。360nm より短い波長の光を紫外線（UV），780nm よりも長い波長の光を赤外線（IR）という。植物は，おもに 400 ～ 800nm の光を光合成や光シグナルに利用している。

光の粒子を光量子（photon）という。光量子が光化学反応をおこすので，光合成を評価するには 1 粒 1 粒の光量子の数が重要になる。光合成が行なわれる 400 ～ 700nm の波長範囲に，光量子が 1㎡当たり 1 秒間にいくつあるかを示したのが光合成有効放射（μmol・m^{-2}・s^{-1}）である。光合成を評価する光の単位として照度（lx）は使わない。

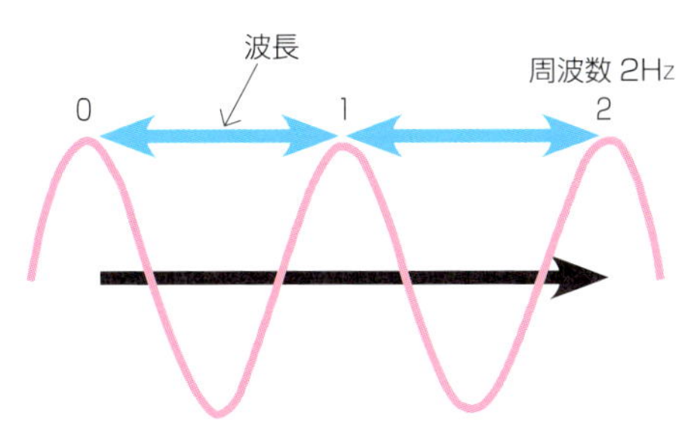

図 2-Ⅱ-5　光の速度と波長の関係の模式図
実際には 2Hz の光は存在しない

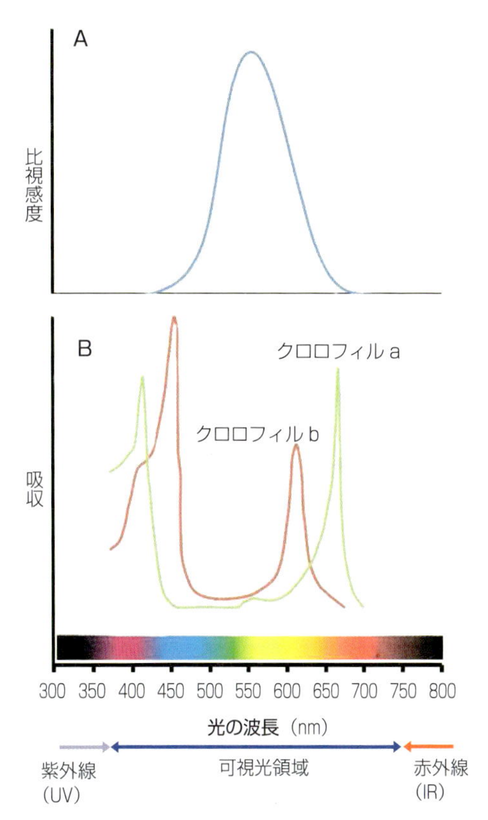

図 2-Ⅱ-6　ヒトの比視感度とクロロフィルの光吸収スペクトル

❸ Rubisco

Rubisco（ribulose-1,5-bisphosphate carboxylase/oxygenase）はリブロース-1,5-二リン酸カルボキシラーゼ/オキシゲナーゼとよばれる酵素タンパク質である。葉のタンパク質の約 40%をしめ，葉のなかで最も多いタンパク質である。クロロフィルと同様に，根からの窒素吸収量が少なくなると減少する。

Rubisco はカルボキシラーゼとして RuBP に CO_2 を結合させ，3-PGA をつくる。しかし，それと拮抗するようにオキシゲナーゼとしても働き，RuBP に O_2 を結合させ 2-ホスホグリコール酸をつくる。その後，2-ホスホグリコール酸は CO_2 の放出を経て最終的に 3-PGA となる。これを光呼吸（photorespiration）（注 12）という。

Rubisco のカルボキシラーゼとオキシゲナーゼとしての活性は，クロロプラスト内の CO_2 と O_2 の濃度比によってきまり，CO_2 濃度が高まるとカルボキシラーゼとしての活性が高まり，CO_2 固定が促進され光呼吸がおさえられる。

〈注 12〉
光呼吸で RuBP が O_2 で酸化されると，このうちの 25%の炭素が CO_2 として失われるが，75%の炭素は 3-PGA としてカルビン・ベンソン回路に再び回収される。このため，水分ストレスなどで気孔が閉じ，クロロプラスト中の CO_2 濃度が低くなっても，Rubisco を経ないでカルビン・ベンソン回路を動かすことができる。カルビン・ベンソン回路が阻害されると，後述（4-②参照）するように過酸化水素が発生し，光阻害を引きおこす。このため，光呼吸は光阻害を防ぐ役割があると考えられている。

4 光合成と環境

光合成は前項で述べた植物体の各要素とともに，それが機能する環境条件が満たされたときに促進され，1つでも満たされないと抑制される。光合成はおもに葉での反応なので，地上部の環境に注目しやすいが，関係ないようにみえる根の健全性と根域環境も，水や窒素吸収を通して大きく影響している。

❶水分

根から供給される水分が不足すると葉の維管束内でアブシシン酸（ABA）（注 13）が合成され，孔辺細胞の脱水がうながされ気孔が閉じる。このため，水分が不足すると，CO_2 がとり込みにくくなり，光合成が抑制される。

また，水分は生体の維持に不可欠であり，不足すると光合成にかかわる酵素反応も抑制される。

〈注 13〉
ABA は，水分ストレスや温度ストレスによって誘導される植物ホルモンである。

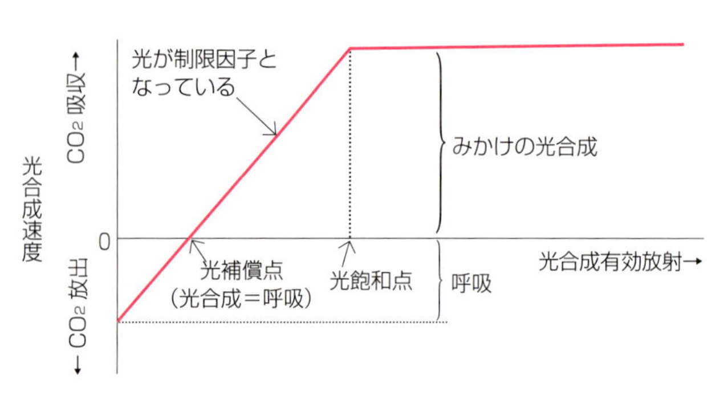

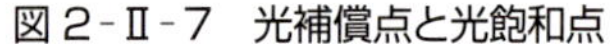
図2-Ⅱ-7　光補償点と光飽和点

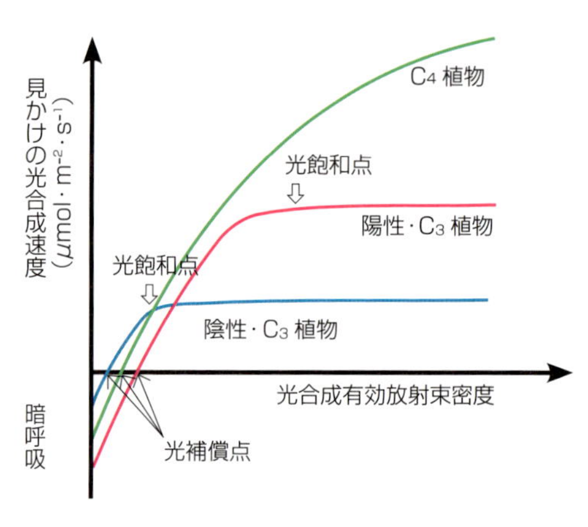

図2-Ⅱ-8　光の強さと植物のタイプによる光合成曲線

❷光

○光補償点と光飽和点

暗黒条件では光合成をしないため，呼吸によってCO_2が放出される。光が強くなるにしたがって光合成速度が高まり，呼吸速度と光合成速度がみかけ上ゼロになる光の強さを光補償点（light compensation point）という（図2-Ⅱ-7）。

光補償点は陰生植物で低く（1～5 μmol・m^{-2}・s^{-1}），陽生植物で高い（10～20 μmol・m^{-2}・s^{-1}）（注14）。実際の栽培では，光補償点を考慮する必要はほとんどないが，植物を室内で観賞するときの品質保持には，光補償点以上の光を与える必要がある。

C_3植物の光合成速度は，光が強くなるにしたがって直線的に高まるが，光がある一定の強さになるとそれ以上高くならない。これを光飽和点（light saturation point）という。クロロプラスト内のCO_2濃度が低下するためにおこるので，大気のCO_2濃度を高めると光飽和点は高まる。なお，C_4植物はCO_2の濃縮機構をもち，高濃度のCO_2をクロロプラストに供給できるため光飽和点はない（図2-Ⅱ-8）。

光飽和点は陽生植物で高く，陰生植物で低い。同じ植物でも光が弱い条件で生育した葉（陰葉）で低く，強い条件で生育した葉（陽葉）で高い。光飽和点をこえる強い光が当たり続けると，光阻害がおこり光合成速度が低下する。

○光阻害

チラコイド膜にあるPS IIは光によって損傷し不活性化されるが，修復機構によって再活性化される。光による損傷速度が修復速度を上回ると光阻害（photoinhibition）がおこる。光合成に利用されなかった過剰な光は熱として放散されるほかに，PS Iから放出された電子がO_2と結合して過酸化水素（H_2O_2）をつくる。過酸化水素は不活性化したPS IIの修復を阻害するため，光阻害が顕著になる。光呼吸は過酸化水素の発生をおさえるため，PS IIの修復阻害を防ぐ作用があると考えられている。

光飽和点が低い観葉植物や洋ランなどに直射日光を当てると葉焼けがお

〈注14〉
陽生植物（sun plant，heliophyte，intolerant plant）：耐陰性が低く，明るい場所で生育する植物。陰生植物より光合成量，呼吸量とも大きく，光補償点，光飽和点が高い。葉は層状に配置され，柵状組織がよく発達して厚い。チューリップ，パンジー，サクラ類，ツツジ類，アサガオなどがある。
陰生植物（shade plant，shade tolerant plant）：耐陰性が強く，暗い場所で生育する植物。陽生植物より光合成量，呼吸量とも小さく，光補償点，光飽和点が低い。葉は一平面状に配置され，柵状組織は薄い。シュンラン，ミズヒキ，アジサイ，ヒイラギナンテン，ユキツバキ，アオキ，ヤツデなどがある。コケ類、シダ類の多くも含まれる。

こるのは，葉温が上昇したり光阻害が発生するためである。光飽和点が低い植物は，葉温の上昇と光阻害を防ぐため，遮光が必要である。

❸葉温

○葉温の光合成への影響

葉温（leaf temperature）は気温，光強度，湿度，風速などによって変化する。光強度が高まるほど葉温が上がり，効率的に葉から熱がとり除かれないと高温になる。ふつう葉は蒸散による気化熱によって冷却されるため，気温と葉温にほとんど差はないが，根の水分吸収が円滑に行なわれないと蒸散がとどこおり，葉温が急激に上がる。それによって，呼吸量が増え正味の光合成量の減少や，光合成に関連する酵素の活性が抑制され，最終的にはさまざまな体内成分の分解が誘発され，葉が枯死することもある。

○葉温の上昇をおさえる遮光の影響

高い気温が生育の制限要因になっている場合，葉温の上昇をおさえるため遮光（shading）が行なわれるが，光合成に適した光強度が確保できず，生育の停滞につながることがある。

冷涼な環境を好むシクラメンの光合成の最適温度は15～20℃，光飽和点は800 μmol・m^{-2}・s^{-1}程度である。夏の関東地方の平地では最高気温が35℃以上になることもあり，気温がおもな生育制限要因になっている。光による気温と葉温の上昇をおさえるため50～75％の遮光が行なわれるが，このときの光は最大でも400 μmol・m^{-2}・s^{-1}程度でシクラメンにとっては弱いので生育が停滞する。

❹大気中のCO_2濃度

光合成速度はCO_2濃度（CO_2 concentration）が上がると高まるが，一定濃度になるとそれ以上高くならない。この濃度をCO_2飽和点という（図2-Ⅱ-9）（注15）。

〈注15〉
C_3植物のCO_2飽和点は1500～1800ppm，C_4植物は800ppmくらいである。C_4植物のCO_2飽和点がC_3植物よりも低いのは，C_4植物ではCO_2濃縮機構が働くためである。

大気中のCO_2濃度は380～400ppmであるが，温室など密閉空間のCO_2濃度は栽培環境や時間帯によって大きくかわる。夜は植物や土壌微生物の呼吸によって500ppm程度まで上がるが，太陽がでて光合成が行なわれると急速に低下し100ppm程度になることもある。そのため，CO_2を施用して温室内の濃度を維持することが行なわれている。

❺窒素

窒素（nitrogen）は根から吸収され，クロロプラストに含まれているタンパク質などの合成に利用される。窒素が不足すると，下位葉のクロロプラストに含まれているタンパク質がアミノ酸に分解され，新しくつくられた上位葉に転流して窒素の不足分を補い，下位葉は黄変したり枯れる。

窒素不足は，クロロプラストのタンパク質合成の低下と葉面積を減少させ，光合成を抑制する大きな原因になる。

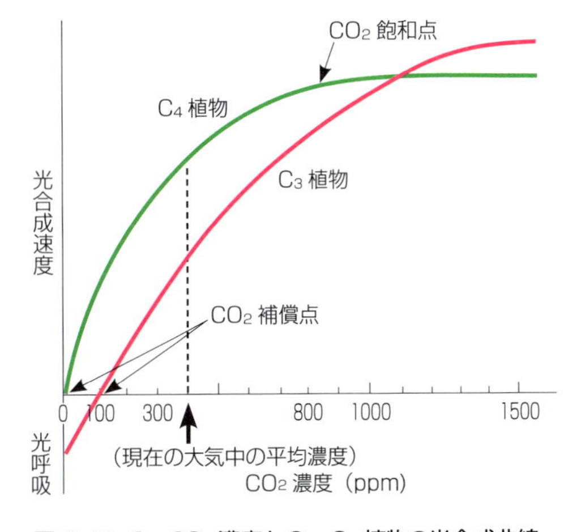

図2-Ⅱ-9　CO_2濃度とC_3，C_4植物の光合成曲線
（斎藤他，1992）

5 実際の栽培では光合成量が問題

生物学の教科書にでてくる光合成曲線は，光やCO_2濃度を変化させたときに光合成速度がどのように変化したのかを示したものである。光合成速度の単位はCO_2 $\mu mol \cdot m^{-2} \cdot s^{-1}$で，1㎡の葉が1秒間に何分子の$CO_2$を吸収したのかを示している。

光合成速度は，光合成能力を評価するうえでたいへん重要であるが，分母である葉面積や光が照射されている時間は，植物の大きさや季節によって大きくちがう。たとえば，同じ光合成速度と葉面積をもつ植物でも，一方の植物は8時間日長，もう一方は16時間日長であれば光合成量（CO_2 μmol/個体）は後者が多くなる。逆に日長が同じでも葉面積がちがえば個体当たりの光合成量はちがう（注16）。このように，個体の光合成量は光合成速度，葉面積と光合成が行なわれた時間の積によって決まる。

光合成を評価するとき，光合成速度だけをみてしまいがちであるが，葉面積や光が照射されている時間（注17）や，実際栽培では受光体勢も含めて，栽培期間中の光合成量をいかに多くするのかという視点が必要である。

〈注16〉
ヒマワリを根域温度20℃と30℃で栽培すると，光合成速度はほとんど変化しないが，30℃では葉の水ポテンシャルが高く維持され，葉面積が大きくなり，個体当たりの光合成量に徐々にちがいがあらわれ，最終的な乾物重が増えるという興味深い研究もある。

〈注17〉
光合成に必要な光を補うことを補光といい，早朝や夕方など光強度が弱いときや悪天候時に行なわれる（詳しくは第4章Ⅳ-2-2参照）。

2 休眠とロゼット

1 休眠，ロゼットとは

休眠（dormancy）は，生育をほとんど停止している状態をいう。たとえば，形成直後の種子や球根は，発芽に好適な環境におかれても発芽せず休眠状態にある。花木は春に萌芽し，新梢の伸長が停止した夏から秋にかけて冬芽とよばれる休眠芽をつくるものがあるが，これも休眠である。

発芽や萌芽の生理的要因が満たされているのに，水分や温度，酸素など環境条件が不良で発芽できない状態を他発休眠（imposed dormancy, ecodormancy），環境が整っていても発芽しない状態を自発休眠（innate dormancy, endodormancy）とよんでいる。

ロゼットは宿根草にみられる休眠に似た現象で，茎がほとんど伸びず生育が停止しているようにみえるが，茎頂では葉の分化を続けている状態をいう。上からみた形がバラの花形（rosette）に似ているのでロゼットとよばれている。ロゼット形成の誘導や打破は休眠と類似しており，不良環境耐性を得るための生理的な防御機構と考えられる。

2 種子の休眠

❶自発休眠の要因

自発休眠の要因は以下のようである。

胚が形態的に未完成：種子が親植物から離れた時点では，胚が形態的に完成していないため，完成するための期間を必要とする（注18）。

胚の成熟に温度が必要：種子の胚は形態的に完成しているが，生理的な成熟に温度刺激を必要とする。低温が必要な植物（注19）と高温が必要な植物（注20）がある。

種皮が硬い：種皮が硬くて水や空気を通しにくい（注21）。

〈注18〉
フクジュソウ，クリスマスローズ属，セイヨウトネリコ，ラン科植物などがある。

〈注19〉
秋に種子がつくられるノイバラ，ハナミズキ，ユリノキ，サクラソウ，リンゴなど。

〈注20〉
初夏に種子がつくられるイネ，オオムギなどがある。

〈注21〉
アサガオ，ルコウソウ，スイートピー，ルピナス属，ボタン，カンナなど。

表2-Ⅱ-2　好光性種子と嫌光性種子

好光性種子 (明発芽種子)	キンギョソウ，セイヨウオダマキ，アルメリア，ベゴニア属，デージー，カンパニュラ属，ジギタリス，ダリア属，ナデシコ属，トルコギキョウ，エキザカム，インパチエンス，カランコエ属，ロベリア属，オジギソウ，ペチュニア属，プリムラ・マラコイデス，プリムラ・オブコニカ，プリムラ・ポリアンタ，カルセオラリア，シネラリア，ジプソフィラ，シャスタ・デージー，ペンタス，マツバボタン，ミムラス，グロキシニア，コリウス，ベロニカ属，他
嫌光性種子 (暗発芽種子)	ハゲイトウ，ベニバナ，ニチニチソウ，ケイトウ，ゴデチア，ヒエンソウ，シクラメン，デルフィニウム属，ハナビシソウ，スイートピー，ルピナス属，クロタネソウ，ヒナゲシ，キンレンカ，ジニア属，ガザニア，他

種皮の一部が綿毛や翼に変化している：水を通しにくい（注22）。

種皮や果実に発芽抑制物質が含まれている：発芽抑制物質のアブシシン酸などが含まれている（注23）。

光が必要：ほとんどの種子は光の有無にかかわらず発芽するが，光があれば発芽率が高まる種子を好光性種子（positively photoblastic seeds）とか明発芽種子（light germinating seeds），光があると発芽率が低下する種子を嫌光性種子（negatively photoblastic seeds）とか暗発芽種子（dark germinating seed）という（表2-Ⅱ-1）。

❷発芽促進や発芽率を高める種子処理

播種時期の調節や，生育や開花をそろえるための均一な発芽を目的に，発芽を促進したり発芽率を高める種子処理が行なわれている。

自発休眠のある種子（休眠打破）：胚が形態的に未完成の場合は対処方法がないので，胚の完成を待つ。温度が必要な種子には，高温か低温処理をする。種皮が硬い場合は，硫酸などの薬品による軟化や，傷をつけたり，種皮をはがす。綿毛や翼をもっている種子は砂などでみがき脱毛・脱翼する（コラム参照）。発芽抑制物質を含む種子は，洗浄して発芽抑制物質を洗い流す。

難発芽種子：ジベレリン（GA）処理が有効である（注24）。

〈注22〉
アネモネ，ローダンセ，センニチコウ，ストック，シンテッポウユリなど。

〈注23〉
パンジー，ナナカマドなど。

〈注24〉
GA_3 の 50 ～ 200 ppm 処理が有効である。GA は α-アミラーゼ活性を高め，胚乳中のデンプンを分解してグルコースをつくり呼吸活性を高める。シクラメン，ホウセンカ，カランコエ属，ラバンデュラ属，ストック，プリムラ属，グロキシニア，ジニア属などに用いられる。

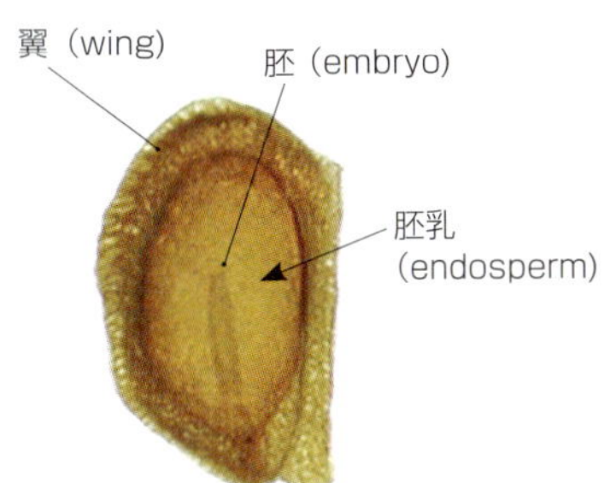

①種子の構造

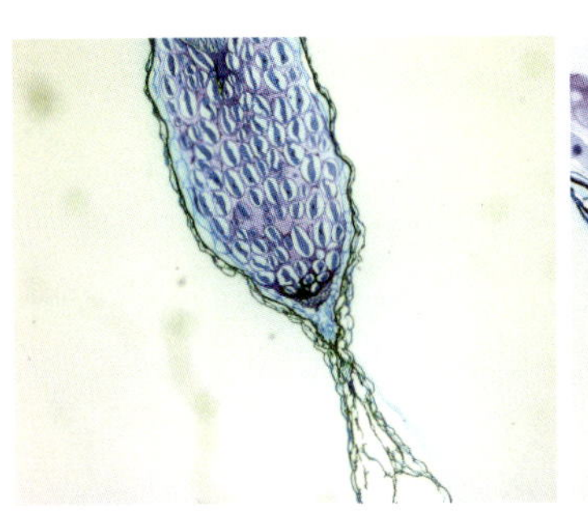

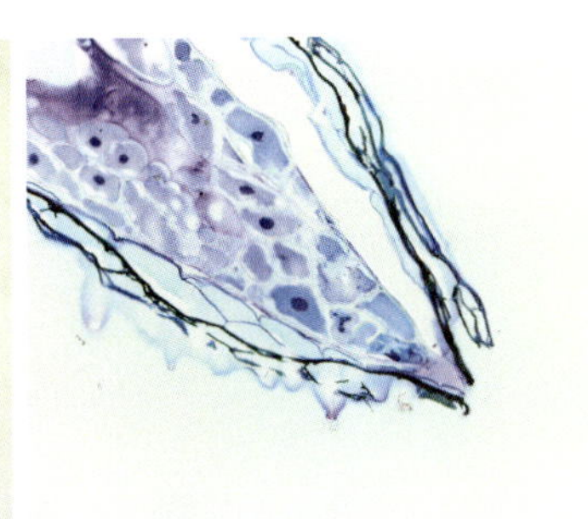

②顕微鏡写真（左：翼除去前，右：翼除去後）

図2-Ⅱ-10　シンテッポウユリの種子の除翼（写真提供：鷹見敏彦氏）

シンテッポウユリの除翼（クリーンシード）

シンテッポウユリの種子は，図2-Ⅱ-10のように種子の周りに翼があるため発芽のそろいが悪い。しかし，除翼すると種子構造が壊れ，内部に水が浸透し発芽が促進される。このように種子の付着物を機械的に除いたものをクリーンシードとよぶ。

〈注 25〉
処理には，硝酸塩やリン酸塩のような無機塩またはポリエチレングリコールなどの高浸透圧溶液が利用され，オスモプライミング（osmo-priming）処理ともよばれている。

〈注 26〉
水分保持力を示す数値で，数値の高いほうから低いほうに水は流れる。乾燥種子は－100MPa 前後と低いが，吸水して，水ポテンシャルがある程度（ダイズでは－ 1.4MPa）以上に高まると幼根の伸長がはじまり発芽する。

〈注 27〉
フィトクロム以外に，光受容体タンパク質には，青色光に反応するクリプトクロム（cryptochrome）とフォトトロピン（phototropin）が知られている。

種子の精選：大きさ，形，重さ，比重などの形態的特性をもとに，充実していない種子を排除・精選することで，均一な発芽が期待できる。

プライミング（priming）**処理**：種子を高浸透圧溶液に一定期間浸漬し（注25），発芽機能は高まっているが発芽しないレベルにまで水ポテンシャル（注26）を高める処理で，わずかな水刺激を与えるだけで均一に発芽させることができる。通常，吸水して催芽した種子は乾燥すると死んでしまうが，プライミング処理した種子は乾燥後も発芽力を維持し，幅広い温度域で発芽する。しかし，長期保存には向かない。トルコギキョウ，パンジーなどに用いられる。

❸発芽とフィトクロム

発芽には，植物の形態形成や光への反応にかかわる光受容体タンパク質（注 27）の１つ，赤色光（R）と遠赤色光（FR）に反応するフィトクロム（phytochrome）がかかわっている（53 ページのコラム参照）。

フィトクロムは，活性のある Pfr 型と不活性な Pr 型の２つがある。オートムギの Pr 型は 666 nm に吸収極大をもち，赤色光を受けると Pfr 型になり生理反応をおこす。逆に，Pfr 型は 730 nm に吸収極大をもち，遠赤色光を受けると Pr 型になり生理活性を失ない，生理反応はおこらなくなる（図 2 - Ⅱ - 11）。また，Pfr 型は暗黒でしだいに Pr 型にかわり，活性が失われる。

Pfr 型による発芽の誘導は，Pfr 型がジベレリン（GA）生合成遺伝子を発現させて，発芽を促進させる GA_1 や GA_4 などの生合成を活発にさせるためである（図 2 - Ⅱ - 12）。

❹上胚軸休眠（epicotyl dormancy）

ユリ科の植物には秋に発芽した後に，幼芽が地中で鱗茎状になり，翌年の夏を休眠状態で過ごすものがある。この芽は２年目の冬に低温にあうことで茎頂が成長して春に萌芽し，初夏から秋に開花する。このような休眠

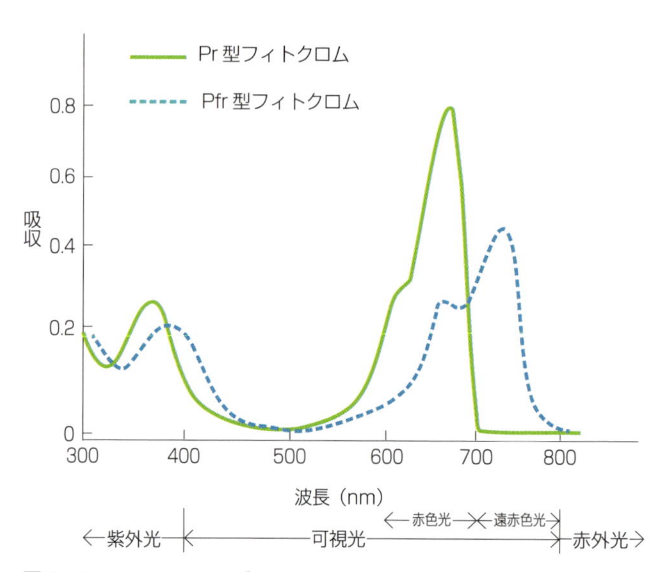

図 2 - Ⅱ - 11　オートムギのフィトクロムの吸収波長域

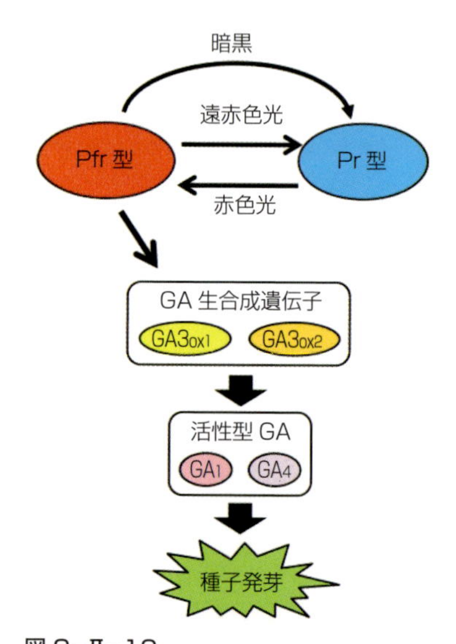

図 2 - Ⅱ - 12
フィトクロムによる種子発芽の誘導

発芽へのフィトクロームの働きを発見

1952年にボースウイック（H.A. Borthwick）らは，赤色光と遠赤色光がレタス種子の発芽に促進的および阻害的に，そして可逆的に働くことを発見した。暗黒ではほとんど発芽しないが，短時間の赤色光照射でほぼ100%発芽した。それに遠赤色光を照射すると発芽率が抑制され，さらに赤色光を照射すると発芽率が回復した。赤色光と遠赤色光のくり返しにより，発芽の促進と阻害がおこることを認めたのである（図2-Ⅱ-13）。

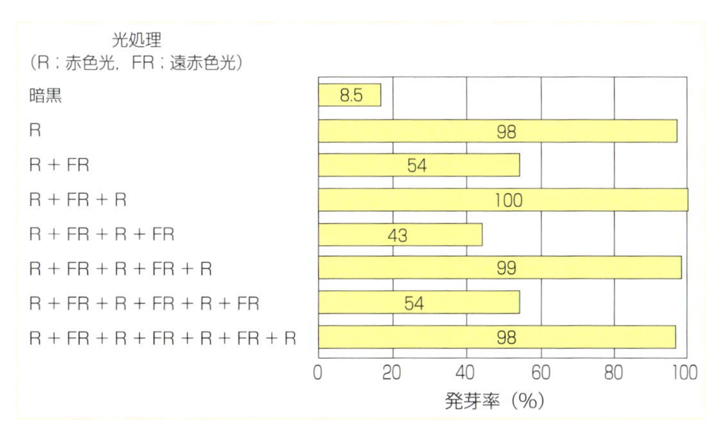

図2-Ⅱ-13　赤色光と遠赤色光の処理による発芽の促進と阻害
(Borthwick et al. 1952より作図)

図2-Ⅱ-14　サルトリイバラの上胚軸休眠
（写真提供：鷹見敏彦氏）
左：鱗茎状になって休眠していた幼芽の萌芽開始直後
中：幼芽の茎伸長がみられる
右：萌芽茎が明確になり，地上に伸びている

を上胚軸休眠という（図2-Ⅱ-14）（注28）。

〈注28〉
サルトリイバラ，ヤマユリ，カノコユリ，ササユリなどがある。

3 球根の休眠

❶球根形成と休眠誘導

球根植物では球根の形成が休眠とみなされる。休眠にはいると，葉の分化は止まり，他の器官も形成されない。しかし例外として，グラジオラス属では休眠期間中に新球の肥大がすすみ，チューリップ属，スイセン属，クロッカス属，ヒアシンスでは花芽がつくられる。

休眠誘導の要因は球根形成開始前の環境条件なので，球根の植付け時期によって休眠時期がちがうことが多い（表2-Ⅱ-3，4）。均一な萌芽や促成栽培をするには，休眠の打破が必要となる（注29）。

❷休眠しない球根

アマリリス属，アガパンサス属，トリトマ属などの球根は休眠がなく，温度条件がよければ生育をはじめる。

〈注29〉
テッポウユリの栽培では球根収穫時期が6～7月と早いので，切り花の促成栽培では，休眠打破のための高温処理（45℃，1時間）を行なう。一方，夏の休眠中に花芽をつくる，チューリップ属，スイセン属，クロッカス属，ヒアシンスなどの秋植え球根は低温処理で開花を促進しているが，これは休眠打破ではなく低温による花芽の発達促進である。

表2-Ⅱ-3　球根類の休眠特性

球根の種類	植付け時期	萌芽時期	開花時期	休眠誘導要因	球根形成時期	休眠時期
春植え球根	春	春～初夏	初夏～晩夏	短日	晩夏～初秋	秋～冬
夏植え球根	夏	夏～晩夏	秋～冬	低温	春～初夏	夏
秋植え球根（ユリ属を除く）	秋	秋～冬	冬～春	低温	春～初夏	夏
秋植え球根（テッポウユリ）	秋	秋～冬	春	低温	晩春～初夏	初夏～夏
秋植え球根（その他のユリ属）	秋	初春	春～夏	高温	初夏～秋	秋～冬

表 2-Ⅱ-4　球根類の休眠・休眠誘導と休眠打破

球根のタイプ	休眠・休眠誘導	休眠打破	花卉の例
春植え球根	春に植付けられ，初夏から晩夏に開花し，秋から冬に休眠する。秋の短日で球形成が誘導される	冬の低温を経過することで休眠覚醒するので，休眠打破には一定期間の低温処理をする	アキメネス属，ベゴニア，ベッセラ・エレガンス，カラジウム，カンナ，クルクマ属，ダリア属，ユーチャリス，ユーコミス属，グラジオラス属，グロリオサ，アマリリス属，ヒメノカリス，リアトリス属，オキザリス属，サギソウ，チューベローズ，アッツザクラ，サンダーソニア，チグリジア，カラー属など
夏植え球根	7～9月に植付けられ，秋から初冬に開花する。葉の生育は開花後にさかんになり，春から初夏に球形成がはじまり，夏には地上部が枯れて休眠する。冬の低温が休眠を誘導する	夏の高温を受けて休眠覚醒するので，休眠打破には一定期間の高温処理をする	コルチカム，サフラン，ヒガンバナ属，ステルンベルギア属など
秋植え球根（ユリ属を除く）	秋に植付けられ，秋から冬に出葉し，冬から春に開花する。春から初夏に球形成がはじまり，夏に休眠する。冬の低温が休眠を誘導する	夏の高温を受けて休眠覚醒するので，休眠打破には一定期間の高温処理をする	ネギ属，アルストロメリア属，アネモネ属，バビアナ，カマシア属，クロッカス属，エルムルス属，カタクリ，フリチラリア，スノードロップ，ヘメロカリス属，ヒアシンス，ダッチアイリス，イキシア属，リューココリーネ属，ムスカリ属，オーニソガラム属，ラナンキュラス，スキラ属，トリトニア属，ワトソニア属など
秋植え球根（テッポウユリ）	秋に植付けられ，秋から冬に出葉し，春に開花する。晩春から初夏に球形成がはじまり，初夏から夏に休眠する。冬の低温が休眠を誘導する。上記の秋植え球根に似た特性がある	夏の高温を受けて休眠覚醒するので，休眠打破には一定期間の高温処理をする	テッポウユリ
秋植え球根（その他のユリ属）	秋に植付けられ，春に出葉し，春から夏に開花する。初夏から秋に球形成がはじまり，秋から冬に休眠する。夏の高温が休眠を誘導する。春植え球根に似た特性がある	春植え型球根に似た休眠特性なので，休眠打破には一定期間の低温処理をする	テッポウユリ以外のユリ属

4 花木の休眠

❶休眠する花木

花木は，開花後に翌年に咲く花芽をつくり，その後の短日条件で休眠が誘導され，初冬の急激な低温がくる前に休眠にはいる。早春から初夏に開花する花木（注30）は，初夏から夏の高温期に翌年の花芽をつくり，初夏から夏に開花する花木（注31）は，初秋に翌年の花芽をつくる。花木の休眠芽には，葉や茎になる葉芽，花のみになる純正花芽，花と葉や茎の両方含まれている混合花芽がある。

〈注 30〉
ヤブツバキ，ハナズオウ，ハナミズキ，ジンチョウゲ，ドウダンツツジ，レンギョウ，ツツジ属，ウメ，モモ，ソメイヨシノなど。

〈注 31〉
エニシダ，アジサイ，バイカウツギ，コデマリ，ユキヤナギなど。

花木の自発休眠は図 2-Ⅱ-15 のように 3 つの時期に分けられるが，時期に応じて打破のされ方がちがう（表 2-Ⅱ-5）。

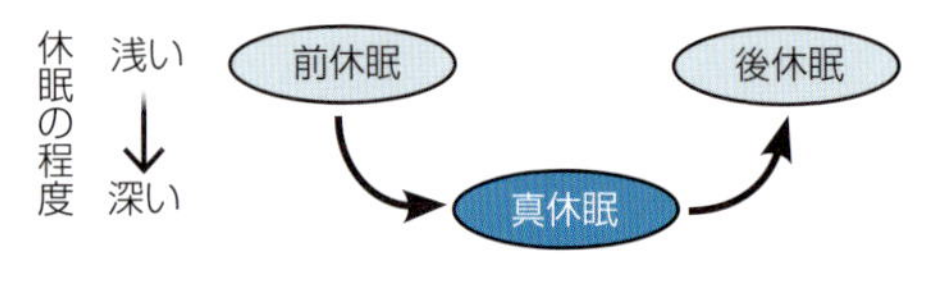

図 2-Ⅱ-15
花木の自発休眠の 3 つの時期と推移

❷休眠しない花木

春から夏に花芽分化し，年内に開花する花木は休眠しない。アベリア，サザンカ，ムクゲ，キンモクセイ，ハクチ

表 2-Ⅱ-5　花木の自発休眠の時期と打破

休眠の時期	休眠の特徴と打破
前休眠 (predormancy)	自発休眠期である真休眠への導入期であり，この時期に除葉，早ばつや風害による落葉で休眠が破れる
真休眠 (true dormancy)	生理的な休眠期であり，低温処理などで休眠期間を短くすることはできても，休眠を打破することはできない
後休眠 (postdormancy)	真休眠の覚醒期にあたる。休眠の深さに応じて，低温処理や温湯処理，あるいはシアナミド剤（H_2N-CN）などの化学処理との併用で休眠打破し，開花の促進が可能。ケイオウザクラ，レンギョウ，ボケなどで利用される

図2-Ⅱ-16　低温によるキクのロゼット打破（写真提供：久松完氏）

ョウゲなどがある。

5 ロゼット

❶ロゼットの誘導

ロゼットは夏の高温や秋の短日で誘導される。

一年草では，トルコギキョウが夏の高温でロゼットが誘導され，種子が吸水してから本葉が二対展開するまでに高温にあうと，幼苗がロゼットになる。一方，カスミソウは秋の短日でロゼットが誘導される。

宿根草のマーガレット，ミヤコワスレ，キクなどは，吸枝（sucker）や下位の腋芽がロゼットになるが，夏の高温で生理的に誘導され，秋の涼温と短日で形態的に形成される。一方，デルフィニウム・エラツムは，秋の短日でロゼットが誘導される。

❷ロゼットの制御

ロゼットの打破：夏の高温や秋の短日でロゼット形成された植物は，一定期間の低温処理でロゼットを打破できる（図2-Ⅱ-16）。

ロゼットの防止：夏の高温で生理的なロゼット形成が誘導される植物は，秋に高温を維持するか，長日処理や低温処理で抑制できる。

ロゼットの促進：キクでは，夏の高温時に植物成長調整剤エテホンを処理することで，腋芽のロゼット形成を促進できる。この腋芽を挿し芽し，一定期間の低温処理でロゼット打破し，低温時の開花が可能になる。トルコギキョウでは播種後，高温育苗して人為的にロゼット苗をつくり，その後一定期間の低温処理でロゼットを打破し，一斉開花が可能になる。

3 幼若性と花熟

1 幼若性

❶幼若性と幼若相

種子発芽した植物は，ある一定の葉齢に達するまでは栄養成長を続けるが，どのような環境条件を与えられても花芽形成がおこらない生育相（本章Ⅰ-1-2参照）がある。このような生育相を幼若相（juvenile phase）といい，植物がもつこの性質を幼若性（juvenility）という。幼若相の長さは花卉の種類によってちがい，一・二年草や宿根草では短く，球根類や花木では長い。

一年草のスイートピーやスターチスなどでは，吸水した種子が低温に感応して花芽分化するので幼若性はないとされている。ストックは本葉2枚時に低温に感応するので，この時点で幼若性は終了していると考えられている。シネラリア属やビジョナデシコは5～8節で幼若性を終了する。

チューリップは4～7年の幼若相をもち，実生は萌芽すると毎年葉を1枚ずつ増やして球根を更新し，これを数年くり返して葉を3～4枚つけると花芽分化する。

花木の幼若相は，バラやアカシア属などのように発芽後1年以内に終了するものもあるが，通常は数年から数十年である（注32）。

〈注32〉
花卉の幼若期間：バラ属20～30日，アカシア属4～5カ月，ダリア属1年，フリージア属1年，ユリ属2～3年，チューリップ属4～7年，セイヨウキヅタ5～10年，セコイア5～15年，シカモアカエデ15～20年，ナラ25～30年，ブナ30～40年など。

❷栄養繁殖由来植物の幼若性

宿根草のキクの実生苗は幼若性をもっているが，栄養繁殖で成長した株でも，夏の高温を経過してロゼットになった吸枝や腋芽は幼若性をもつ。このように種子由来の植物にかぎらず，栄養繁殖由来の植物でも花芽を分化する能力をもたない生育相があり，これを幼若性という場合もある。

❸一稔植物の幼若期間

一稔（1回結実性）植物は，一生に1回だけ開花して枯死する植物で，長い幼若相をもっている。プヤ・ライモンディー約100年，アオノリュウゼツラン60年以上，タケ属約120年，ササ属40～60年などがある。

2 花熟

幼若相を経過した後，日長や温度などの花成刺激に反応して，花芽形成が開始できる能力をもった栄養成長相の状態を花熟（ripeness to flower）といい，この生育相を花熟相という。

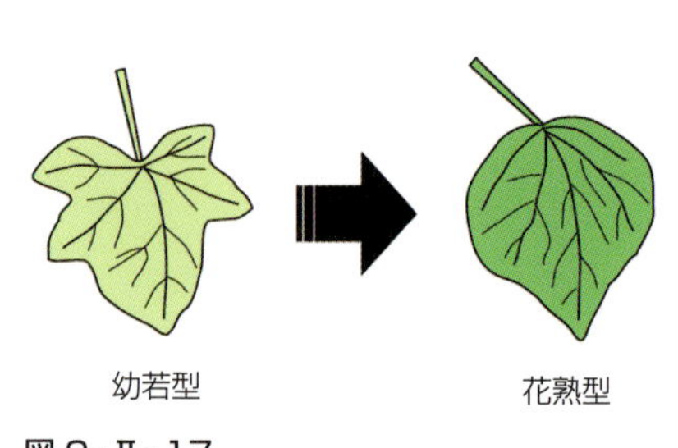

図2-Ⅱ-17
セイヨウキヅタの花熟時における葉の形態変化

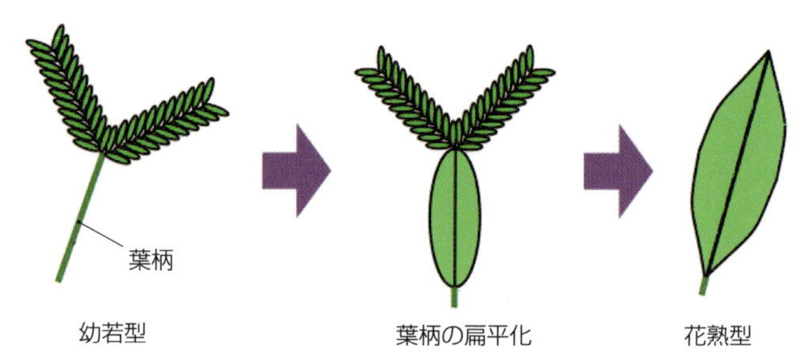

図2-Ⅱ-18　アカシアの花熟時における葉の形態変化

花熟は生理的な変化であるが，形態的な変化としてあらわれることもある。セイヨウキヅタは，幼若相ではつる性の茎に3～5裂の掌状葉を互生するが，花熟相になると葉は卵形になってらせん状につき，茎頂部に花序をつくる（図2-Ⅱ-17）。アカシア属のある種は，幼若相の葉は2回羽状複葉であるが，花熟相になると葉柄が扁平化して偽葉（phyllode）とよばれる1枚の葉のような形になり，葉と同じ機能をもつようになる（図2-Ⅱ-18）。

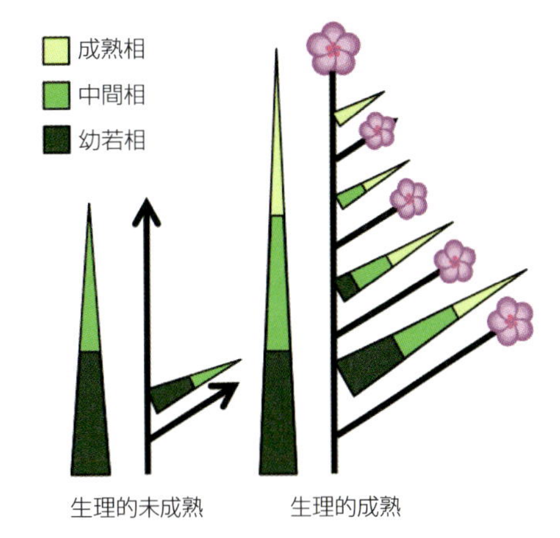

図2-Ⅱ-19　幼若相からの生理的成熟度の推移
（Poethig，1990より改変）

3 成長軸と幼若相，花熟相，生殖成長相の勾配

花熟相にある植物は，花成刺激によって生殖成長相へと移行する。しかし幼若相，花熟相，生殖成長相の経過には時間的な順序があるので，成長軸にそって順にあらわれる。

図2-Ⅱ-19はトウモロコシの例であるが，軸の成長は頂端分裂組織の分化によって行なわれるので，最初につくられる幼若相の組織や器官は軸の下部になる。次いで成熟相（花熟相），生殖成長相がつくられ，あとから分化した相ほど，頂端分裂組織のある軸の末端部にある。

4 花芽分化

1 花芽分化と花成

❶花芽分化

種子が発芽して，茎頂の成長点で茎葉の分化を続けるのが栄養成長期であるが，その茎頂の成長点が変化し，形態的に認識できる花芽ができることを花芽分化という。花芽分化開始後，開花・結実して種子をつくる時期を生殖成長期といい，栄養成長から生殖成長への転換は，植物の生活環における重要な成長様式の転換である。

❷花成

花成（floral transition）とは花芽形成の略語であり，花芽をつくりはじめることをさす（注33）。光周性花成では，植物は葉で光信号を受け，その情報によって花成を引きおこすフロリゲン（florigen）（後出3項参照）をつくる過程と，葉から茎頂部に輸送されたフロリゲンに反応して茎頂分裂組織で花芽をつくりはじめる過程に分けて考えることができる（詳しくは本章Ⅲ-2参照）。

〈注33〉
葉原基や茎組織を形成していた茎頂分裂組織が，花芽原基あるいは花序原基の形成へと変化する過程を花成誘起（floral evocation）という。

2 花芽分化・発達を制御する要因

花卉園芸では，生殖器官である花を観賞の対象にする植物が多い。そのため，植物がどのようにして「いつ花芽をつくるか」を決めているのかを知り，花芽分化・発達の時期を調節して開花期を調整し，目的の時期に花を生産することが重要になる。

花芽分化はさまざまな内的・外的要因によって制御されている。植物はさまざまな環境に適応して進化してきたので，花芽分化・発達を制御する

表2-Ⅱ-6　花芽分化を制御する要因と花卉の種類

要　因		花卉の種類
一定の大きさ		バラ，ガーベラ
日長	短日	キク，ポインセチア，コスモス
	長日	ストック，トルコギキョウ，スイートピー，カンパニュラ
温度	低温	スターチス，スイートピー，カンパニュラ
	高温	デルフィニウム，トルコギキョウ

要因も多様であるが，①ある程度の大きさに成長すると花芽分化するもの，②日の長さが短くなる（短日）あるいは長くなる（長日）と花芽分化するもの，③一定期間低温や高温にあうことで花芽分化するものに大別できる（表2-Ⅱ-6）。また，温度と日長の相互作用を受けるものや，花芽分化と分化後の発達で好適な条件がちがうものもある（注34）。

〈注34〉
現在では，光周期による光周性花成，低温によるバーナリゼーション（春化），ジベレリンをはじめとする植物ホルモンによる花芽分化・発達の制御についての研究がすすみ，実際の花卉生産で日長調節，温度処理，植物成長調節剤を利用した開花調節が行なわれている（詳しくは本章Ⅲ，第4章Ⅱ参照）。

3 花成制御の遺伝子ネットワーク

❶花成の制御経路

近年の分子遺伝学的研究の進展とモデル植物（注35）の開花時期変異体の解析から，花成の制御には多くの遺伝子が関与していると考えられている（図2-Ⅱ-20）。多くの植物で花成の機構解明がすすむにつれて複雑さも増しているが，着実に花成制御機構のパズルは解きほどかれている。

シロイヌナズナ（低温要求性長日植物）では，部分的に機能が重複する，①光周期依存促進経路，②春化依存促進経路，③自律的促進経路，④ジベレリン（GA）依存促進経路の4つが，遺伝的に独立した制御経路として提唱されている。この4つの経路からのシグナルが統合され，最終的に花成がおこる（図2-Ⅱ-21）。

〈注35〉
シロイヌナズナ，イネ，タバコ，ミヤコグサ，ヒメツリガネゴケなどのことで，植物の分子生物学的研究のモデルとして利用されている。

❷フロリゲンの正体と働き

長いあいだ謎であったが，葉で合成され師管を通って茎頂に輸送され，

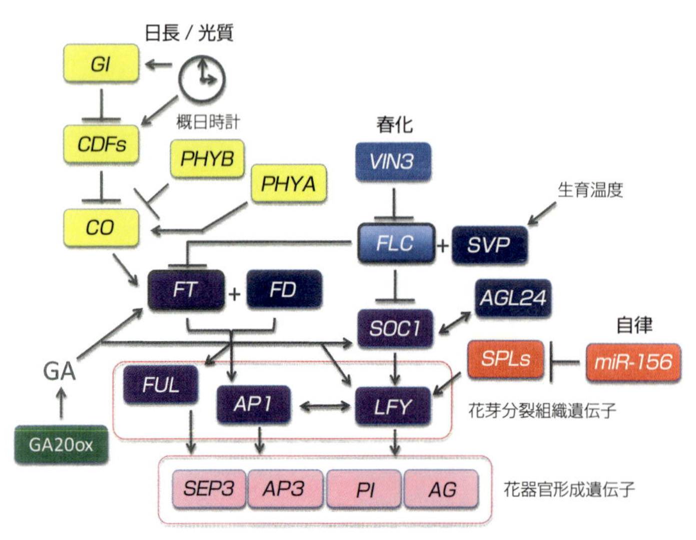

図2-Ⅱ-20　シロイヌナズナの花芽分化制御の遺伝子ネットワーク

各因子をつなぐ矢印（→）は下流の遺伝子の発現促進，T印は発現抑制を示す。複数の花成制御経路から外的・内的情報が入力され，統合因子を介して情報の統合，伝達が行なわれ花芽の分化・発達がすすむ
（光周期依存促進経路の構成因子（黄），春化依存促進経路の構成因子（青），自律的促進経路の構成因子（オレンジ），ジベレリン依存促進経路の構成因子（緑），統合因子（紫））

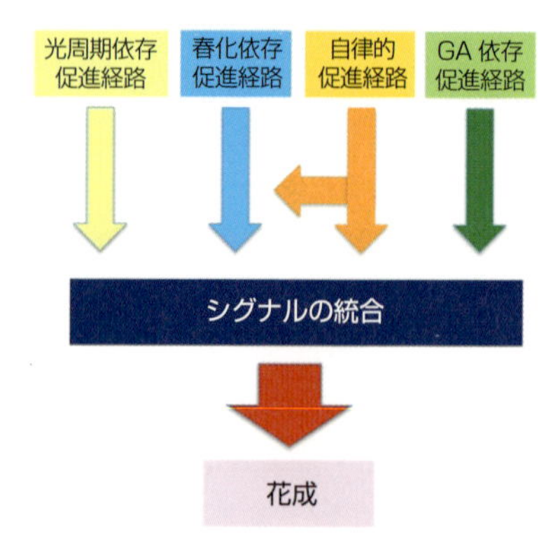

図2-Ⅱ-21
シロイヌナズナの花成制御経路

茎頂で花成を引きおこすホルモン様物質，フロリゲンの正体は，*FLOWERING LOCUS T*（*FT*）と名付けられた遺伝子の産物（FTタンパク質）であった。

フロリゲンは茎頂で発現するbZIP転写因子をコードする*FD*遺伝子の産物（FDタンパク質）と茎頂部で相互作用し，花芽分裂組織遺伝子である*FRUITFULL*（*FUL*）遺伝子や，*CAURIFLOWER*（*CAL*）遺伝子，*APETALA1*（*AP1*）遺伝子の発現を誘導し，花芽をつくりはじめる（図2-Ⅱ-22）。

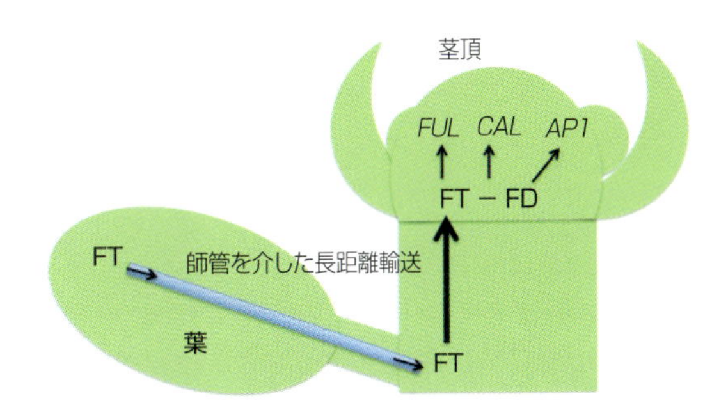

図2-Ⅱ-22
フロリゲン（FT）タンパク質の移動と茎頂部における作用機構

4 花芽の形成

花の構造を観察すると，4つの同心円状の領域に，外側からがく片，花弁，雄ずい，雌ずいの4種類の花器官がリング状に配列している。栄養成長から生殖成長への転換がおこると，頂端分裂組織の分化パターンが急激に変化し，頂端分裂組織が膨大して周縁部から花器官の形成がはじまる。外側からがく片，花弁，雄ずい，雌ずいの順に分化し，花器官が完成する。

ストックのような総状花序では，頂端分裂組織が膨大してドーム状の花序分裂組織になり，周縁部から規則正しく小花の分化が続く（図2-Ⅱ-23）。

はじめに分化する突起は，小花とその直下につく葉の突起である。また，キクの頭状花序のように多数の小花が集まり1つの花の形になるものでは，頂端分裂組織が膨大してドーム状になり，その周縁部に総苞片（総苞鱗片ともいう）を分化する（図2-Ⅱ-24）。その後，ドーム状の花床に多数の小突起が分化し，その1つ1つが小花に発達する。

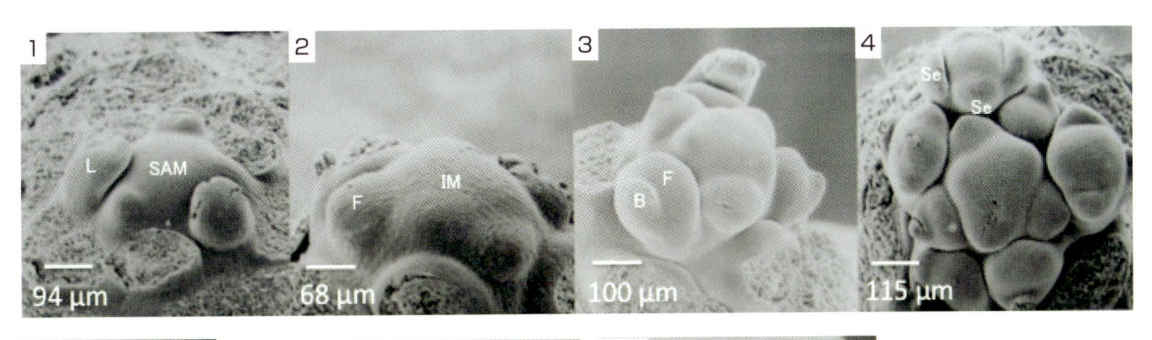

八重の花

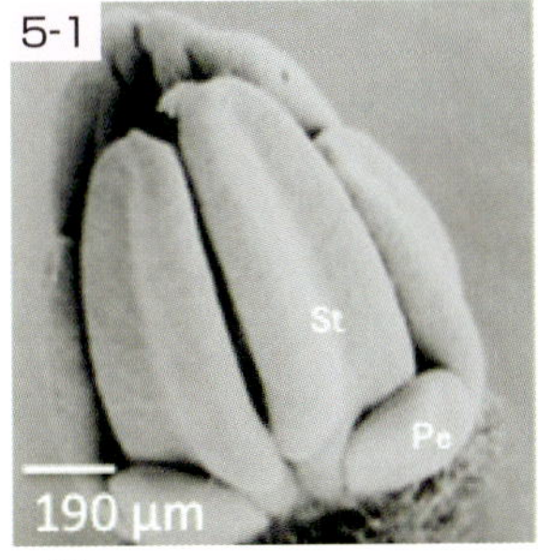

一重

八重

L：葉原基，SAM：茎頂分裂組織，F：花芽原基，IM：花序分裂組織，B：総苞葉，Se：がく片，St：雄ずい，Pe：花弁

図2-Ⅱ-23 ストックの花芽分化過程

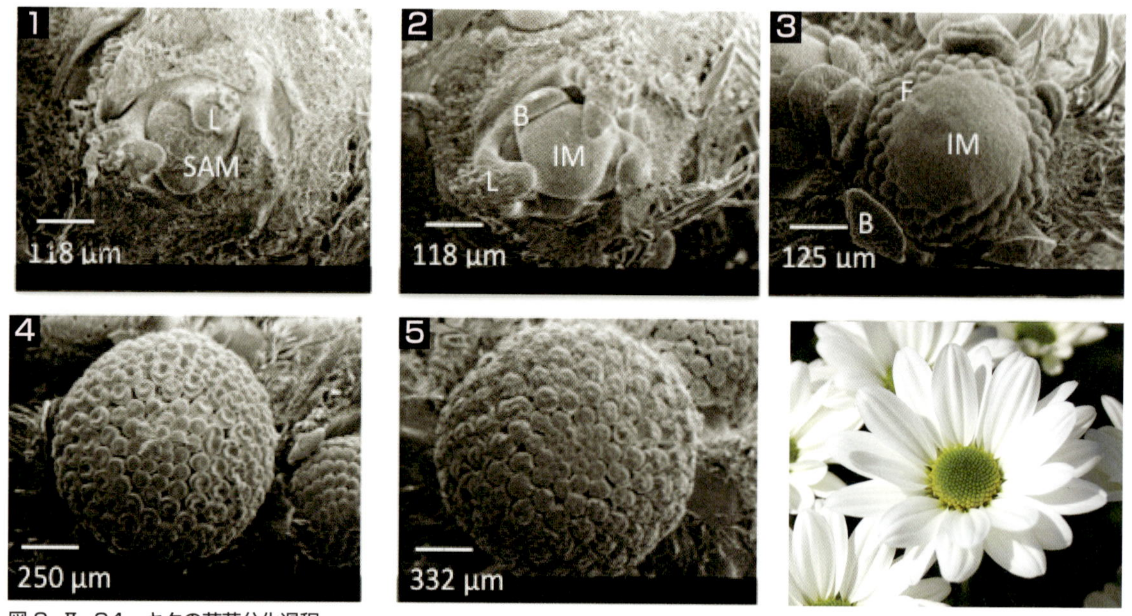

図 2-Ⅱ-24　キクの花芽分化過程

L：葉原基，SAM：茎頂分裂組織，IM：花序分裂組織，B：総苞片，F：小花原基

5 花器官の形成と ABC 遺伝子

❶ ABC モデルの発見

本来あるべき器官が他の器官に置き換わってしまう変異をホメオティック変異という。シロイヌナズナで花器官のならび方が変化したホメオティック突然変異体を調べた結果，花器官は A クラス遺伝子，B クラス遺伝子，C クラス遺伝子の 3 種類の遺伝子の組み合わせでつくられると考えられ，「ABC モデル」という単純かつ明快な分子遺伝学的モデルが 1991 年に提唱された。この ABC モデルは，花器官形成の順番を決める基本型と考えられている。なお，ABC すべての遺伝子が働かなくなると，花の器官はすべて“葉”様の器官になる。

現在では，胚珠形成にかかわる D クラス遺伝子や花弁，雄ずい，雌ずいをつくるために必要な E クラス遺伝子の存在も明らかになり，ABC モデルは，「ABCDE モデル」へと発展している（図 2-Ⅱ-25）。

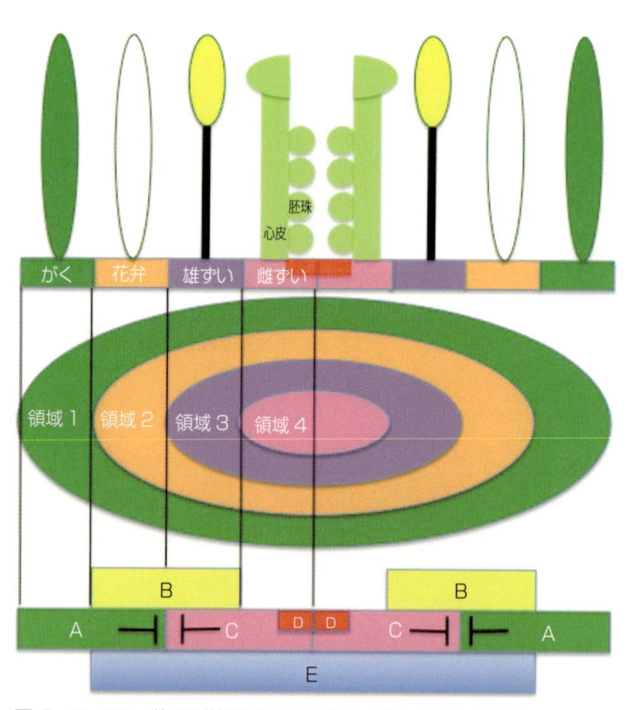

図 2-Ⅱ-25　花の形態形成を説明する ABC（DE）モデル

❷ ABC モデル

ABC モデルでは，外側から 4 つの領域を仮定し，A クラス遺伝子，B クラス遺伝子，C クラス遺伝子の 3 種類の遺伝子を想定する。それぞれの遺伝子は機能する領域が決まっており，A クラス遺伝子は外側

の領域１と２，Ｂクラス遺伝子は領域２と３，Ｃクラス遺伝子は領域３と４で機能する。領域１ではＡクラス遺伝子が単独で働くとがく片をつくり，領域２ではＡクラス遺伝子とＢクラス遺伝子がともに働くと花弁を，領域３ではＢクラス遺伝子とＣクラス遺伝子がともに働くと雄ずいを，領域４ではＣクラス遺伝子が単独で働くと雌ずいをつくると考える（図２-Ⅱ-26A）。

また，Ｃクラス遺伝子は分裂組織の分裂を終了させる機能をもち，さらに，Ａクラス遺伝子とＣクラス遺伝子は互いに抑制しあうと仮定する。

❸ A クラス遺伝子の欠損

Ａクラス遺伝子が機能しなくなった突然変異体では，領域１ではＣクラス遺伝子，領域２と３ではＢクラス遺伝子とＣクラス遺伝子，領域４ではＣクラス遺伝子が機能するようになり，領域１では雌ずい，領域２と３では雄ずい，領域４では雌ずいがつくられる（図２-Ⅱ-26B）。

❹ B クラス遺伝子の欠損

Ｂクラス遺伝子が機能しなくなった突然変異体では，領域１と２ではＡクラス遺伝子，領域３と４ではＣクラス遺伝子が機能するようになり，領域１と２ではがく片，領域３と４では雌ずいがつくられる（図２-Ⅱ-26C）。

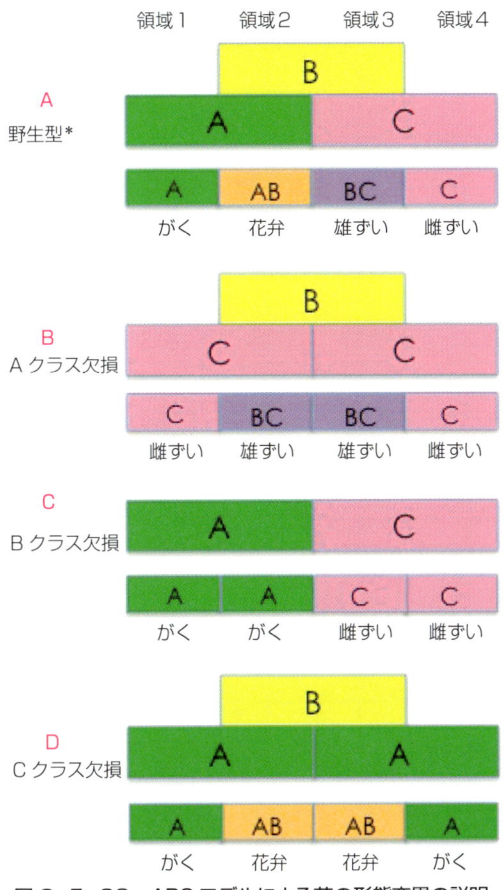

図２-Ⅱ-26　ABC モデルによる花の形態変異の説明

注）＊：生物の集団で大多数をしめる最も標準的な表現型のこと，正常型ともいう

❺ C クラス遺伝子の欠損

Ｃクラス遺伝子が機能しなくなった突然変異体では，領域１ではＡクラス遺伝子，領域２と３ではＡクラス遺伝子とＢクラス遺伝子，領域４ではＡクラス遺伝子が機能するようになり，領域１ではがく片，領域２と３では花弁，領域４ではがく片がつくられる。

分裂組織の分裂を終了させるＣクラス遺伝子が機能しないため，分裂組織が確保されるかぎり幾重にも「がく片 - 花弁 - 花弁 -」がくり返され八重の花がつくられる（図２-Ⅱ-26D）。

❻ ABC モデルの適用性

花器官形成の順番を決める基本型として，ABC モデルの考え方は適用性が高い。たとえば，ユリやチューリップは，領域１と２にがく片と花弁の形態が酷似した花被片とよばれる花弁状器官をつくる。この場合，外花被は，がく片の花弁化と想定でき，Ｂクラス遺伝子が領域１まで拡大して発現している「改変 ABC モデル」で説明できる。

しかし，花卉園芸植物には，バラやツバキ，トルコギキョウのように八重咲きでも雄ずいや雌ずいをつくるものがある。そのため，すべての八重咲きを「がく片 - 花弁 - 花弁 -」がくり返されるＣクラス遺伝子欠損タイプで説明することはできない。

III 開花生理

1 温周性

1 植物の成長と温度

温度は光とともに，生育している場所の環境を感知して成長量を調節したり，生育相の転換を決定していく，植物にとって重要な情報源である。

四季の変化があり，温度が毎年周期的に変化する温帯地域原産の植物は，発芽，花芽分化・発達，休眠導入・打破など，生活環の重要な各過程での適温が周期的に変化するが，それは原産地の四季の温度変化と一致することが多い。

植物の種類や生育ステージ，器官によって成長の限界温度や好適温度はちがうが，低温から温度が上がるにつれて成長速度は速くなり，20 ～ 35 ℃でピークになる。このピークになる温度がその植物の最適温度である。限界温度をこえると高温障害（high temperature injury, heat injury），限界温度以下になると低温障害（low temperature injury, cold injury）になり枯れる（図 2 - Ⅲ - 1 ）。

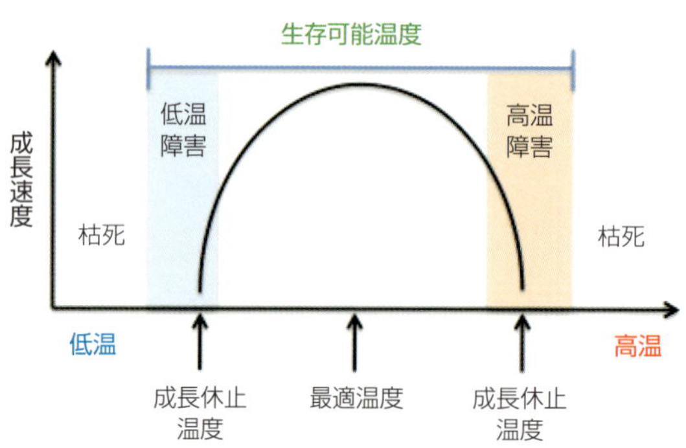

図 2 - Ⅲ - 1　植物の成長と温度の関係

2 温周性と植物の成長

❶日周期の温周性

植物の生育適温は一定ではなく周期的に変動しており，昼の温度が夜温より数度高いときによく成長する。植物のもつこのような性質を温周性（thermoperiodicity）という。

❷年周期の温周性

植物には，四季の変化による年周期での温度変化にも対応する，長周期の温周性もある。植物の生活環で重要な発芽，花芽分化・発達，休眠導入・打破などの適温が，季節変化に対応して年周期的に変動する。

開花誘導や，種子や芽の休眠打破のために低温が必要な場合があるが，これを低温要求（chilling requirement, low temperature requirement）という。低温要求は，年周期の生活環のなかでの温度要求であり，温周性の一環である。生育・開花にかかわる低温要求は，①花成誘導，②成長の停止（休眠誘導），③成長の開始（休眠打破）の３つの場面である。一方，夏に休眠する球根類では，休眠打破に高温要求をもつものがある。

花卉生産では，こうした長周期の温周性を利用し，生活環の各過程で適温を人為的に与える温度処理を行ない，生育や開花を調節している。

〈注 1〉
ガスナー（G. Gassner）によって，秋まき型冬ライムギの種子を低温（1 ～ 2℃）で発芽させて春に植えると，春まき型ライムギと同様に出穂することが発見され，生育初期の低温が秋まき型冬ライムギの正常な出穂に必要であるとことが発見された（1918 年）。その後，ルイセンコ（T.D. Lysenko）らによって追試され，農業生産への種子の低温発芽の利用がはかられ，この方法を春化とよぶことが提唱された。

3 春化

植物が低温によって花成が誘導されることを春化(バーナリゼーション；

表２-Ⅲ-１　春化のタイプ

春化のタイプ		幼若期	適　温	低温遭遇直後の形態的花芽分化	花卉の種類
後作用型	種子春化型	なし	5℃前後	×	スイートピー，スターチス・シアヌータ
	緑植物春化型	あり	5℃前後	×	ナデシコ類，リンドウ属，フウリンソウ，ルナリア属
直接作用型	−	−	10℃前後	○	ストック，フリージア

vernalization）（注１）といい，それを人為的に行なうことを春化処理という。こうした植物の春化に有効な温度範囲は－５～15℃程度であり，０～５℃で最も効果が高いことが多い。低温の効果は，低温にあった直後に高温（30℃程度）にあうと失われ，この現象を脱春化（devernalization）という。

春化の低温刺激は，茎頂や腋芽の分裂組織で感じる。光周性でつくられる花成誘導因子のフロリゲンに対し，春化でつくられる花成誘導因子としてバーナリンが提唱された。その後の研究によって，多くの低温要求植物でジベレリンが低温刺激を代替することがわかり，バーナリンの正体はジベレリンであると考えられたがその正否は不明である。

4 春化のタイプ

❶種子春化と緑植物春化

春化は，低温に感応する生育段階によって２つに分類される（表２-Ⅲ-１）。吸水したばかりの種子段階から低温感応する場合を種子春化（seed vernalization），植物がある一定の大きさになってから低温感応する場合を緑植物春化（green plant vernalization）という。

なお，緑植物春化型の植物には低温に感応できない生育相（juvenile phase）がある（第２章Ⅱ-３参照）。

❷後作用型と直接作用型

さらに，低温遭遇と花芽分化のタイミングによって２つに分類される。１つは，低温にあったのちに有効限界以上の温度（15～20℃程度）に移されると花芽分化がはじまり，開花するタイプである。つまり，低温刺激の後作用（after-effect）として花芽分化するもので，厳密にはこの後作用型の花成誘導を春化という。

もう１つは，ある限界温度以下の温度（低温）が直接的に花成誘導するタイプで，直接作用（direct-effect）型とよばれる。直接作用型の場合は，限界温度以下で花芽分化がはじまっても，花芽分化の初期段階で限界温度以上になると花芽の分化・発達がすすまなくなり，座死する場合もある。５～10℃で花成誘導効果が高い場合が多く，後作用型より高めである。

5 春化のメカニズム

❶春化は典型的なエピジェネティクス現象

ＤＮＡ配列の変化によらない細胞分裂を通じた安定的な遺伝子発現制御機構はエピジェネティクス（epigenetics）とよばれ，ヒストンの化学的修飾（注２）やＤＮＡのメチル化（注３），非翻訳RNA（注４）などによって制御されている。春化で低温要求を満たした状態は，体細胞分裂を通して分

〈注２〉
ヒストンは，DNAと結合してヌクレオソームをつくるタンパク質であり，H2A，H2B，H3，H4の４種類のヒストンが２つずつ集合した八量体によってコアヒストンが構成されている。各ヒストンのＮ末端はヒストンテールとよばれ，コアヒストンから飛びだしたヒストンテールのアミノ酸残基はアセチル化，メチル化などの化学修飾を受けやすい。これらのヒストン化学修飾は，ヌクレオソームの構造変換を介して遺伝子の転写制御に影響を与える。

〈注３〉
ＤＮＡのメチル化修飾は，選択的に結合するタンパク質とクロマチンの高次構造の制御を介して，遺伝情報の読みとりを抑制していると考えられている。真核生物ではＤＮＡを構成する塩基の１つシトシン塩基の５位だけがメチル化（5mC）修飾を受ける。

〈注４〉
タンパク質のアミノ酸一次配列を指令しない（翻訳されない）RNAの総称。近年，低分子干渉RNA（small interfering RNA, siRNA）やマイクロRNA（microRNA, miRNA），長鎖非翻訳RNA（long non-cording RNA, lncRNA）による遺伝子発現の制御が，細胞の分化や増殖などのさまざまな生命現象にかかわっていることが明らかとなりつつある。タンパク質の合成に関与しているリボソームRNA（rRNA）と転移RNA（tRNA）も非翻訳RNAである。

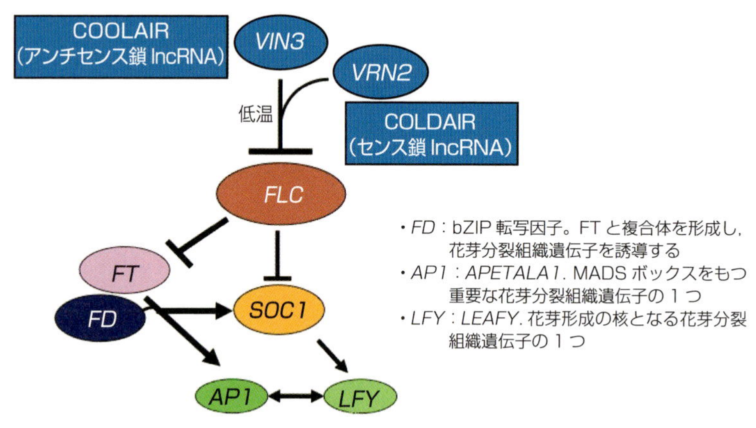

図２-Ⅲ-２　シロイヌナズナの春化応答機構と花成関与遺伝子の関連
→：促進　┤：抑制

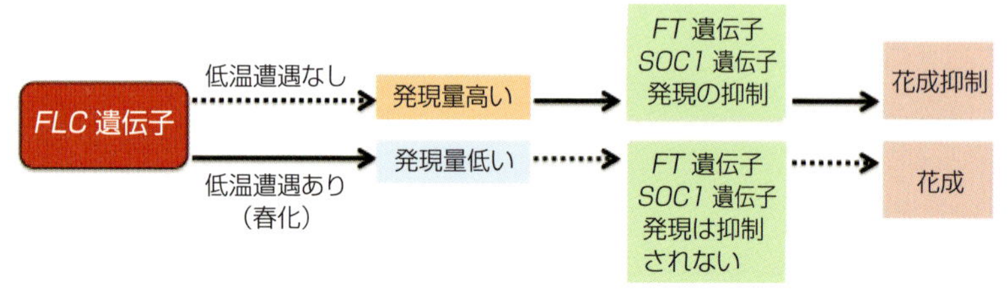

図２-Ⅲ-３　*FLC* 遺伝子と春化，花成の関係

裂組織の細胞に記憶される典型的なエピジェネティクス現象の１つである。したがって，春化で獲得した形質は次世代には伝わらない，一世代かぎりの形質である。

❷春化の鍵は花成抑制因子の発現調節

最近の分子生物学や遺伝子解析の発展によって，春化現象の分子レベルでの理解がすすんでいる。春化では，花成抑制因子の発現調節機構が鍵になる。最も研究がすすんでいるシロイヌナズナでは，ＭＡＤＳボックス遺伝子ファミリー（注５）に属する転写因子，*FLOWERING LOCUS C*（*FLC*）遺伝子が鍵になる（図２-Ⅲ-２）。

FLC 遺伝子産物（注６）は，フロリゲンをコードする *FT* 遺伝子と，花成シグナルを統合する因子の１つ *SUPRESSOR OF OVEREXPRESSION OF CO 1*（*SOC1*）遺伝子の発現を抑制することで花成を抑制している。

発芽後，低温にあっていない植物は *FLC* 遺伝子の発現が高いが，低温にあうことによって *FLC* 遺伝子の発現が抑制され，花成が促進される（図２-Ⅲ-３）。

❸突然変異体での *FLC* 遺伝子の発現異常

シロイヌナズナでは，*FLC* 遺伝子の発現調節に関与している多くの因子が明らかになっている。たとえば，*VERNALIZATION 2*（*VRN2*）遺伝子，*VERNALIZATION INSENSITIVE 3*（*VIN3*）遺伝子，*VERNALIZATION*

〈注５〉
ＭＡＤＳボックス遺伝子は，初期に知られた遺伝子の頭文字にちなんで「ＭＡＤＳボックス」とよばれる保存された約 60 個のアミノ酸配列をもっている。「ABC モデル」で知られる花器官形成のホメオティック遺伝子（本章Ⅱ-４-５参照）をはじめ，植物のいろいろな発生過程にかかわる転写因子である。

〈注６〉
遺伝子産物：ｍＲＮＡから翻訳されるタンパク質と遺伝子から転写される機能性ＲＮＡの総称。

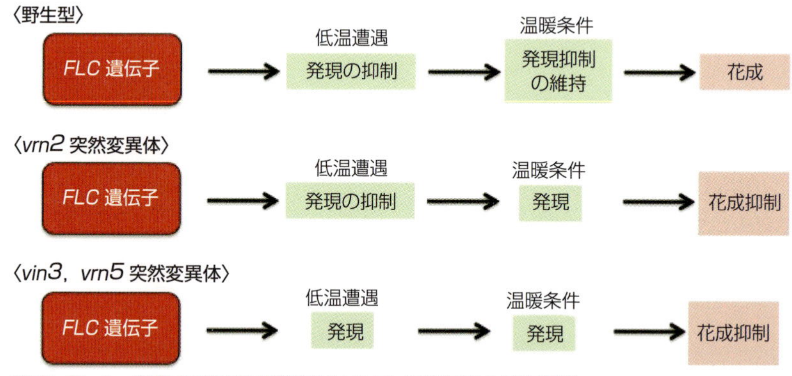

図２-Ⅲ-４　春化非感受性突然変異体の *FLC* 遺伝子の発現異常

5（*VRN5*）遺伝子などの機能を欠損した突然変異体（*vrn2*, *vin3*, *vrn5* 変異体）は，春化に非感受性で，*FLC* 遺伝子の発現にも異常が観察される。

野生型の *FLC* 遺伝子の発現は低温によって抑制され，その後，適度な生育温度になっても抑制状態が維持される。ところが，*vrn2* 変異体の *FLC* 遺伝子の発現は低温によって抑制されるが，その後，適度な生育温度になると抑制状態が維持されず発現が高まる（図 2-Ⅲ-4）。このことから，*VRN2* 遺伝子産物は *FLC* 遺伝子の発現抑制の維持に重要な因子とされている。*VRN2* 遺伝子の翻訳産物はポリコーム群タンパク質複合体（注7）の1つポリコーム抑制複合体 2（PRC2）の構成因子である。ポリコーム群タンパク質複合体は，ヒストンのメチル化活性をもち，遺伝子の転写を抑制する機能をもつと考えられている。

一方，*vin3* 変異体や *vrn5* 変異体は，低温にあっても *FLC* 遺伝子の発現が十分に抑制されない。*VIN3* 遺伝子と *VRN5* 遺伝子の翻訳産物は PHD（PLANT HOMEODOMAIN）ファミリータンパク質であり，低温遭遇中に *VIN3* 遺伝子産物や *VRN5* 遺伝子産物は PRC2 と協調して *FLC* 遺伝子の発現抑制に働く。

これらの変異体では，ゲノム上の *FLC* 遺伝子領域のヒストンの化学的修飾に異常が観察されることから，春化による *FLC* 遺伝子の発現調節での *VRN2* 遺伝子や *VIN3* 遺伝子などの働きによるヒストンの化学的修飾の変化が，遺伝子の転写制御に重要な役割を担っていることがわかる。

〈注 7〉
ポリコーム群タンパク質複合体は，ヒストンのメチル化活性をもち，遺伝子の転写を抑制する機能をもつ。ポリコーム複合体は，ポリコーム抑制複合体 1（PRC1）およびポリコーム抑制複合体 2（PRC2）の 2 つに大きく分けられる。これらポリコーム複合体を構成するサブユニットは複数みいだされており，植物のさまざまな成長過程の制御に関与している。VRN2 を含む PRC2 は，少なくとも FERTILIZATION INDEPENDENT ENDOSPERM (FIE), CURLY LEAF (CLF), SWINGER (SWN) で構成されている。

❹長鎖非翻訳 RNA の関与

タンパク質をコードしない長鎖非翻訳 RNA（long non-coding RNA: lncRNA）と遺伝子発現制御の関連が注目されている。シロイヌナズナの春化でも，低温に遭遇することによって *FLC* 遺伝子座の 3' 側から転写されるアンチセンス鎖 lncRNA である COOLAIR（cold induced long antisense intragenic RNA）と，*FLC* 遺伝子の第 1 イントロン領域から転写されるセンス鎖 lncRNA である COLD ASSISTED INTRONIC NONCODING RNA（COLDAIR）が発見された（注8）。転写量が高まるピーク時期はずれるが，COOLAIR，COLDAIR ともに低温処理中に一過的な転写量の増加がみられる（図 2-Ⅲ-5）。

〈注 8〉
センス鎖は，DNA の相補的な 2 本の鎖のうち，mRNA に転写され実際に翻訳される側の鎖。アンチセンス鎖は mRNA として転写されない側の鎖。

COOLAIR の誘導は *VIN3* 遺伝子の発現誘導よりも早くおこるので，春化過程での *FLC* 遺伝子の発現抑制は *FLC* 遺伝子のアンチセンス鎖 COOLAIR によってまず引きおこされ，次いで *VIN3* の増加と PRC2 によるエピジェネティックな遺伝子発現抑制がおこると考えられている。また，COLDAIR は，PRC2 の構成因子の 1 つ CURLY LEAF（CLF）と結合し，*FLC* 遺伝子の発現抑制に働くことが明らかにされている。

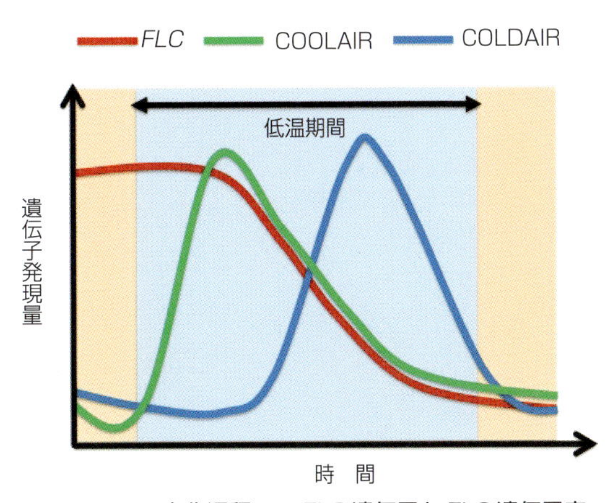

図 2-Ⅲ-5　春化過程での *FLC* 遺伝子と *FLC* 遺伝子座から転写される長鎖非翻訳 RNA（COOLAIR と COLDAIR）の発現パターン

❺ムギ類とビートの花成制限因子

FLC 遺伝子を鍵とした春化の機構は，アブラナ

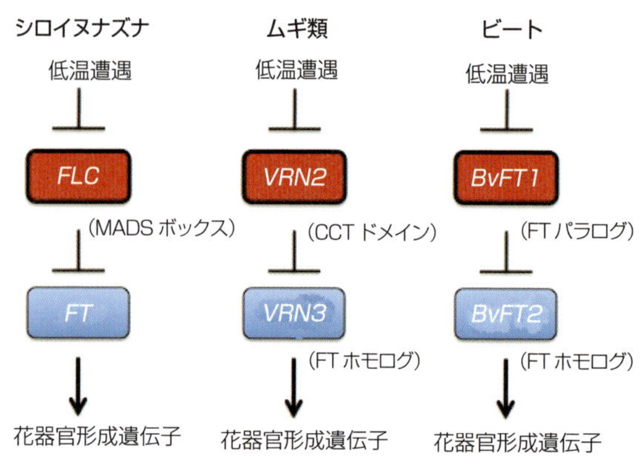

図 2-Ⅲ-6　シロイヌナズナ，ムギ類，ビートの春化応答経路

→：促進　┤：抑制

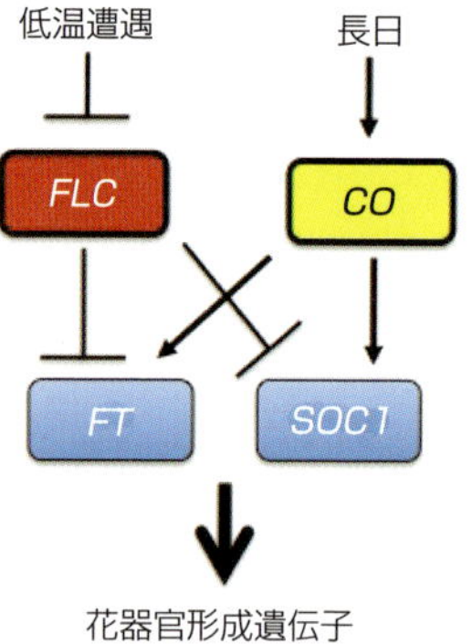

・*FLC* 遺伝子産物は *FT* 遺伝子と *SOC1* 遺伝子の発現を抑制し，花成を抑制しているが，低温遭遇で発現が抑制されるので，*FT* 遺伝子と *SOC1* 遺伝子の発現抑制ができなくなる
・*CO* 遺伝子産物は長日条件で *FT* 遺伝子と *SOC1* 遺伝子の発現を誘導する
・温度環境と日長条件の変化で，*FLC* 遺伝子の発現と *CO* 遺伝子産物の機能のバランスが制御されることによって，花成の時期が決定される

図 2-Ⅲ-7
低温要求と日長要求の統合（シロイヌナズナの例）

〈注 9〉
概日リズムの基本振動の発生機構を構成するタンパク質をコードする遺伝子群。

〈注 10〉
CONSTANS 遺伝子の略号。*CO* 遺伝子は，光周性花成において重要な役割を担う遺伝子の1つである。

〈注 11〉
光周性花成において重要な CONSTANS（CO），機能未知の CONSTANS-LIKE 1(COL1)，体内時計に関連する TOC1 タンパク質に共通してみられるモチーフ。それぞれのタンパク質の頭文字をとってＣＣＴモチーフとよばれる。

〈注 12〉
シロイヌナズナの *VRN2* 遺伝子と名前は同じだが別の遺伝子である。

〈注 13〉
ゲノム内の遺伝子重複によってできた類似遺伝子で，通常異なる機能を獲得している。

科近縁種に特徴的な機構であり，ほかの植物ではみいだされていない。しかし，花成に低温要求が必要なムギ類とビートでも，花成抑制因子が花成促進遺伝子の発現を抑制し，花成を抑制するというアブラナ科と共通のモデルが明らかにされている（図 2-Ⅲ-6）。

これらの花成抑制因子は，シロイヌナズナの *FLC* 遺伝子とは別の遺伝子である。ムギ類では光周性反応で重要な時計関連遺伝子（注 9）や *CO* 遺伝子（注 10）などと共通モチーフ（CCT モチーフ（注 11））をもつ転写因子である *VERNARIZATION 2*（*VRN2*）遺伝子（注 12），ビートではフロリゲンをコードする *FT* 遺伝子のパラログ（注 13）である *BvFT1* 遺伝子が鍵になる花成抑制因子として位置づけられている。

このように，シロイヌナズナ，ムギ類，ビートとも春化の鍵になる抑制因子をもっているが，因子の遺伝子の配列情報のちがいや発現調節に独自性がみられることは，それぞれの植物の進化過程で遺伝子が機能分化したためと推察される。

6 低温要求と日長要求の統合

シロイヌナズナの場合，春化による花成促進経路の鍵である *FLC* 遺伝子産物は，花成シグナルを統合する *FT* 遺伝子と *SOC1* 遺伝子の発現を抑制することで花成を抑制している（図 2-Ⅲ-7）。一方，光周期による花成促進経路の鍵である *CO* 遺伝子産物は，長日条件で *FT* 遺伝子と *SOC1* 遺伝子の発現を促進する（第 2 章Ⅲ-2 参照）。このことから，生育環境の変化に応じて，春化による *FLC* 遺伝子産物の制御と光周性による *CO* 遺伝子産物の制御のバランスによって花成の時期が決定されていると考えられる。

これまで花卉園芸分野では，低温要求性長日植物の花成で，長日よる低温の代替あるいは低温による長日の代替と説明される場面が多くあった。これらは，春化による抑制因子の減少と光周性による促進因子の増大のバランスであると理解できる。

2 光周性

1 光周性とは

植物が日長の変化を感じて季節を判断し，開花時期や休眠の導入時期などを決定する反応を光周性（photoperiodism），あるいは日長感応性（photoperiodic sensitivity, sensitivity to photoperiod）という。

植物の成長は，光，温度，湿度，栄養条件など，さまざまな外界の環境に影響を受けているが，日長の変化は最もぶれの小さい環境要因であり，植物が日長で季節の変化を感知するのは理にかなった選択といえる。

2 光周性の発見

光周性反応についてのはじめての報告は，1920年，アメリカ農務省のガーナー（W. Garner）とアラード（H. Allard）によって行なわれた。

光周性発見の発端になったのは，当時栽培されていたタバコのメリーランド細葉系統のなかに，花をつけない突然変異体がでてきたことであった。この系統はメリーランドマンモスとよばれ，葉を収穫するタバコ栽培では花をつけない特性は有望であったが，花が咲かないため採種に問題があった。そのため，どのような条件で開花するのかが検討され，冬の温室条件では植物の大きさにかかわらず開花することがわかった。また，ダイズを春から秋のさまざまな時期に播種して開花期を調べた結果，播種日にかかわらずほぼ同時に開花することがわかった。

ガーナーとアラードは，これらの検討から，植物は季節ごとに変化する環境を感じて開花期を決めると考えるようになった。その後，暗箱を利用して人為的に明るい時間の長さをかえながら，いくつかの植物（注14）の開花反応を調査し，植物は日長を認識することで季節変化を予期していることを明らかにした。

〈注14〉
ダイズ，タバコ以外に，アスター，ツタギク，インゲンマメ，ブタクサ，ダイコン，ニンジン，レタス，ハイビスカス，キャベツ，スミレ，ハヤザキアワダチソウを調査した。

3 光周性による植物の分類

❶長日植物，短日植物，中性植物

開花についての日長反応（photoperiodic response）は，次の３つに分類される（図２-Ⅲ-８）（表２-Ⅲ-２）。

①**短日植物**（short-day plant）：日長が短くなると花芽がつくられ開花する植物。

②**長日植物**（long-day plant）：日長が長くなると花芽がつくられ開花する植物。

③**中性植物**（day-neutral plant）：日長に関係なく花芽がつくられ開花する植物。

❷質的反応と量的反応

短日植物と長日植物は，さらに質的（絶対的）な反応を示すものと量的（相対的）な反応を示すものに分けられる。

ある一定時間以下の日長条件でなければ開花しないものが質的（絶対的）短日植物（qualitative or obligate short-

	反応	限界日長	
短日植物	質的	あり	A
	量的	なし	B
長日植物	質的	あり	C
	量的	なし	D
中性植物		なし	E

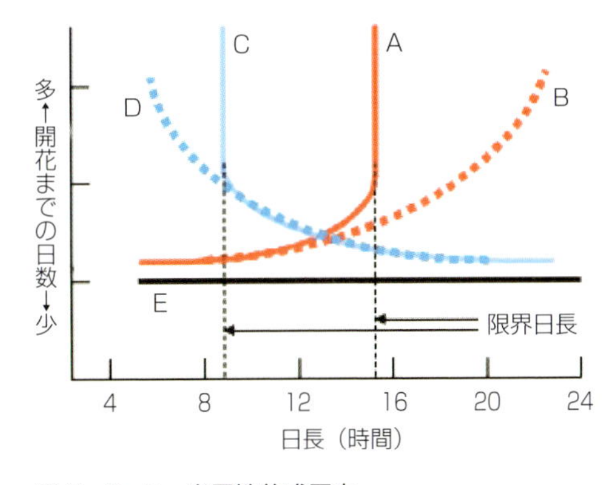

図２-Ⅲ-８　光周性花成反応

表２-Ⅲ-２　光周性による花卉の分類（腰岡，2014）

光周性		花卉の種類
短日植物	量的短日植物	ケイトウ，コスモス，夏キク，シネラリア属，サルビア属，マリーゴールドなど
	質的短日植物	アカザ，カランコエ，秋キク，シャコバサボテン，ポインセチアなど
長日植物	量的長日植物	カーネーション，キンギョソウ，シュッコンカスミソウ，トルコギキョウ，ペチュニア属など
	質的長日植物	シュッコンスイートピー，フクシア，マーガレット，ムクゲなど
中性植物		シクラメン，セントポーリア，チューリップ，バラ属，パンジー，ホウセンカなど
短長日植物		エケベリア・ハームジー，シロツメグサ，フウリンソウ，プリムラ・マラコイデスなど
長短日植物		春播きアスター，コダカラベンケイ，ヤコウカなど

12 時間日長　　　14 時間日長

図２-Ⅲ-９
キクの花芽分化・発達と日長（品種カーニバル）
花芽は 12 時間，14 時間のどちらの日長でも分化するが，花芽発達の限界日長が花芽分化の限界日長よりも短いため，14 時間日長では開花しない（写真提供：住友克彦氏）

day plant）であり，逆に一定時間以上の日長条件でなければ開花しないものが質的（絶対的）長日植物（qualitative or obligate long-day plant）である。この開花するかしないかを決定する日長を限界日長（critical day-length）という。

また，いずれの日長条件でも開花し限界日長をもたないが，短日条件で開花がより促進されるものを量的（相対的）短日植物（quantitative or facultative short-day plant），長日条件で開花がより促進されるものを量的（相対的）長日植物（quantitative or facultative long-day plant）という。

❸花芽分化と花芽発達の日長反応

花芽分化と花芽発達で日長反応が質的にちがう種類がある。短日条件で花芽形成が促進され，花芽発達が長日条件で促進される植物を短長日（性）植物（short-long day plant；SLDP），長日条件で花芽分化が促進され，花芽発達が短日条件で促進される植物を長短日（性）植物（long- short-day plant；LSDP）という。

また，花芽分化と花芽発達の限界日長が量的にちがう種類もある。キクでは花芽発達の限界日長が花芽分化開始の限界日長より短い。そのため，長い日長条件では花芽分化を開始するが，花芽発達が正常にすすまず開花しない（図２-Ⅲ-９）。

4 暗期の重要性

❶暗期中断による短日植物の開花抑制

長い暗期の中央で短時間の光を当てることを，暗期中断（night break）あるいは光中断（light break, light interruption）という。暗期中断は短日植物の開花を抑制する。光周性反応では，日長，短日，長日，限界日長のように，１日のうちの明期の長さを基準にした用語で説明される。

しかし，暗期中断によって短日植物の開花が抑制されることから，明期の長さよりも継続する暗期の長さが重要であることがわかる（図２-Ⅲ-10）。

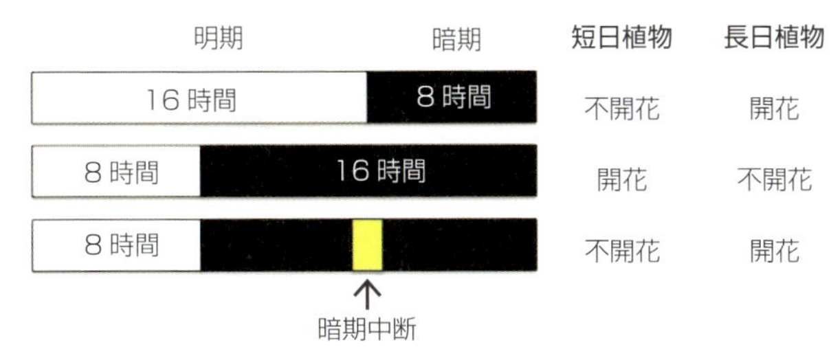

図2-Ⅲ-10　明暗周期条件と開花反応

左から：暗期中断なし，青色光，赤色光，遠赤色光
12時間日長+4時間暗期中断

図2-Ⅲ-11
暗期中断時の光質と花成抑制効果（キク'セイローザ'）
抑制効果は赤色光で顕著であるが，青色光，遠赤色光では非常に弱い

❷暗期中断時の光質

光周性反応では，光照射の長さや強さという光のエネルギー量とともに光の質が重要になる。暗期中断に最も効果的な光は，600～700nm付近の赤色光である。しかし，赤色光の効果は直後に照射した700～800nm付近の遠赤色光で打ち消される。このことは，花成を制御する暗期中断効果に光受容体の1つ，フィトクロムが関与していることを示している。

キクの場合も，暗期中断による花成抑制効果は赤色光領域（600～700nm付近）で顕著にみられ，青色光領域（400～500nm付近）および遠赤色光領域（700～800nm付近）ではほとんどみられない（図2-Ⅲ-11）。

❸暗期中断による長日植物の開花誘導

長日植物も，短日条件での暗期中断によって開花が促進されるので，短日植物と同様，暗期の長さが重要であるとされてきた。しかし，長日植物の場合，短日植物より暗期中断への感度が低く，暗期中断時に長時間の光照射が必要な傾向がある。また，長日条件での夕方の時間帯の光が花成誘導に重要であることを示す事例もでてきている（後出 7項参照）。

5 光周性と概日リズム

❶概日時計と概日リズム

花成の光周性反応では，1日の光エネルギーの総量が重要なのではなく，明暗のサイクルでの明と暗のタイミングが重要だとされている。生物は，進化の過程で細胞内に概日（がいじつ）時計（circadian clock）とか生物時計（biological clock）とよばれる，約24時間周期の時計機構をもつようになった。概日時計によって，環境条件などが一定であっても，約24時間周

植物の概日時計の分子機構

植物の概日時計の分子機構が明らかになりつつある。概日時計機構は，入力系，中心振動体，出力系から構成される。入力系は，フィトクロムやクリプトクロムなどの光受容体によって光情報を感知し，概日時計の同調に働く。中心振動体は，*LATE ELONGATED HYPOCOTYL*（*LHY*），*CIRCADIAN CLOCK ASSOCIATED 1*（*CCA1*），*TIMING OF CAB EXPRESSION 1*（*TOC1*），*PSEUDO RESPONSE REGULATOR*（*PRR*）5/7/9，*ZEITLUPE*（*ZTL*），*GIGANTIA*(*GI*)などの時計遺伝子（概日リズムの基本振動の発生機構を構成するタンパク質をコードする遺伝子）の翻訳産物（mRNAの情報にもとづいて合成されるタンパク質）が複雑なフィードバックループを構成し，概日リズムを発生する。出力系は，概日時計の制御下で働く因子であり，花成の場合，*CONSTANS*（*CO*）遺伝子（後出 7項参照）などが該当する。

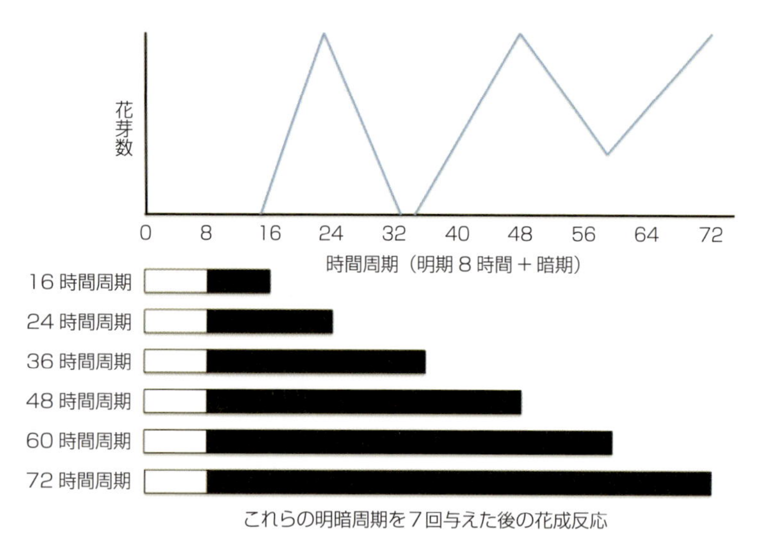

図 2-Ⅲ-12　ダイズにいろいろな明暗周期を与えた場合の開花反応
（Hamner and Takimoto, 1964 を改変）

期で生理活性が変動する概日リズム（circadian rhythm）現象が，単細胞生物から高等動植物まで普遍的に確認されている。

❷花成反応の概日リズム

これまでの光周性反応の生理学的解析によって，日長の識別機構に，概日時計と特定の光受容体に相互作用があることが示唆されている。

たとえば，図 2-Ⅲ-12 に示したように，８時間の明期と 16 時間暗期の 24 時間周期条件で強く花成誘導される短日性のダイズを用いて，８時間の明期とさまざまな長さの暗期を組み合わせた明暗周期を設定（注 15）し，各明暗周期を７回処理した後の花成反応をみると，花成反応のピークが約 24 時間ごとにあらわれる。また，アサガオでも，連続暗期中のさまざまな時間帯に短時間の光照射を与えると，花成反応に概日リズムが観察される。これらの現象から，概日時計と光周性花成の関連が古くから示唆されてきた。

〈注 15〉
この事例は，連続する 64 時間の暗期中のちがうタイミングで光照射（8時間）したとみることができる。

6　フロリゲンとアンチフロリゲン

❶フロリゲン説

チャイラヒャン（M. Chailakhyan）は，葉で感じた光周期によってつくられる植物ホルモン様の花成誘導物質を想定しフロリゲンと名付けた。そして，フロリゲンによって葉から茎頂分裂組織へと情報が伝達され花芽形成が開始されるとする，フロリゲン説（1936 年）を提唱した（図 2-Ⅲ-13）。光周性反応で植物が光を感じる器官は葉であるが，その感受性は葉齢によってちがい，最も感受性が高いのは完全展開前後である。

フロリゲン説の提唱後，多くの研究者がフロリゲンの単離同定をめざす過程で，花を咲かせるように働くフロリゲンと咲かせないように働くアン

概日時計機構と花成

近年，変異体を用いた解析から，光周性花成への概日時計の関与が明らかになりつつある。長日植物シロイヌナズナの時計遺伝子 *TOC1* の機能欠損変異体（*toc1-1*）は，野生型より概日リズムが短周期になる。その結果，概日時計の制御下にある *CO* 遺伝子発現の日周リズムも変動する。

野生型では短日条件での夕方の *CO* 遺伝子の転写量は低いが，*toc1-1* 変異体では高くなる。この *CO* 遺伝子の発現パターンの変化によって，*toc1-1* 変異体では花成の鍵となる *FLOWERING LOCUS T*（*FT*）遺伝子の発現が短日条件でも誘導され，早咲きとなる（後出 8 参照）。この結果は，概日時計による遺伝子発現制御が，光周性花成に関与することを明確に示した例である。ダイズ，エンドウ，ムギ類でも，光周性応答変異の原因遺伝子として *PRR* 遺伝子や *GI* 遺伝子などの時計遺伝子が同定されている。

チフロリゲンの両方あると考えられるようになった。

❷フロリゲンとアンチフロリゲンの正体

キクの場合，茎先端部の日長条件にかかわらず，すべての葉を短日条件におくと花芽分化するが，上位葉を暗期中断すると花芽分化が抑制される（図2-Ⅲ-14)。このことから，短日条件の葉で開花促進物質（フロリゲン）がつくられ，暗期中断した葉で開花抑制物質（アンチフロリゲン)がつくられると想定できる。しかし，長いあいだ両者の正体が謎のままだったため，「幻の植物ホルモン」とよばれていた。

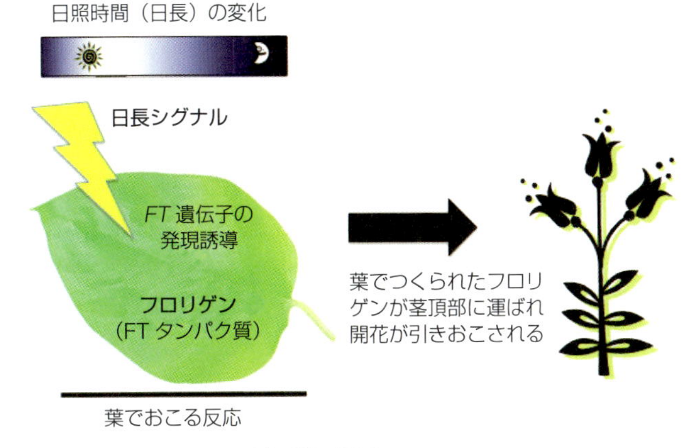

図2-Ⅲ-13　フロリゲン説の概要

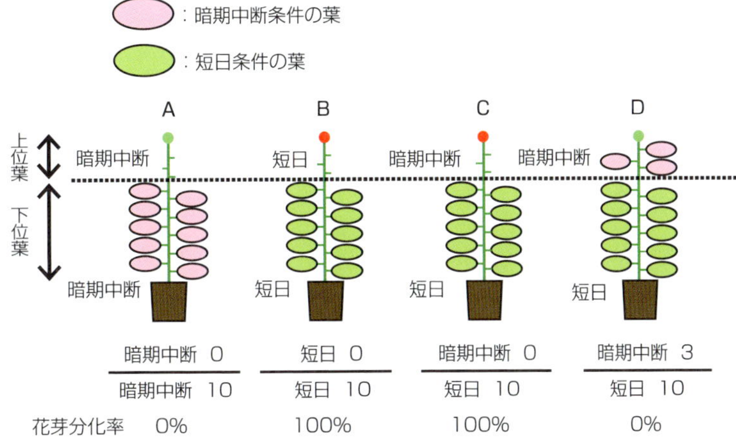

図2-Ⅲ-14　日長を感じる部位と花成の抑制，促進（キクを用いた例）
(Higuchi ら，2013 を改変)

すべての葉を暗期中断条件におくと花芽分化が抑制される（A)。逆にすべての葉を短日条件におくと花芽分化が促進される（B・C)。しかし，一部の葉（上位葉）のみ暗期中断条件におくと花芽分化が抑制される（D)。

フロリゲン説提唱から70年後の2007年，長日植物シロイヌナズナの *FLOWERING LOCUS T*（*FT*）遺伝子，短日植物イネの *Heading date 3a*（*Hd3a*）遺伝子の翻訳産物，FTタンパク質とHd3aタンパク質が実際の情報伝達物質の正体であることが明らかにされた。一方，アンチフロリゲンは，2013年にキクの *Anti-florigenic FT/TFL1 family protein*（*AFT*）遺伝子の翻訳産物，AFTタンパク質が実際の情報伝達物質の正体であることが明らかにされた（後出8項参照)。

なお，長日植物のモデルとして光周性花成が研究されてきたドクムギでは，長日刺激で誘導されるジベレリンがフロリゲンとして作用することが示されており，フロリゲンとして優位に作用する物質が植物の種類や環境条件によってちがうことも想定される。

7 日長による *FT* 遺伝子の発現制御

花成の鍵になるフロリゲンをコードする，*FT* 遺伝子の発現を調節する重要な機構の1つに，概日時計による *CO* 遺伝子の転写制御と，光によるCOタンパク質の安定性と活性の制御がある。

シロイヌナズナの場合，短日条件では，明期に *CO* 遺伝子の転写がほとんどなく暗期に転写される。暗期に転写，翻訳されたCOタンパク質は，プロテアソーム（注16）によって分解されるため，*FT* 遺伝子の転写を誘導

〈注16〉
タンパク質を分解する巨大な酵素複合体で，選択的に細胞内のタンパク質を分解する。

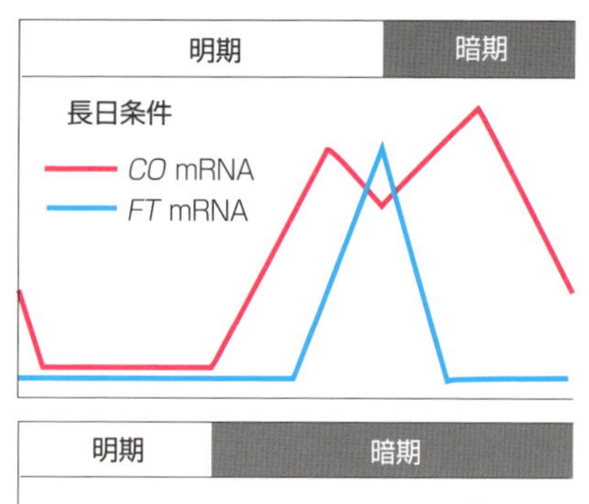

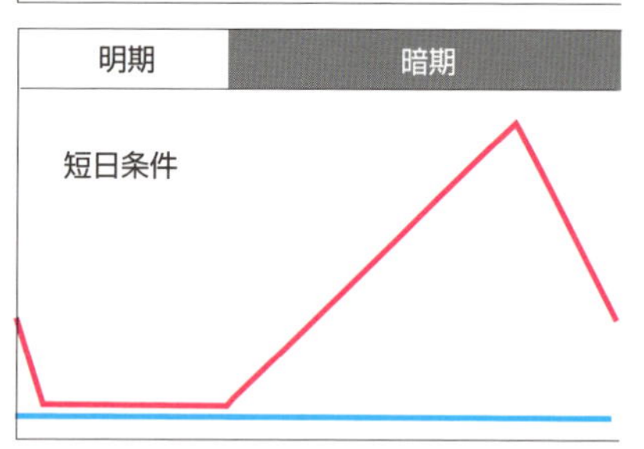

図 2-Ⅲ-15
シロイヌナズナの *CO* 遺伝子と *FT* 遺伝子の発現（転写）と光条件の関係

長日条件では明期のうちに *CO* 遺伝子が転写される。明期に合成された CO タンパク質は光によって安定化され，*FT* 遺伝子の転写を誘導する。一方，短日条件では，明期に *CO* 遺伝子の転写がほとんどなく暗期に転写される。暗期に転写，翻訳された CO タンパク質は，プロテアソームによって分解されるため，*FT* 遺伝子の転写を誘導できない

できない。しかし，長日条件では明期のうちに *CO* 遺伝子が転写される。明期に合成された CO タンパク質は光によって安定化され，*FT* 遺伝子の転写を誘導する（図 2-Ⅲ-15）。CO タンパク質の安定化に効果のある光は，遠赤色光と青色光であり，フィトクロム A（phyA）とクリプトクロム（cry）からの光信号が寄与している。

この *CO-FT* 経路は，シロイヌナズナの花成以外にも光周性を示すイネの花成，ムギの花成，樹木の芽の休眠導入，ジャガイモの塊茎形成にも重要な役割を担っており，*CO-FT* を鍵因子とする光周性の分子機構は植物のなかで広く保存されていることが示されている。

8 キクの光周性花成の仕組み

❶ *FTL3* 遺伝子と *AFT* 遺伝子の発見

最近，キクの開花を決める鍵となる 2 つの遺伝子，フロリゲンをコードする遺伝子（*Flowering locus-T like 3*（*FTL3*））とアンチフロリゲンをコードする遺伝子（*Anti-florigenic FT/TFL1 family protein*（*AFT*））が発見された（図 2-Ⅲ-16）。

短日条件では *FTL3* 遺伝子の発現が増え，*AFT* 遺伝子の発現が抑制され花成が引きおこされる。逆に，長日や暗期中断条件では *FTL3* 遺伝子の発現が抑制され，*AFT* 遺伝子の発現が誘導され栄養成長を維持する。

図 2-Ⅲ-16　キクのフロリゲン遺伝子とアンチフロリゲン遺伝子の発現

フロリゲン遺伝子（*FTL3*）を過剰発現する遺伝子組換え体は，長日条件でも培養中に開花する。一方，アンチフロリゲン遺伝子（*AFT*）を過剰発現する遺伝子組換え体は，短日条件でも開花しない

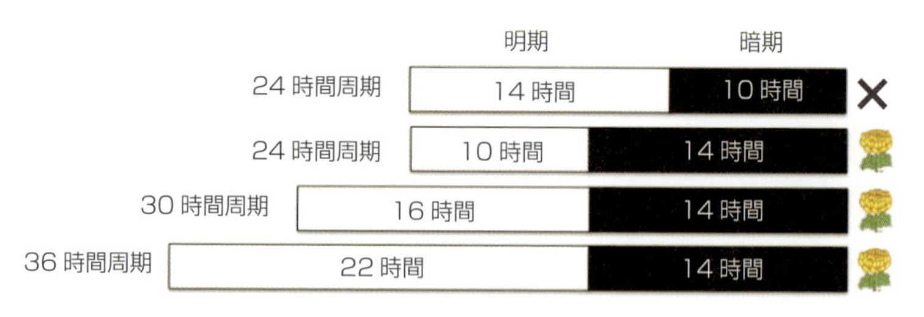

図 2-Ⅲ-17　明暗周期条件のちがいとキクの開花反応（Higuchi ら，2013 を改変）

明期が暗期より長くても，暗期が 14 時間あれば開花する

❷鍵は *AFT* 遺伝子の発現調節

キクを24時間以外の明暗周期におくと，明期が暗期より長くても，十分な長さの暗期があれば花芽分化する（図2-Ⅲ-17）。

つまり，キクは，十分な長さの暗期があれば，長日条件でも花芽分化できる。

この現象の鍵となるのは，*AFT* 遺伝子の発現調節である。キクは，暗期の開始一定時間後から数時間，*AFT* 遺伝子を誘導するのに必要な光情報を感じることができる。この時間内に光がなければ *AFT* 遺伝子は誘導されないが，光を受ければ誘導される（図2-Ⅲ-18）。

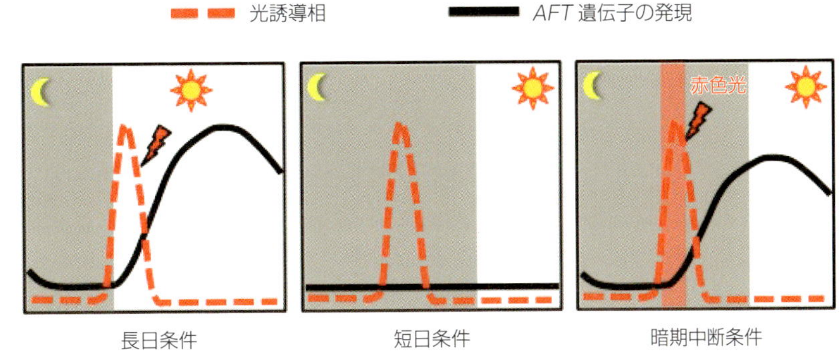

図2-Ⅲ-18　キクのアンチフロリゲン遺伝子（*AFT* 遺伝子）の発現調節の仕組み
（Higuchi ら，2013を改変）
キクは，暗期開始から一定時間後の数時間に *AFT* 遺伝子を誘導する光（赤色光）を感じることができる

AFT 遺伝子が誘導される時間帯は，暗期中のさまざまな時間帯に短時間の光照射を行ない開花が抑制される時間帯と一致している。

このようにキクの光周性花成は，暗期開始からの時間を計測し，特定の時間帯に葉で赤色光を感じ，日長を認識して開花時期を決めている。なお，花成の決定に重要な赤色光情報は，おもにフィトクロムの一種であるフィトクロムB（phyB）によって伝達される。この仕組みが電照抑制栽培の鍵である。

3 植物ホルモン

1 植物ホルモンと植物成長調節（整）剤

植物ホルモン（plant hormone）とは「植物自身がつくりだし，微量で作用する生理活性物質や情報伝達物質で，植物に普遍的に存在し，その物質の化学的本体と生理作用が明らかにされたもの」と定義され，現在までオーキシン，サイトカイニン，ジベレリン，アブシシン酸，エチレン，ブラシノステロイド，ストリゴラクトン，ジャスモン酸の８種類が知られている。

光，温度，ストレスなどの環境要因によって生合成量と感受性が変化し，植物の成長が調節される。植物ホルモンは植物自身がつくりだす（内生）ものであるが，人工的に合成された化学物質で植物ホルモンと同じ作用をしたり，植物ホルモンの合成や働きをおさえる物質を植物成長調節剤（plant growth regulator）といい，これらの薬剤を使って花卉の成長が調節されている。

薬剤として使用できる植物成長調節剤は，農薬取締法では植物成長調整剤として登録され，適用作物や使用方法が決められている。

2 ジベレリン（GA，gibberellin）

❶生合成

○４つの生合成経路

現在，植物自身が生合成（biosynthesis）する内生ジベレリン（endogenous GA）として 136 種類が同定されている。そのうち植物に直接作用する活性型 GA（biologically active GA）には，GA_1，GA_3，GA_4，GA_7 などがあるが，植物によって活性型 GA の種類はちがう。

すべての GA の生合成経路が明らかになっているわけではなく，現在確認されているのは非水酸化経路，早期 11 位水酸化経路，早期 13 位水酸化経路，早期 11,13 位水酸化経路の 4 つである。

○生合成経路の前段階は共通

この 4 つの経路の前段階には共通の生合成経路があり，イソペンテニル二リン酸（IDP，IPP）からゲラニルゲラニル二リン酸（GGDP，GGPP），*ent*-カウレンを経て *ent*-カウレン酸がつくられ，その後，非水酸化経路では出発物質である GA_{12} が生合成される（図 2 - Ⅲ - 19）。同様に，早期 11 位水酸化経路，早期 13 位水酸化経路，早期 11,13 位水酸化経路では，それぞれ GA_{12} の 11 位，13 位，11 位と 13 位に水酸基が付加した，GA_{133}，GA_{53}，GA_{135} が出発物質として生合成される。

○非水酸化経路の例

GA 生合成の仕組みを理解するために，ここでは非水酸化経路を例にあげて説明する。

まず，出発物質の GA_{12} が，GA20 位酸化酵素（GA20ox：20 位の炭素を酸化する酵素）の働きによって，順次 GA_{15}，GA_{24}，GA_9 と生合成される。続いて，GA3 位酸化酵素（GA3ox：3 位の炭素を酸化する酵素）によって GA_9 の 3 位が酸化され，活性型の GA_4 になる。さらに GA2 位酸化酵素（GA2ox：2 位の炭素を酸化する酵素）によって GA_4 の 2 位が酸化され，不活性型の GA_{34} になる（図 2 - Ⅲ - 19 参照）。

生合成経路によって出発物質はちがうが，その後の生合成は同じ種類の酵素によってすすみ，早期 11 位水酸化経路と早期 13 位水酸化経路の活性型 GA は，GA_{35} と GA_1 である。早期 11,13 位水酸化経路の活性型 GA はまだみつかっていない。なお，*ent*-カウレンまではプラスチド，*ent*-カウレンから GA_{12} までは小胞体膜，それ以降は細胞質基質で生合成が行なわれる。これらの酵素をコードする遺伝子の発現量は，発育段階や光，温度などの変化によってかわり，それによって酵素が活性化したり不活性化して GA の生合成量が調節されている。また，これらの酵素の活性を阻害する GA 生合成阻害剤が開発されており，人為的に GA の生合成量を減らすことができる。

❷生理作用

ジベレリンは細胞伸長の促進，茎と根の伸長成長の促進，細胞分裂の促進，芽や種子の休眠打破，光発芽種子の発芽促進，穀物種子の加水分解酵素の活性化，長日植物の短日条件による開花促進，果実の単為結果誘導，花の性分化への効果など，非常に幅広い生理作用をもっている。

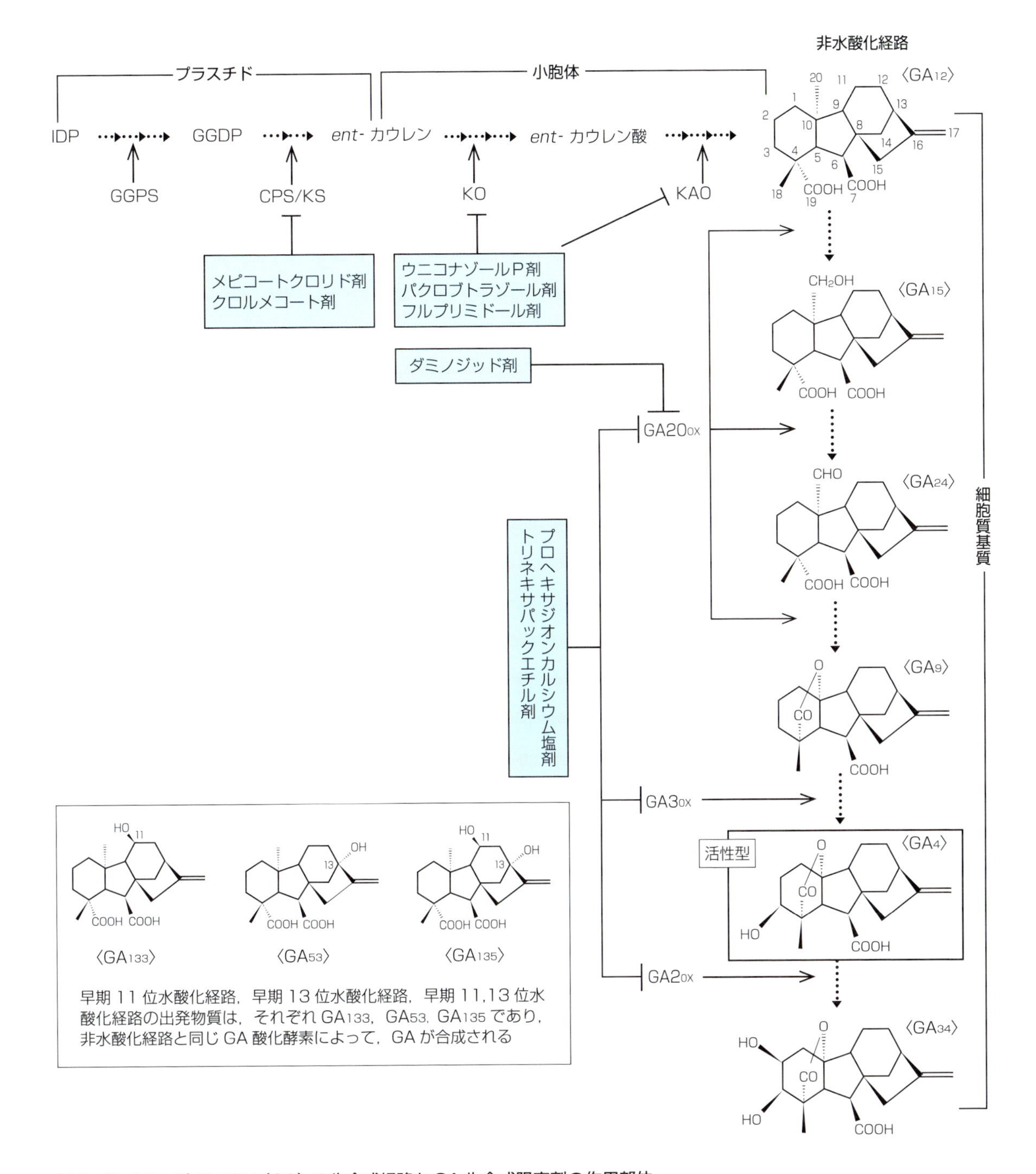

図 2-Ⅲ-19　ジベレリン（GA）の生合成経路と GA 生合成阻害剤の作用部位

IDP：イソペンテニルニリン酸（IPP ともよばれる）
GGDP：ゲラニルゲラニルニリン酸（GGPP ともよばれる）
GGPS：ゲラニルゲラニルニリン酸合成酵素
CPS：*ent*- コパリルニリン酸合成酵素
KS：*ent*- カウレン合成酵素
KO：*ent*- カウレン酸化酵素
KAO：*ent*- カウレン酸酸化酵素
GA20ox：GA20 位酸化酵素
GA3ox：GA3 位酸化酵素
GA2ox：GA2 位酸化酵素
⋯⋯▸：反応の進行方向
⟶：反応の促進
—┤：反応の抑制

表２-Ⅲ-３　植物成長調整剤の対象花卉と使用目的

種類	剤名	使用目的	対象植物
ジベレリン剤	ジベレリン液剤	開花促進	アザレア，キク，シクラメン，シラン，スパティフィラム，チューリップ（促成栽培），プリムラ・マラコイデス，ミヤコワスレ
		花丈伸長促進	チューリップ（促成栽培）
		茎の伸長促進	サツキ（施設栽培苗）
		草丈伸長促進	キク，シラン，ミヤコワスレ
		生育促進	カラー，トルコギキョウ
		発芽促進	花き類
		茎の肥大促進	チューリップ（促成栽培）
		休眠打破	テッポウユリ（促成栽培）
		休眠打破による生育促進	サクラ（切り枝促成栽培）
		花芽分化の抑制	サツキ（施設栽培苗）
ジベレリン生合成阻害剤	ウニコナゾールＰ剤	茎葉の伸長抑制による小型化	アゲラタム，インパチェンス，ポットマム，キンギョソウ，ケイトウ，サルビア，パンジー，ポインセチア，ペチュニアなど
		節間の伸長抑制	ツツジ類（鉢栽培）
		着蕾数増加	ツツジ類（鉢栽培）
	クロルメコート剤	節間の伸長抑制	ハイビスカス
	パクロブトラゾール剤	節間の伸長抑制	ポットマム，サツキ類，セイヨウシャクナゲ，チューリップ，ツツジ類，ツバキ類，ハイドランジア，ポインセチア
		花首伸長抑制	キク（切り花用）
		着蕾数増加	サツキ類，セイヨウシャクナゲ，ツツジ類，ツバキ類
	フルルプリミドール剤	草丈の伸長抑制	シバ
	プロヘキサジオンカルシウム剤	花首伸長抑制	キク
		開花促進	ストック
	ダミノジッド剤	節間の伸長抑制	アサガオ，アザレア，キク（切り花用），ポットマム，シャクナゲ，ハイドランジア，ハボタン，ペチュニア，ポインセチア
		着蕾数増加	シャクナゲ
オーキシン剤	インドール酪酸液剤	挿し木の発根促進および発生根数の増加	カーネーション，キク，ツツジ類，その他の花き類，観葉植物
		花茎基部の伸長	チューリップ
	1-ナフチルアセトアミド剤	挿し木の発根促進	キク，ゼラニウムなど
サイトカイニン剤	ベンジルアミノプリン液剤	親株栽培における側枝への腋芽の着生促進	キク
エチレン剤	エテホン剤	開花抑制	キク

なかでも，細胞伸長による茎の伸長促進，休眠打破，開花促進などは花卉の生育調節にとって重要であり，これらを調節する植物成長調整剤が開発されている。

❸ジベレリン剤

活性型GAにはいくつかの種類があるが，市販されているGA剤はGA_3が主成分である。液剤や水溶剤として市販されており，開花促進，花丈や茎の伸長促進，生育促進，発芽促進，茎の肥大促進，休眠打破，花芽分化の抑制などの効果がある（表２-Ⅲ-３）。

伸長促進は多くの植物で共通しているが，開花は植物によって反応がちがい，花木には抑制効果を示すことがあるので，記載の適用対象と目的を確認して使う。

❹ジベレリン生合成阻害剤（GA biosynthesis inhibitor）

現在，GA 生合成阻害剤には 8 種類ある（注 17）。

〈注 17〉
ウニコナゾール P 剤，クロルメコート剤，パクロブトラゾール剤，フルプリミドール剤，メピコートクロリド剤，プロヘキサジオンカルシウム塩剤，トリネキサパックエチル剤，ダミノジッド剤である。本文にない阻害剤の作用は図 2 - Ⅲ -19 参照。

メピコートクロリド剤は GA 生合成経路のゲラニルゲラニル二リン酸から *ent*- カウレンまでを，ウニコナゾール P 剤とパクロブトラゾール剤は *ent*- カウレンから *ent*- カウレン酸までを阻害する（図 2 - Ⅲ - 19 参照）。

プロヘキサジオンカルシウム塩剤（PCa）は，GA 酸化酵素の GA20ox，GA3ox，GA2ox の活性を低下させて GA の生合成をおさえる。しかし，低濃度の場合は，活性型 GA の生合成にかかわる GA20ox と GA3ox よりも，不活性型 GA を生合成する GA2ox の活性を強くおさえるので，活性型 GA 量が増加する。この現象を利用して，ストックの開花促進に利用されている。

上記のような例外を除いて，GA 生合成阻害剤は内生 GA 量を減らすため，多くの花卉では茎葉の伸長抑制による小型化，節間の伸長抑制，花首伸長抑制などを目的に用いられる。一方，ツツジ類などでは着蕾数増加のために用いられている（表 2 - Ⅲ - 3 参照）。

3 オーキシン（auxin）

❶生合成

高等植物からオーキシンとして，インドール -3- 酢酸（IAA），4 - クロロインドール -3- 酢酸（4-Cl-IAA），インドール -3- 酪酸（IBA）（図 2 - Ⅲ - 20）が発見されているが，IAA は多くの植物で豊富に発見される主要なオーキシンである。

IAA はインドール -3- ピルビン酸経路，トリプタミン経路，インドール -3- アセトアミド経路の 3 つの生合成経路がある。これらの生合成経路の出発物質は，いずれもアミノ酸の一種であるトリプトファンであるが，経路の詳細については不明な点が残されている。

インドール -3- 酢酸（IAA）

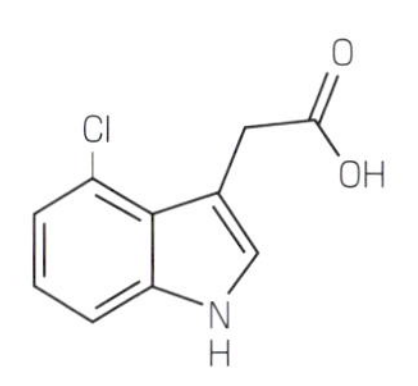

4 - クロロインドール -3- 酢酸
（4 - Cl - IAA）

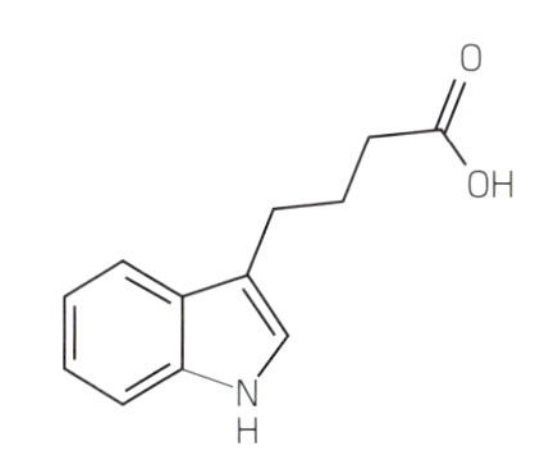

インドール -3- 酪酸（IBA）

図 2 - Ⅲ - 20
オーキシンの構造式

❷生理作用

オーキシンの生理作用は，伸長成長の促進，花器官の形成，胚発生，根と維管束の分化などの器官形成の促進，頂芽優勢の維持などが知られている。花卉には，発根促進や花茎の伸長促進のために使われる。

❸オーキシン剤

IAA は光によって容易に分解されてしまうため，オーキシン剤には IBA や α - ナフチルアセトアミドなどが用いられる。代表的なオーキシン剤としてインドール酪酸剤があり，カーネーション，キク，ツツジ，観葉植物など多くの花卉の挿し木の発根促進，根数増加に高い効果がある（表 2 - Ⅲ - 3 参照）。

4 サイトカイニン（cytokinin）

❶生合成

サイトカイニンの生合成は，まず，イソペンテニル基転移酵素（isopentenyl transferase）の働きによって，アデノシン三リン酸（ATP）にジメチルアリル二リン酸（DMAPP）が結合してイソペンテニル ATP

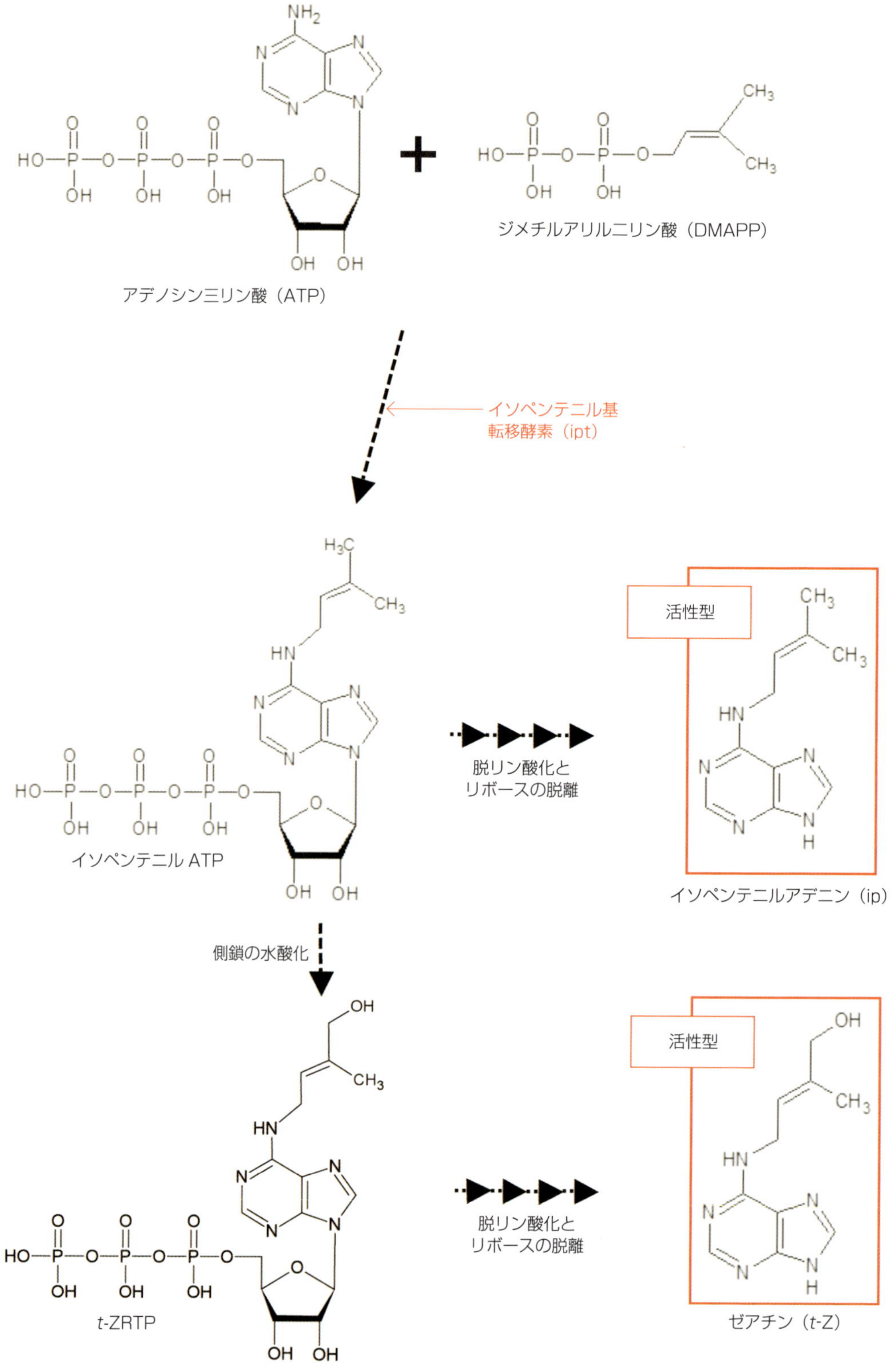

アデノシン三リン酸（ATP）

ジメチルアリルニリン酸（DMAPP）

イソペンテニル基
転移酵素（ipt）

イソペンテニル ATP

脱リン酸化と
リボースの脱離

活性型

イソペンテニルアデニン（ip）

側鎖の水酸化

t-ZRTP

脱リン酸化と
リボースの脱離

活性型

ゼアチン（*t*-Z）

図2-Ⅲ-21　サイトカイニンの生合成経路

がつくられ（図2-Ⅲ-21），その後，側鎖が水酸化されて *t*-ZRTP がつくられる。そして，この2つの物質からリン酸とリボースが順次外れ，活性型サイトカイニンであるイソペンテニルアデニン（iP，isopentenyl adenine）とゼアチン（*t*-Z）（zeatin）が合成される。iP や *t*-Z の9位の窒素にリボースが結合した [9R]iP（isopentenyl adenosine）や [9R]Z（zeatin riboside）も植物体内に多くみられるが，これらは活性をもたない。

❷生理作用

サイトカイニンには細胞分裂の促進，細胞の肥大促進，培養細胞からのシュートの形成，腋芽成長の活性化，植物体内の糖やアミノ酸などの転流の促進，葉の老化抑制，種子の発達，形成層の発達促進，気孔の開孔促進など，多様な生理作用がある。

❸サイトカイニン剤

生合成されるサイトカイニンは容易に代謝・分解されてしまうため，植物成長調整剤としては，サイトカイニンと同様の生理作用を示すベンジルアミノプリン（BA）などの合成サイトカイニン剤が利用されており，ベンジルアミノプリン液剤が代表的なものである。キクは挿し木で繁殖するため親株から挿し穂を採取するが，親株にベンジルアミノプリン液剤を散布すると側枝への腋芽の着生を促進して，多くの挿し穂を得ることができる（表2-Ⅲ-3参照）。

5 エチレン（ethylene）

❶生合成

エチレンは植物ホルモンのなかで唯一，常温で気体として存在する。アミノ酸の一種であるメチオニンから *S*-アデノシルメチオニン（SAM）が合成され，1-アミノシクロプロパン-1-カルボン酸合成酵素（ACS）によって1-アミノシクロプロパン-1-カルボン酸（ACC）になり，ACC 酸化酵素（ACO）によってエチレン（C_2H_4）（図2-Ⅲ-22）が生合成される。

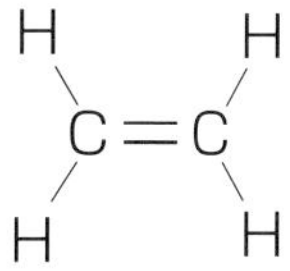

$$\mathrm{H_2C{=}CH_2}$$

図2-Ⅲ-22
エチレンの構造式

❷生理作用

エチレンは，果実の成熟，離層形成促進による葉，花，果実などの器官脱離促進，開花の促進，花弁の老化としおれの誘導，芽生えの形態形成，接触ストレスへの応答，伸長成長の抑制と促進など多様で，植物の種類によっては正反対の生理作用を示す場合もある。

花卉栽培では，エチレンによる葉や花の器官脱離や花弁の老化としおれの誘導が，切り花の収穫後の品質保持に大きな問題となっている。切り花の収穫直後にエチレンの作用を阻害するチオ硫酸銀錯塩（STS）を吸収させたり，エチレンの生合成を阻害する薬剤を吸収させて品質保持をはかっている。しかし，これらの薬剤は植物成長調整剤として登録されていない。

❸エチレン剤

植物成長調整剤としては，エテホン（Ethephon）を主成分にしたエテホン剤がある。エテホン剤は液体で茎葉に散布されるが，細胞内に吸収されると分解されエチレンが発生する。キクの電照栽培で開花抑制などに利用される（表2-Ⅲ-3参照）。

第3章 育種と繁殖

I 育種

1 育種技術

1 花卉育種の特徴

生物の遺伝的性質を改良することを育種（breeding）という。育種は花卉の消費拡大や花卉産業発展の原動力である。

花卉育種の特徴は，①種類は膨大にあり，育種対象植物は多種多様である，②観賞を目的とするために，常に新しい形質をもつ種類・品種が求められ，品種の移り変わりが早い，③種間交雑や突然変異を利用した育種が多い，④市場は国際的である，⑤栄養繁殖による生産が多い，⑥種苗会社や生産者自らが行なう育種がさかんである，などがあげられる。

図3-I-1
日本で育種がさかんなトルコギキョウ

国内の花卉育種の現状をみると，種子繁殖性花卉の育種がさかんであり，トルコギキョウ（図3-I-1），ヒマワリ，ストック，リンドウ，パンジー，ビオラ，ペチュニアなどのように高い品種開発能力をもった品目もある。一方で，育種力の弱い品目もあり，バラ，カーネーション，ユリ，アルストロメリア，ガーベラなどの栄養繁殖性花卉は国外で育成された品種が中心で，品種・種苗の海外依存がすすんでいる（注1）。

〈注1〉
近年の育成品種にはパテントやロイヤリティがつけられ，それによる市場支配が強まっている。そのため，種苗費が生産費にしめる割合が高まっており，国内育種の振興によって世界をリードできる品種の開発が求められている。

2 育種目標と方向性

❶観賞性と生産性

育種は，育種目標（breeding objective）の設定からはじまる。花卉は観賞性を中心にした趣味の栽培を対象に発達してきたので，育種目標は花色，花型，花径，花数など花の形質や，草丈，草姿など外見的な改良に重点がおかれてきた。花色と花型は観賞価値を決める大きな要素であり，とくに重要な形質である。また，最近では香りに注目した育種への関心も高まっている。

販売を目的とした生産では，観賞価値だけでなく，収量性や生育が早く均一であることなど，営利生産性も重視される。さらに，低コスト，良品，安定生産に向けて，施設の利用率を高めるための早生性，加温コストをおさえる低温開花性，日本の夏の暑さに耐えうる高温耐性，省力栽培のための無摘蕾性や無側枝性などの改良も重要である（注2）。

図3-Ⅰ-2　エチレン低感受性カーネーション（左）と感受性カーネーション（右）の花持ち性の比較
エチレン2ppmで16時間処理後

❷花持ち性など

花持ち性は切り花では最も重要な要素であり，花持ち性に優れた品種が望まれている。花持ち性向上には，カーネーションなどのエチレン感受性花卉では，エチレン低生成やエチレン低感受性への改良が重要である（図3-Ⅰ-2）。また，花は受粉すると急速にしおれるので，ヒマワリ，ガーベラ，リンドウなどでは無花粉品種も利用されている。

花卉を輸送し，店頭で販売するには，輸送適性，流通適性，店頭での棚持ち性などの形質も重視される。

❸病害抵抗性

花卉は，作物にくらべ品種の移り変わりが早く，少量多品種であるため，病害抵抗性は品種選抜で考慮はされているが，病原菌接種などで積極的に病害抵抗性育種を行なっている例は少ない（注3）。しかし，多くの花卉病害は抵抗性に品種間差があることが認められており，今後の病害抵抗性育種の可能性が示されている。

3 育種の原理

植物の育種は，まず育種素材をみつけ，交雑などによって変異のある個体をつくり，そのなかから優良な個体を選抜する。最後に，選抜した個体の特性を維持しながら種苗の増殖を行なう。種子繁殖の場合は，世代を重ねても形質が変化しないように固定化する。

花卉では，品種間あるいは品種と野生種間の交雑育種が最も広く行なわれており，育種法の基本である（注4）。まず，育種目標を定め，その特性をもつ植物がでてくる可能性の高い，種子親と花粉親の組み合わせを選んで交配する。開花前に自家交雑と自然交雑を防ぐために除雄と袋がけを行ない，雌ずいが成熟したら花粉親の花粉を受粉する。得られた交配種子

〈注2〉
ユリ，チューリップなど球根類では，球根肥大性，分球性など球根生産性も重要な育種目標である。

〈注3〉
病害抵抗性育種には，民間種苗会社ではキク白さび病，カーネーション萎凋病，バラうどんこ病，黒点病，アスター萎凋病，ヒマワリべと病，大学ではバラ根頭がんしゅ病，根腐病，独法・公設試験場ではチューリップ球根腐敗病，微斑モザイク病，条斑病，カラー疫病，スターチス・シヌアータ萎凋細菌病，カーネーション萎凋細菌病を対象にした例がある。

〈注4〉
今日栽培されている花卉は，野生種をもとに，長い歳月にわたる育種によって生みだされたものであり，その過程で交雑育種のはたした役割は大きい。

①開花前のつぼみ

②自家受粉を防ぐため除雄

③他品種の花粉がつかないよう袋がけ

④雌ずいが成熟し交配適期

⑤交配：花粉を雌しべ全体につける

図3-Ⅰ-3　カーネーションの交配

図3-Ⅰ-4　カーネーション交配中の温室のようす

図3-Ⅰ-5　交配で得られた種子の収穫
交配後約2カ月で完熟。交配組み合わせごとに種子数を数え，袋づめして保管

を可能なかぎりたくさん育て，育種目標にあった個体を選抜する。図3-Ⅰ-3，4，5にカーネーションの例を示した。

図3-Ⅰ-6
遺伝資源を利用して育成されたアリウム'札幌1号'（'ブルーパフューム'）（写真提供：篠田浩一氏）

4 遺伝資源の利用

❶遺伝資源と導入育種

育種素材になる生物資源は，遺伝資源（genetic resources）とよばれる。ある種類の植物集団内から，目的の形質をもつものを遺伝資源として探索・導入し，そのまま利用したり，育種素材として利用することを導入育種（introduction breeding）という。花卉では，野生種でも観賞価値が高ければそのまま利用できるが，遺伝資源の導入や選抜だけでは新しい品種をつくるには限界がある。そこで，交雑によって新しい遺伝子の組み合わせをつくり，さまざまな形質の改良が行なわれる。

花卉の育種は，栽培品種と野生種との交雑によって，めざましい成果をおさめることが多い。たとえば，バラは古くは一季咲きでアントシアニンによる白から濃桃までの花色しかなかったが，18世紀後半から19世紀初めに中国からヨーロッパへ導入された四季咲きのコウシンバラ4系統と交雑され，四季咲きの園芸品種が育成された。さらに，西アジア原産の野生種であるロサ・フェティダ種の黄色品種'ペルシアン・イエロー'が19世紀末から交雑に利用され，1900年に橙黄色の品種'ソレイユ・ドール'が作出された。これにより，カロテノイド系の色素が栽培バラに導入され，黄色やオレンジ色を含む多彩な品種が育成された（注5）。

〈注5〉
最近の例では，農研機構北海道研究センターでは，1994年に海外遺伝資源探索を行ない，カザフスタンの山岳地帯で収集した淡青色の野生種アリウム・カエシウムを種子親とし，切り花用に栽培されている濃青花の野生種アリウム・カエルレウムを花粉親として1999年に種間交雑を行ない，胚珠培養によって得られた53個体の雑種から，花色や香りなどに優れた2系統を選抜し，青色系のアリウム'札幌1号'（品種名：ブルーパフューム）（図3-Ⅰ-6），'札幌2号'（品種名：スカイパフューム）を育成した。

❷遺伝資源の保護と活用

生物多様性の保全や遺伝資源の重要性への意識の高まりによって，各国が自国の天然資源に主権的権利をもっていることを認める「生物の多様性に関する条約」（CBD；Convention on Biological Diversity）が，1993年に発効した。

CBDの発効以降，遺伝資源への権利意識が高まり，海外からの遺伝資源の収集・導入・活用には，CBDなどが定める国際的ルールにしたがうことが求められている。2010年10月に，名古屋市で開催された生物多様性条約第10回締約国会議（COP10）で，遺伝資源へのアクセスと利益配分（ABS：Access and Benefit-Sharing）に関する名古屋議定書が採択され，2014年10月に発効した。現在，国際的なルールによる遺伝資源活用に向け，国内措置の整備・検討が行なわれている。

5 栄養繁殖性花卉の育種

栄養繁殖（clonal propagation）性の花卉は，挿し木，挿し芽，株分け，取り木などで増殖するので，親植物とまったく同じ形質，遺伝子型をもった個体が容易に得られる。優良個体を発見したら，その植物に適した栄養繁殖方法によって増殖し，次世代でその優秀性を確認すれば品種にすることができる。

キク，バラ，カーネーション，ユリ，シュッコンカスミソウ，アルストロメリアなどの主要な花卉は，栄養繁殖性である。花壇用花卉でも，従来は種子繁殖性であったペチュニアなどで栄養繁殖性品種が増えている（注6）。なお，栄養繁殖性花卉では容易に自家増殖が可能なため，育成した品種は品種登録を行ない，育成者権の保護をはかる必要がある。

〈注6〉
1989年に育成された栄養繁殖性ペチュニアの‘サフィニア’は，長期の連続開花性，強健性，耐雨性をもっており，日本だけでなく世界にも広く普及した。

6 種子繁殖性花卉の育種

種子繁殖で植物を増やす一・二年草の花卉には，自殖により種子繁殖する自殖性植物（self-fertilizing plant）と，自然交雑で他殖により種子繁殖する他殖性植物（cross-fertilizing plant）がある。

他殖性植物では，数代にわたって自殖や近親交配をくり返すと植物体が虚弱な生育を示す，近交弱勢（inbreeding depression）があらわれる。逆に弱勢化した近交系統同士を交配すると，雑種第一代の植物の生育が目立って旺盛になる雑種強勢（hybrid vigor）があらわれる。

❶自殖性花卉の育種

同じ個体の花粉を雌しべに受粉して種子をとることを自殖という。自殖性花卉には，スイートピー，キンギョソウ，アサガオなどがある。

自殖性花卉の遺伝的な斉一性を確保するには，優良個体を選抜し，自殖をくり返すことによってホモ化して，遺伝的に分離しない固定系統（純系）をつくる純系選抜法（pure line selection）が用いられる。得られた品種を固定品種という。

❷他殖性花卉の育種

おもに他家受粉によって生殖を行なう他殖性花卉には，ペチュニア，ハボタンなど自家不和合性（self-incompatibility）のものや，サクラソウのように異型花柱性（heterostyly）のものがあり，純系をつくることが困難なことが多い。

そこで，集団内で自然に放任受粉させて種子をとり，それから次世代をつくって優良個体を選抜し，再び放任受粉をくり返して目的に合った優良個体を選抜する，集団選抜法（mass selection）が用いられる。

遺伝的純度を高めすぎると，近交弱勢が生じるため，なるべく自殖を行なわず，兄弟交配などで遺伝的多様性をある程度保持しながら，目的の形質の改良をすすめる必要がある。

❸雑種強勢（一代雑種）育種

雑種強勢（hybrid vigor）とは，ある特定の組み合わせの両親間の品種間交雑や系統間交雑によって得られた雑種第一代（first filial generation; F_1）が，両親よりも優れた形質を示す現象であり，ヘテロシス（heterosis）ともよばれる。この性質を利用して F_1 の種子を育成・利用するのが，雑種強勢育種法である。

花卉では，花の大輪化，多花化，均一な生育・開花，観賞期間拡大などがはかれるので，利用価値が大きい（注7）。F_1 品種化がすすんだ背景には，観賞価値だけでなく，高発芽率，均一性，雑種強勢による旺盛な生育など，高品質な F_1 種子の生産ができるようになったことがある。また，F_1 品種は自家増殖できないので，親を確保しておけばその品種の種苗権が確保できる。これは民間種苗会社にとって大きな利点となっている（F_1 品種の採種は本章Ⅱ-1-4-②参照）。

〈注7〉
花卉の最初の F_1 品種は，1909年にドイツのベナリー社から発表されたベゴニア・センパフローレンスの品種である。その後，ペチュニア，パンジー，トルコギキョウ，キンギョソウ，ヒマワリ，マリーゴールド，ハボタンなどに広がり，現在，民間育種の中心的育種法になっている。

7 突然変異育種法

突然変異（mutation）とは，何らかの原因でDNA塩基配列が変化し，それにともない，表現形質がかわることであり，突然変異育種法は，偶発的または人為的につくった突然変異体から，目的の特性をもっているものを選抜する育種法である。花卉では，花色をはじめ，一重・八重などの花型，高性・わい性などの草姿，葉の斑入りなどが期待でき，突然変異育種がさかんに行なわれている。

❶自然突然変異（natural mutation）の利用

偶発突然変異（spontaneous mutation）ともいい，自然環境で生育している植物におこる突然変異のことである。自然突然変異がおこる確率はきわめて低いが，大量に栽培されている植物のなかから，花色などの突然変異が発見される例は多い。花卉園芸の発達は，世界的な規模で，長年にわたって有用な自然突然変異を集積･利用してきたことに大きく負っている。

キク，バラ，カーネーションなどの栄養繁殖性の花卉は，遺伝的に固定する必要がないので，自然突然変異の枝変わり（注8），とりわけ花色の枝変わりによって生まれた品種が多数ある（注9）。なお，枝変わりの発生程度は品種間差が非常に大きい。

〈注8〉
茎や枝の成長点の細胞（茎頂分裂組織）が突然変異をおこし，元の茎や枝とちがう性質を示すようになること。芽条変異ともいう。

〈注9〉
たとえば，1939年にアメリカで育成されたカーネーションの赤色スタンダード系品種‘ウィリアムシム’は，花色が非常に枝変わりしやすい性質があり，シム系品種群とよばれる300種類以上の枝変わり品種が生まれている。バラでも枝変わりが品種改良に重要な役割をしている。たとえば，四季咲きの栽培バラから，「つるバラ」とよばれる，枝がつる状に伸びる一季咲きバラが枝変わりでできることが知られている。

江戸時代の「変化（変わり咲き）朝顔」

わが国では，江戸時代後期に多彩な花色や模様，形の花を咲かせる，変化（変わり咲き）朝顔とよばれる，自然突然変異体が多数育成された。

出物（でもの）（観賞価値の高い不稔の劣性変異体）の変化朝顔は，その変異をヘテロ接合にもつ株が自家受粉した種子から，メンデルの遺伝法則にしたがって分離する。江戸時代の栽培家は優れた観察眼があり，子葉や本葉の形と花の形には相関があること，不稔の出物は親木とよばれる採種用の兄弟株から再現することを知っていたようである。

近年，九州大学，基礎生物学研究所，筑波大のグループで分子生物学的研究がすすめられ，変化朝顔の変異の多くが，染色体上を自由に移動するので「動く遺伝子」ともよばれるトランスポゾンが遺伝子に挿入されることによる，劣性変異であることが解明された（図3-Ⅰ-7）。

キメラ（chimera）

キメラとは，頭は獅子，胴体は山羊，尾は蛇の形をしたギリシャ神話に登場する想像上の動物のことである。生物学上は，遺伝的にちがう複数の組織あるいは細胞が同一個体に混在していることをキメラとよぶ。その形態や構造によって，ちがう遺伝情報をもつ組織や細胞が層をつくって重なる周縁キメラ（periclinal chimera），縞状に分布する区分キメラ（sectorial chimera），区分キメラと周縁キメラが組み合わさった周縁区分キメラ（marginal sectorial chimera）に分けられる。

最も安定しているのは周縁キメラで，栄養繁殖によってキメラ構造を永続的に維持することができるので，花卉園芸上重要である。キク，カーネーションなどでよくみられる花色の突然変異は，茎頂分裂組織近くの１つの細胞におこった突然変異が成長につれて拡大してできる。

❷人為突然変異育種

人為突然変異（induced mutation）は，γ 線，X 線，軟 X 線（注 10），中性子線，イオンビームなどの放射線や，エチルメタンスルホン酸（EMS），アジ化ナトリウム，ニトロソ化合物などの化学物質を用いて突然変異を人為的に誘発させ，有用な個体を選抜する育種法である（注 11）。

図 3 - I - 7　変化朝顔の花（雄ずい・雌ずいが花弁化した牡丹咲き）
左：黄抱常葉紅覆輪丸咲牡丹，右：青水晶斑入弱渦柳葉淡藤爪覆輪采咲牡丹

突然変異が誘発される細胞はキメラ状にあらわれ，大部分は劣性なので，誘発された変異を効率的に選抜するための育種方法が考案されている。種子繁殖花卉では，種子や受精胚に処理するほか，生体に緩照射して生殖細胞に突然変異をおこす方法もある。栄養繁殖性花卉では，種子のほかに，挿し穂などの成長点に化学物質などの突然変異原を処理する。

花卉では，キクの放射線育種は重要な育種法になっており，オランダでは多くの民間育種業者がとりいれている。

〈注 10〉
波長が約 0.1 ～ 50nm と比較的長く，透過力の弱い X 線。おもに，医療診断や金属材料の検査に利用されている。

〈注 11〉
日本では 1960 年に，放射線育種の基礎研究を目的とした農林水産省放射線育種場（現 農業生物資源研究所 放射線育種場）が創設され，おもに γ 線照射による突然変異誘発の研究がすすめられてきた。

❸人為突然変異育種の利点と問題点

人為突然変異育種は，①原品種の優良な遺伝的構成をほとんどかえることなく，特定の形質のみの改良が可能，②交雑育種がしにくい，栄養繁殖性植物や単為生殖性植物などの品種改良に役立つ，③これまでにはなかった新しい遺伝子型構成のものが得られる可能性がある，などの利点がある。

問題点は，①有用形質の出現率が低い，②誘発された変異の方向性が乏しく，誘発部位の制御ができない，③劣性方向への突然変異がほとんどである，などである。

咲き分け

サツキ，ツバキなどの花木やアサガオ，オシロイバナなどの草花で，１本の樹や株に色ちがいや斑入りの花が混ざって咲く品種があり，この現象を咲き分けという。アサガオの咲き分けは，トランスポゾンが原因でおこることが知られている。

たとえば，花の色素合成にかかわる遺伝子にトランスポゾンが挿入されると，色素が合成されなくなり，白い花弁になる。しかし，成長の途中でトランスポゾンが離脱すると，その遺伝子が野生型に復帰し，正常に色素を合成できるようになるので，咲き分けになる。そのほか，ウイルスなどが原因になることもある。

図3-Ⅰ-8
イオン加速器（理研リングサイクロトロン）
（写真提供：(独) 理化学研究所）

放射線や化学物質の利用は強さ（線量や濃度）が重要であり，弱ければ変異のでる割合はたいへん低率になり，強すぎると障害で枯死する。また，突然変異率は種類によって大きくちがうので，事前の予備調査が必要である。

❹イオンビーム育種

1990年代から，イオンビーム（ion beam）（注12）が注目されている。γ線やX線などより局所的に大きなエネルギーを高密度に与えることができ，γ線などでは得られなかった新しい花色や花型の変異が高い頻度で誘発されるなど，変異が多様なことも特徴の1つである（注13）。

とくに花卉では，新しい変異が高く評価されるので，多くの種類でイオンビーム育種が利用されている（注14）。最近では，白系秋輪ギクの主力品種‘神馬’の改良に利用され，わき芽が少ないため芽摘みの労力が省ける無側枝性の‘新神’，‘新神’にイオンビームを再照射して低温開花性を付与した‘新神2’が育成されている。

〈注12〉
イオンビームは，イオン加速器（図3-Ⅰ-8）を使って，炭素原子やネオン原子などから電子をはぎとったイオン粒子を光に近い高速度まで加速し，ビーム状にしたもの。

〈注13〉
イオンビームを用いた植物実験は，理化学研究所加速器施設，日本原子力研究所高崎研究所などで行なわれている。

〈注14〉
これまでに，新しい花色のキク，カーネーション，トレニア，斑入り葉のペチュニア，不稔化して花持ちが向上したバーベナなどが育成されている

8 倍数体育種（polyploidy breeding）

❶ゲノム数と倍数性，倍数体

ゲノム（genome）とは，生物がもつ全遺伝情報の1セットのことで，生物の生存に必要な設計図の最小セットのことである。生殖細胞（n）の1組の染色体は1ゲノムをもつ一倍体であり，植物の体細胞（$2n$）の1組の染色体は2ゲノムをもつ二倍体が一般的である。

染色体数がゲノム単位で変化することを倍数性（polyploidy）といい，ゲノムの数が3，4，5の場合をそれぞれ三倍体（triploid），四倍体（tetraploid），五倍体（pentaploid），三倍体以上をまとめて倍数体（polyploid）という（注15）。

なお，1ゲノムの染色体数を基本染色体数といいxで示し，倍数性は基本染色体数の倍数なのでx，2x，3x……というようにあらわす。体細胞（$2n$）の倍数性と染色体数の関係は，たとえばカーネーションは，染色体基本数が$x = 15$であり，栽培品種は二倍体なので，「$2n = 2x = 30$」とあらわす。

図3-Ⅰ-9
チューリップの三倍体（左）と二倍体（右）（写真提供：辻俊明氏）

❷倍数体育種

染色体数が倍加すると，花は大輪に，茎葉は強勢でやや大きくなり，観賞価値が高くなるので，倍数体育種は花卉では重要な育種法である（図3-Ⅰ-9）。

倍数体をつくるには，コルヒチン水

〈注15〉
動物の倍数性はきわめてまれであるが，植物では多くの種で倍数性がみられ，自然にできた倍数体も多い。たとえば，日本に自生するキク属野生種は，染色体基本数が$x = 9$であるが，キクタニギクなどの二倍体（$2n = 2x = 18$）から，ナカガワノギクなどの四倍体（$2n = 4x = 36$），ノジギクなどの六倍体（$2n = 6x = 54$），シオギクなどの八倍体（$2n = 8x = 72$），イソギクなど十倍体（$2n = 10x = 90$）までの広い倍数性がある。

溶液処理（注16），笑気ガス処理（注17）による方法がある。

ただし，生育が緩慢になって晩生化し，収量が低下したり，不稔性になることがあり種子がとりにくくなる欠点がある。

改良がすすんだ花卉では，四倍体や三倍体など倍数体の品種が多くみられる（注18）。三倍体は花粉が不稔になるため，自家受粉による花の老化がおさえられる。花壇用花卉では，種子ができないので株の消耗がおさえられ，開花期間が長くなることが期待される。

9 バイオテクノロジー（biotechnology）

オールドバイオテクノロジーとよばれる組織培養（tissue culture），胚培養（embryo culture），胚珠培養（ovule culture），子房培養（ovary culture）などの培養技術と，ニューバイオテクノロジーとよばれる遺伝子組換え（genetic recombination），細胞融合（cell fusion）などの技術がある。花卉では，組織培養技術が種苗生産と育種で広く普及している。

❶遠縁交雑育種

○遠縁交雑育種とは

種間や属間では，通常の交雑法では結実しないことが多いが，組み合わせによっては雑種ができる場合があり，その雑種を利用する育種法を遠縁交雑育種（種属間交雑育種）という。花卉は，この方法で育成された品種が多いことが特徴である。品種間交配より大きな変異を利用できる利点があるが，遠縁で交雑するため種子が得にくいほか，できた雑種も不稔性になりやすい欠点がある。

不稔性は，コルヒチンなどを用いた倍数体化処理で，雑種を複二倍体化（注19）すると稔性を回復できることが多い。これ以外にも，交雑障壁を克服するためのさまざまな方法が試みられている。

○受精前障壁（prefertilization barrier）の克服法

ユリは花柱が長いため，異種間では，受粉しても花粉管が花柱内で伸長を停止し，受精が行なわれないことが多い。しかし，花柱を切断して短くし，花粉を子房に近い場所につけてやると受精が行なわれ，受精胚を得ることができる。

この受粉方法を花柱切断受粉法（intrastyler pollination technique）という。花柱切断受粉法では未熟胚になることが多いが，胚培養技術と組み合わせる方法が種間雑種育成に利用されている。

このほか，橋渡し種の利用や，植物ホルモン処理，メントール花粉法が有効な場合もある（注20）。

○受精後障壁（postfertilization barrier）の克服法

受精しても種子に成長しない胚をとりだし，人工培地で培養して雑種個体を得ることを胚救助という。胚培養，胚珠培養，子房培養などの方法がある。

たとえば，図3-I-10のジニア‘プロフュージョン’は，通常の交配では後代を得ることができないジニア・エレガンスとホソバヒャクニチソウの種間雑種だが，胚珠培養によって種子を得て育成された品種である。

〈注16〉
イヌサフランの種子や鱗茎に含まれている，強毒性のアルカロイド。この水溶液に，成長点など植物体の一部を浸漬して倍数体をつくる。

〈注17〉
亜酸化窒素（N_2O）ガスなど，麻酔作用があるガスを笑気ガスという。笑気ガスを，生育している植物の細胞分裂時期に直接作用させて，倍数性化した花粉や種子を得る。

〈注18〉
ベゴニア・センパフローレンス，シクラメン，コスモス，ポインセチア，パンジー，コチョウランなどでは四倍体品種が実用化している。マリーゴールドでは，アフリカン・マリーゴールドとフレンチ・マリーゴールドとの種間雑種の三倍体 F_1 品種が育成されている。アルストロメリア，アマリリス，ユリ，チューリップ，アイリス，スイセン，ヒアシンスなどの球根類では四倍体や三倍体品種がみられる。ダリアの園芸品種は八倍体である。

〈注19〉
２種類のゲノムをもつ四倍体のこと。たとえば，ゲノム構成ＡＡとＢＢを交配すると不稔性のＡＢができる。これを倍数体化処理してＡＡＢＢと複二倍体化することで稔性が回復される。

〈注20〉
橋渡し種の利用：通常の交配では種間交雑できない場合，あいだに両種と交雑可能な別の種（橋渡し種）をいれることにより，形質の導入が可能となることがある。花卉では曜白朝顔の育成に利用された例がある。
植物ホルモン処理：受粉時の子房へ植物ホルモンを処理して，交雑率を高めている例がある。
メントール花粉法：交雑不和合性の花粉と，アルコール処理や放射線処理によって受粉能力を消失させた和合性の花粉を混合して受粉させる方法。

図3-Ⅰ-10
種間交雑で育成されたジニア‘プロフュージョン’

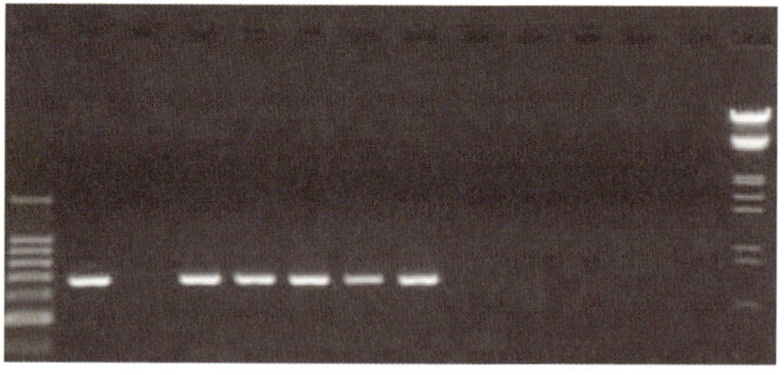

図3-Ⅰ-11
カーネーション萎凋細菌病抵抗性遺伝子に連鎖したSTSマーカー
N：農1号，P：‘プリティファボーレ’，1〜5：抵抗性個体，6〜10：感受性個体，R：抵抗性，S：感受性，M：分子量マーカー

STS（sequence tag site）とは，DNA上の特定位置にある特異的な配列タグ部位をいい，STSマーカーとは，DNA上のSTSの多型（遺伝子型のちがう個体）の有無の判定に利用できるDNA領域をいう。

図3-Ⅰ-12
萎凋細菌病抵抗性カーネーション‘花恋ルージュ’

❷DNAマーカー（DNA marker）選抜

○DNAマーカー選抜育種

「生命の設計図」といわれるゲノムは，DNAの4つの塩基（A:アデニン，G:グアニン，C:シトシン，T:チミン）が線状にならんだものである。品種，系統，個体間で，この塩基のならびには少しずつちがいがある。そのちがいを目印（マーカー）にして，品種・系統を識別したり，ゲノム上の配置を調べることができる。目的の形質の遺伝子か，それに強く連鎖しているDNA配列を解析して選抜を行なう育種技術がDNAマーカー選抜（marker assisted selection）である。

微量のDNAを抽出すれば行なえるので，幼苗時でも選抜が可能である。とくに，病虫害抵抗性のように検定に時間と多くの労力が必要な形質では，選抜効率を高めるうえで有用である。また，従来の選抜のように，環境による影響を受けないので，正確な選抜が可能である。欠点は，DNAマーカーの開発には，目的形質の分離集団の作成と形質評価，DNA解析など，コストと時間がかかることである。

DNAマーカー選抜育種は，イネなど主要作物では積極的に行なわれているが，花卉は種類がきわめて多く1種類当たりの産業規模が小さいため，多くの研究費を必要とするマーカー研究への取り組みは世界的にも少なかった。しかし，近年は増加しており，育種効率の向上が期待される。

花卉のDNAマーカー育種の例としては，農研機構花き研究所によるカーネーション萎凋細菌病抵抗性品種‘花恋ルージュ’の育成がある（注21）。

また，岩手生物工学研究センターでは，リンドウの花色育種にピンク花や白花，青花を判別できるDNAマーカーを利用している。

○品種識別マーカー

種苗流通の国際化が急速にすすむなかで，とくに，栄養繁殖性の花卉は簡単に苗を増殖することができるので，育成者権の侵害が増えている。そ

〈注21〉
カーネーション萎凋細菌病抵抗性に連鎖したDNAマーカーの開発によって（図3-Ⅰ-11）抵抗性個体選抜を効率化し，野生種*Dianthus capitatus*のもつ強い抵抗性遺伝子をカーネーションに導入し，強い抵抗性をもった新品種‘花恋ルージュ’を2010年に育成した（図3-Ⅰ-12）。

遺伝子組換えによる青色品種の育成

サントリー（株）は青い花卉の開発に取り組み，カーネーションはペチュニア由来，バラはパンジー由来の *F3', 5' H* 遺伝子を遺伝子組換えで導入し，青色色素デルフィニジンを合成する能力をもつ，青紫色のカーネーション‘ムーンダスト’と青いバラ‘アプローズ’を育成し市販している。

キクは，農研機構花き研究所とサントリー（株）との共同研究で，カンパニュラ由来の *F3', 5' H* 遺伝子をアグロバクテリウム法〈注〉で導入すると，キクに含まれる赤色色素の約 95% が青色色素になり，元品種の桃色の花色が青紫色に変化したキクの育成に成功した（図３-Ⅰ-13）。

近年では，千葉大学と石原産業の研究グループで，ツユクサ由来の青色遺伝子を導入した青いコチョウラン，青いダリア，新潟県とサントリー（株）の研究グループで，カンパニュラ由来の青色遺伝子を導入した青いユリの開発に成功している。

〈注〉アグロバクテリウムという土壌細菌が，植物に寄生するときに植物の細胞に自身の遺伝子を導入する性質を利用した遺伝子導入法。アグロバクテリウムのプラスミド（染色体とは別に複製・増殖する遺伝因子）に目的とする有用遺伝子を結合させ，アグロバクテリウムを植物に感染させることで，植物に目的とする遺伝子を導入することができる。

の侵害の判断を容易にするため，DNA マーカーによる品種識別技術の開発がすすんでいる。わが国では，キク，バラ，カーネーション，リンドウなどで研究がすすんでいる。

❸遺伝子組換え

○遺伝子組換えの利用

花卉の遺伝子組換え（genetic recombination）研究は，さまざまな種類，形質について取り組まれているが，最もすすんでいるのは，従来の育種法では作出が困難だった花色の開発である。

キク，バラ，カーネーション，ユリなどは，青色のアントシアニン色素であるデルフィニジンを生成するのに必要な，フラボノイド 3', 5' 水酸化酵素（*F3', 5' H*）遺伝子がないので青色の品種はできない。しかし，遺伝子組換えによって，青色色素を合成できる遺伝子を導入して，青い品種がつくられている（コラム参照）。

花色以外にも，花の寿命の延長，花形，草姿の改変などの研究もすすんでいる。さまざまな生命現象のメカニズムが解明され，関連遺伝子の単離がすすめば，遺伝子組換えの花卉への適用範囲はますます広がると考えられ，今後の研究の発展が期待されている。

○遺伝子組換えの問題点

ただし，遺伝子組換え花卉を実用化するにあたっては，さまざまな課題がある。環境への安全性評価（注 22）や，特許問題がさけて通れず，これらの問題を解決して商品化するには多くの経費が必要である。

過去に，ウイルス抵抗性ペチュニア，色変わりトレニア，花持ちが長くなったカーネーション，ウイロイド抵抗性キクなどの遺伝子組換え花卉が開発され，実用化に向けた安全性評価が行なわれたが，投資にみあう収益が見込めないことから，商品化されなかった。

図３-Ⅰ-13
遺伝子組換えで育成された青紫色のキク
左：元の桃色品種‘太平’，右：青色色素デルフィニジンを蓄積する組換え体
（写真提供：野田尚信氏）

〈注 22〉
わが国で遺伝子組換え花卉を栽培する場合，生物多様性に影響するおそれがないことを，「カルタヘナ法（遺伝子組換え生物等の使用等の規制による生物の多様性の確保に関する法律）」にもとづいて，科学的な評価を行ない（具体的には，①競合における優位性，②有害物質の産生性，③交雑性など），承認されたもののみが栽培できる仕組みになっている。

2 品種育成

1 品種とは

同一種の栽培植物や飼育動物で，その遺伝的な形態や性質が他と区別される個体群を品種（cultivar）とよぶ。「種苗法」（第二条，第三条）では，①他の品種と識別できる特性をもち（区別性），②どの株も同じ特性をもち（均一性），③通常使われている繁殖方法でくり返し増殖して同じ特性が維持される（安定性）植物体の集合と定義されている。

2 新品種の保護

新品種の育成には，膨大な年月と労力，経費がかかる。育成された品種は特許などと同様に，知的財産権として育成者の権利を保障し，保護する仕組みが必要である。

1961年に植物の新品種の国際的な保護制度を定めた「植物の新品種の保護に関する国際条約（以下UPOV条約，Union internationale pour la protection des obtentions végétales = International Convention for the Protection of New Varieties of Plants）」が採択された。日本では，1978年から種苗法にもとづく品種登録制度が開始され，1982年にUPOV条約を締結した（注23）。

育成者は品種登録を行なうことで，育成者権が与えられ種苗法のもとで権利が保護される。品種登録の有効期限は25年（果樹，材木，観賞樹などの永年性植物は30年）である。

3 品種登録の出願から登録まで

品種を登録するには，農林水産大臣に品種登録出願を行なう。品種登録には，前述した品種に必要な3つの要件（①区別性，②均一性，③安定性）に加えて，④未譲渡性（注24），⑤名称の適切性（注25）のすべてを満たすことが必要である（種苗法第四条）（注26）。

出願には，説明書，特性表，写真などが必要で，育成者は，出願前に特

〈注23〉
UPOV条約は1991年，種苗法は1998年に改正され，育成者の保護が大幅に強化された。

〈注24〉
出願日から1年以前に出願品種の種苗や収穫物を譲渡していないこと。

〈注25〉
既存の品種名称や登録商標と重複せず，誤認や混同のおそれがないもの。

〈注26〉
出願書類などは，農林水産省品種登録ホームページ（http://www.hinsyu.maff.go.jp/）から入手することができる。

花卉の品種数

農林水産省の統計資料によると，2014年3月31日までの累計出願品種数は29,305品種，このうち草花類18,152品種（62%），観賞樹5,035品種（17%）であり，花卉で全体の79%をしめている。ただし，草花類の36%（6,557件），観賞樹の53%（2,673件）がオランダ，ドイツ，アメリカなどを中心とした海外からの出願である。花卉の品種育成が国の内外でさかんに行なわれていることがわかる。

出願者の業種別内訳でみると，食用作物では，都道府県，国の出願がそれぞれ49%，29%と，公的機関合計で8割近くをしめているが，草花類，観賞樹では種苗会社からの出願がそれぞれ61%，59%と最も多く，次に個人がそれぞれ29%，35%であり，種苗会社と個人で約9割をしめている（表3-Ⅰ-1）。年間出願件数は，2013年度で草花類627品種，観賞樹185品種である。

「花き品種別流通動向分析調査」（一般財団法人日本花普及センター，2009年）によると，市場に入荷する品種数は，キク約4,000，バラ約1,900，カーネーション約1,700と，非常に多くの品種が流通しており，わが国は世界にも類をみない品種多様国である。

表3-Ⅰ-1　品種登録の作物別出願件数，外国で育成された品種の出願件数，業種別割合（2014年3月31日現在）

作　物	総出願件数	作物別の割合（%）	外国育成品種の出願		出願者業種別割合（%）					
			出願件数	割合（%）	個人	種苗会社	食品会社等	農協等	都道府県z	国y
食用作物	1,469	5.0	43	2.9	8.4	4.3	8.9	1.4	48.5	28.5
野　菜	1,875	6.4	101	5.4	15.9	34.6	14.2	2.4	25.0	7.9
果　樹	1,528	5.2	122	8.0	43.0	16.4	4.2	3.7	21.1	11.6
草花類	18,152	61.9	6,557	36.1	28.8	61.3	3.7	1.4	4.2	0.6
観賞樹	5,035	17.2	2,673	53.1	35.4	59.0	2.7	0.0	2.0	0.9
その他	1,246	4.3	23	1.8	－	－	－	－	－	－
合　計	29,305	100	9,519	32.5	－	－	－	－	－	－

注）1. 農林水産省品種登録ホームページの統計資料（http://www.hinsyu.maff.go.jp/tokei/tokei.html）にもとづき作成
　　2. z：都道府県には市町村を含む　y：国には，国立学校法人，独立行政法人を含む

性調査などを行ない，出願に必要なデータの収集が必要である。出願後，出願書類に不備はないか，品種名称は適切かなどを確認するため，書類審査が行なわれ，受理されると出願公表される。

出願品種が品種登録の要件を満たしているか否かについて，実際に栽培して調査し（特性審査），要件を満たすと判断されると品種登録され，出願者に通知される。

4 民間種苗会社の品種育成

❶特徴

わが国には多くの民間種苗会社があり，F_1品種などを中心に品種育成を行なっており（注27），とくに種子繁殖性花卉の育種蓄積は大きい。大量流通する種子でも，必要なときに必要な量を安定供給できる技術や体制が整っていることも，日本の民間種苗会社の強みである。多くの花卉の育種と種苗生産を行なう総合種苗会社と，キク，バラ，ランなど，特定の種類に特化して育種と種苗生産を行なう専門種苗会社がある。

商業的な種子生産は，採種が安定していて生産効率の高いことが必要であり，おもに海外の適地に委託して行なわれている（注28）。

❷動向と課題

種苗会社は，近年きびしい国際競争にさらされており，利益の上がる市場規模の大きい特定花卉（注29）に育種対象をしぼる傾向にある。そのため，採算がとれにくい少量販売の花卉の育種が少なくなるなど，総合的な花卉育種力の低下が指摘されている。また，新品種を開発すれば売れるという時代は終わり，どのように需要拡大をはかるかが課題になっている。

生産者への提案だけでなく，消費者の好みを反映した品種開発を行ない，開発した新品種をアピールするため，競合各社が同時期に近接した地域で展示栽培，宣伝を行なう，品種展示会やフィールドトライアルの開催も年々さかんになっている（図3-Ⅰ-14）。

〈注27〉
わが国は，キク，トルコギキョウ，ヒマワリ，デルフィニウム，スターチス，アスター，ペチュニア，パンジー，ビオラなどの育種力が高い。

〈注28〉
チリ，中国，アメリカなどが採種の中心地である。

〈注29〉
花壇苗ではパンジー，ビオラ，ペチュニア，切り花ではトルコギキョウ，ヒマワリなど。

図3-Ⅰ-14
種苗会社の草花品種展示会のようす

図3-Ⅰ-15
「フロリアード2012」切り花部門1席になったトルコギキョウ‘貴公子’

図3-Ⅰ-16
生産者育種で育成されたダリア‘黒蝶’

図3-Ⅰ-17
富山県育成のチューリップ‘春のあわゆき’
(写真提供：辻俊明氏)

5 生産者による品種育成

わが国の花卉育種の特徴の1つとして，生産者育種が活発に行なわれていることがある。

一例をあげると，トルコギキョウは，昭和30（1955年）年代には紫1色の一重の花のみで，品種はなかった。長野県，千葉県，静岡県，高知県などの生産者が，栽培のかたわら育種に取り組み，長い年月をかけて白，ピンク，覆輪系，グリーン，茶，八重咲きなどの品種を育成し，さらに民間種苗会社へ育種素材を提供したことが，今日，わが国がトルコギキョウ育種の世界的な中心地になる元になった（注30）。

シクラメンも昔から生産者育種がさかんで，生産者が選抜をくり返すことで品種育成が行なわれてきた。そのほか，ダリア，ラナンキュラス，アジサイ，ストックなど多くの花卉で，生産者育種が大きな成果をあげている（図3-Ⅰ-16）。民間種苗会社であまり育種されていない，ラン類，観葉植物，球根植物，生産の少ないマイナー花卉では，とくに生産者育種のメリットが大きい。

わが国の生産者育種で育成された品種を海外へひろめていく，「知財輸出」の取り組みがはじまっている（注31）。

6 公的機関の品種育成

都道府県の公的機関では，都道府県のブランド化の推進や他産地産と差別化をはかるため，地域特産花卉を対象に独自にオリジナル品種の育成を行なっている（注32）。

生産者が新品種の選抜や，現地適応性検定に参加することも多い。都道府県で育成された品種の許諾先（種苗供給先）は，育成元の都道府県内のみに限定し，県外許諾が認められていない品種も多い。ただし，季節による出荷量の増減を防ぐためや品種の知名度アップなどのため，キクなどで県外許諾を行なったり，カーネーションで他産地とリレー栽培を行なう例もある。

一方，長期的かつ全国的視点からみて国が行なうべき品種育成であるが，立地などの理由から公的試験研究機関などに委託して実施するものを指定試験事業といい，事業実施地を指定試験地とよんでいる。

〈注30〉
2012年4～10月にオランダで開催されたフェンロー国際園芸博覧会（フロリアード2012）の品種コンテストでは，日本の生産者育種による育成品種が多数入賞するなど，国際的にも高い評価を得ている（図3-Ⅰ-15）。

〈注31〉
先駆的には，群馬県の生産者が育成したオステオスペルマムの品種が，2004年前後のピーク時には，北米やヨーロッパに年間1000万本以上という規模で生産・販売された例がある。

〈注32〉
愛知県，福岡県，鹿児島県のキク，愛知県，長崎県，香川県のカーネーション，秋田県，宮城県，山口県，鹿児島県のユリ，宮崎県，愛媛県のデルフィニウム，神奈川県，宮崎県のスイートピー，和歌山県のスターチス・シヌアータ，岩手県のリンドウ，富山県，新潟県のチューリップ，茨城県のグラジオラス，埼玉県のシクラメン，群馬県，島根県，栃木県のアジサイ，静岡県のマーガレットなどで注目すべき品種育成例がある。
たとえば，富山県は，1951年から2010年までチューリップ育種の指定試験地として育種を行なってきた長い歴史があり，2013年までに31品種を育成している（図3-Ⅰ-17）。最近は病害抵抗性（球根腐敗病，微斑モザイク病，条斑病），新規性，促成適応性をおもな育種目標としている。

7 独立行政法人の品種育成

農研機構の研究機関では，2015 年現在，花き研究所，北海道農業研究センターの 2 カ所で，花卉の育種研究を行なっている。地方の公的研究機関や種苗会社ではできにくい，先導的技術開発を行なうのが役割である。

具体的には，①花卉遺伝資源の収集・保管，病害抵抗性，花持ち性などを改良した新しい品種群の先駆けになるパイロット品種の開発，②遺伝子組換え，DNA マーカー利用育種など先進的，基礎的な育種技術の開発，③遺伝資源を利用した優秀な国産品種育成のための育種素材の開発，などである。

おもな育成品種には，国立研究機関（農林水産省野菜・茶業試験場）であった時代に，野生種のイソギクとスプレーギクの種間交雑によって 1985 年に育成した，小輪多花性の品種‘ムーンライト’がある（注 33）。

花き研究所では，老化時のエチレン生成量がきわめて少なく，従来品種の約 3 倍という優れた花持ち性のあるカーネーション‘ミラクルルージュ’（図 3 - I - 18），‘ミラクルシンフォニー’を 2005 年に育成した（注 34）。同様に生物資源研究所では，遺伝資源センター放射線育種場で放射線照射技術を用いた花卉の新品種育成を行なっている。

〈注 33〉
イソギクの形質を導入した種間交雑品種は，イソ系スプレーギクと総称され，沖縄県を中心に普及し，1～3月に出荷される重要な切り花になった。

〈注 34〉
このほか，「1. 育種技術」の項で紹介した，カーネーション萎凋細菌病抵抗性品種‘花恋ルージュ’（花き研究所），芳香性アリウム‘ブルーパフューム’，‘スカイパフューム’（北海道農業研究センター）の育成もある。

図 3 - I - 18
花持ち性に優れているカーネーション‘ミラクルルージュ’（中央）と通常の品種（両端）
‘ミラクルルージュ’は収穫 18 日後でもしおれていない

Ⅱ 繁殖

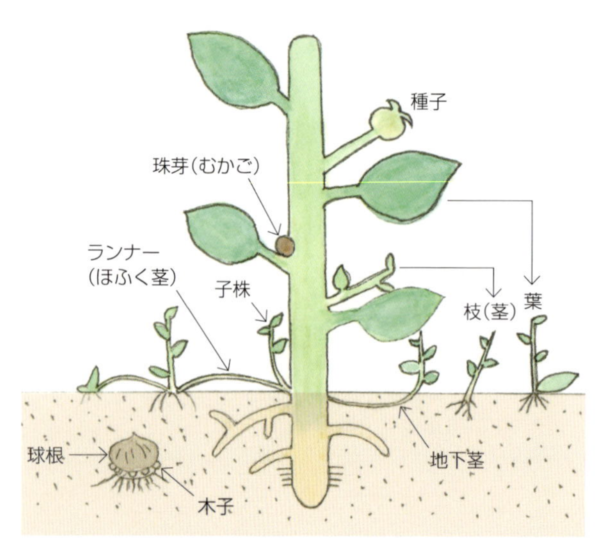

図 3-Ⅱ-1　植物の増殖部位

花卉の繁殖は，有性生殖による種子繁殖（seed propagation）と無性生殖による栄養繁殖（vegetative propagation）に分けられる。後者には，株分け，分球，挿し木，取り木，接ぎ木などがあり，植物のさまざまな部位が利用される（図 3-Ⅱ-1）。また，シダ類では胞子による繁殖（無性繁殖）も行なわれる。さらに，組織培養による大量増殖も繁殖方法に含まれ，一部の花卉では種苗生産の方法として確立されている。

花卉は種類が多く，実用的な繁殖方法は種類によってちがうが，宿根草，球根類，花木など雑種性が高いものは，種子繁殖すると親と同じ遺伝子型の子ができないので，栄養繁殖によって増殖するものが多い。

これに対し，一・二年草は種子繁殖される。

1 種子繁殖

種子繁殖（seed propagation）は最も基本的な繁殖方法で，比較的容易に大量の苗を生産することができる。一・二年草だけでなく，アネモネ，ラナンキュラス，シンテッポウユリ，キキョウなど球根類や宿根草のなかにも，おもに種子繁殖するものがある。

また，増殖は栄養繁殖されているキク，バラ，カーネーションなどの宿根草や花木類，ユリ属，チューリップなどの球根類も品種改良や台木の生産には種子繁殖を行なう。

1 種子の発芽

種子が発芽するためには，水分，温度，酸素が必要である。また，種類によっては光条件に加えて，休眠などの生理的要因も発芽に深く関係している（第 2 章Ⅱ-2-2 参照）。

❶水分

種子の発芽には，十分な吸水が必要である（注 1）。吸水すると種子は膨潤し，種皮が破れやすくなる。種子の貯蔵物質ではタンパク質の膨潤が最大で，次いでデンプン，セルロースである。したがって，タンパク質を多く含むマメ科植物の種子は，重量の 80 ～ 120% も吸水し，いちじるしく膨張する。

吸水して種皮がやぶれるとさらに水分を吸収し，呼吸量が増えるととも

〈注 1〉
種子の吸水過程は三相に分けられ，機械的な吸水時期である A 相，吸水量がほぼ平衡状態にあるが発芽のための物質代謝が行なわれる B 相，発芽後の生育期に再度吸水量が増加する C 相の順に経過する。

表3-Ⅱ-1　種子の発芽適温（腰岡，2014）

発芽適温	花卉の種類
10～15℃	アルメリア・マリティマ，ジギタリス，ラバンデュラ属など
15～20℃	アネモネ，カンパニュラ，キキョウ，キンギョソウ，クリサンセマム，シクラメン，シネラリア属，シャスタ・デージー，スイートピー，ゼラニウム，ダリア属，デージー，デルフィニウム属，プリムラ・ポリアンタ，プリムラ・マラコイデス，ラナンキュラス，ルピナス属，ワスレナグサなど
20℃前後	アスター，イソトマ，エキザカム，ガザニア，カルセオラリア，カレンジュラ，キンギョソウ，コスモス，ゴデチア，ジプソフィラ，スカビオサ，スターチス，ストック，セントーレア，ダイアンサス，バーベナ，パンジー，ビオラ，ヒポエステス，フロックス，ベニバナ，ホウセンカ，ミムラス，ルドベキアなど
20～25℃	アゲラタム，アマランサス，インパチエンス，オキシペタラム，オシロイバナ，ガーベラ，カランコエ属，クロタネソウ，コキア，サルビア属，ジニア属，センニチコウ，トルコギキョウ，トレニア，ニチニチソウ，ハイビスカス，ハボタン，ヒマワリ，ペンタス，マツバボタン，マリーゴールド属，ユーホルビア，ロベリア，エキザカムなど
25℃前後	アサガオ，グロキシニア，ケイトウ，コリウス，ブロワリア，ベゴニア，ペチュニア属，ワタなど
25～30℃	アスパラガス，オジギソウ，キンレンカなど
30～35℃	カナリーヤシ，ブラジルヤシなど

表3-Ⅱ-2　アリウム属の発芽型の分類

グループ	発芽適温	種　類
温暖発芽型	20～25℃が発芽適温で，13℃以下では発芽率が低い	アリウム・アングロサム，アリウム・セネセンスなど
冷涼発芽型	5～13℃に発芽適温をもち，20℃では発芽率がいちじるしく低下する	アリウム・ヒルスタム
低温発芽型	2～7℃が発芽適温で，10℃以上では発芽しない	アリウム・アルボピロサム，アリウム・ギガンチウム，アリウム・ローゼンバキアナムなど，花卉として重要な種を含む
広範囲発芽型	5～20℃の広い範囲でよく発芽する	アリウム・ポーラム

に酵素活性も高まって，貯蔵物質の加水分解や生化学的変化が活発になる。分解された貯蔵物質は胚に移動し，胚は成長を開始する。

吸水は種子の構造や温度条件によってもちがい，種皮の厚いものやろう物質で覆われたり，綿毛で包まれた種子は吸水が遅くかつ不均一である。また，低温では吸水速度が低下する。

❷温度

発芽適温は，高温限界（35～40℃）と低温限界（5～10℃）のあいだにあるが，種類によってちがう（表3-Ⅱ-1）。発芽適温は原産地の気候と密接に関係しており，発芽の最適温度は，熱帯，亜熱帯産のものは30～35℃，温帯産のものは20～25℃であることが多い。たとえば，アリウム属花卉の発芽適温は，表3-Ⅱ-2のように温暖発芽型，冷涼発芽型，低温発芽型，広範囲発芽型の4つのグループに分類できる。低温発芽型は中央アジアに自生しているものが多く，秋に低温になる気候に適したものといえる。なお，発芽適温は生育適温より3～5℃高いとされている。

❸酸素

種子は水分を吸収すると呼吸をはじめる。吸水の三相に対応して，呼吸も三相に分けられ，しだいに呼吸量が増える第1相，ほぼ一定の状態にある第2相，再び呼吸量が増える第3相という経過をたどる（図3-Ⅱ-2）。

発芽の初期には無気呼吸も行なわれるが（注2），その後は有気呼吸をさかんに行なうので，多くの酸素が必要になる。必要とする酸素量は種類によってちがうが，不足すれば障害が発生する。

〈注2〉
無気呼吸は植物にとって特別なものではなく，酸素が十分に供給されている条件でも行なわれる正常な現象である。ヒマワリやエンドウなどは少なくとも発芽の初期には，呼吸の大部分はこの無気呼吸で行なわれている。

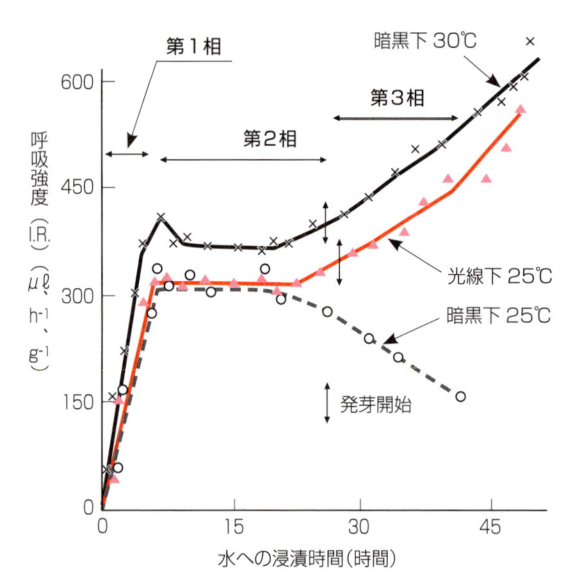

図3-Ⅱ-2　種子の膨潤による呼吸強度の増加と呼吸の三相
25℃暗黒下に置いたものは休眠状態にとどまる（Rollin，1975）

表3-Ⅱ-3　おもな花卉種子の寿命（鶴島，1988を一部改変）

寿命年数	おもな花卉
1年間	カルセオラリア，トレニア，アリッサム，キキョウ，ナデシコ，ミオソチス，キュウコンベゴニアなど
2年間	フレンチ・マリーゴールド，コスモス，ジニア，アゲラタム，アスター，シネラリア，リナリア，ビジョナデシコ，グロキシニア，ハゲイトウ，ロベリア，プリムラ類，パンジー，ペチュニア，カーネーション，バーベナ，マツバボタンなど
3年間	ディモルフォセカ，キンケイギク，デージー，セントウレア，ヒナゲシ，キンギョソウ，ハナビシソウ，ビンカ，ストック，シクラメン，スカビオサなど
4年間	ヘリアンサス，カレンジュラなど
5年間	ホウセンカなど

畑の土壌や床土は空気があるため，酸素が発芽の制限要因になることは少ないが，覆土が深すぎたり粘土質の土壌で鎮圧が強い場合，あるいは水が多すぎたりすると，酸素欠乏になって発芽率が低下する（注3）。しかし，水生植物はわずかな酸素で発芽するので，こうした条件でも発芽率が高い。

〈注3〉
直播栽培のストックで，排水性がよいといわれている黒ボク土の畑で，灌水過多による発芽不良が大発生した例もある。

2 種子の寿命と貯蔵

❶種子の寿命と環境条件

植物の種類によって種子の構造や化学組成がちがうので，種子の寿命もちがう（表3-Ⅱ-3）。また，同じ植物でも，乾燥の程度，貯蔵中の環境条件（温度，湿度，ガス組成）によって大きく影響される。

草本類の種子は，乾燥・低温貯蔵で長く寿命を保つが，樹木類の種子は乾燥によって発芽力を失うものが多い（表3-Ⅱ-4）。したがって，種子の特性に応じて貯蔵する必要がある。また，空中湿度の影響も大きく，乾燥に耐える種子は相対湿度25～30%程度がよいが，乾燥をきらう種子は，収穫したその日のうちに播くか，適湿で貯蔵する必要がある。

表3-Ⅱ-4　種子の貯蔵性

第Ⅰ群　生命力が湿潤でよく保たれる種子（recalcitrant seed）	
1．一定の低温にあうと生命力を失う	マンゴー，アブラヤシ，コーヒーノキ，カカオ，ラワン，サトイモ
2．低温・湿潤で生命力がよく保たれる	
a）乾燥条件で急速に生命力を失う	ブナ，クリ，クルミ，ビワ，アオキ，アオイ，チャ，ワサビ，イチョウなど
b）乾燥条件で生命力低下が緩慢	サルビア，ニチニチソウ，エリシマム，タデなど
第Ⅱ群　生命力が乾燥でよく保たれる種子（Ordinary seed）	
1．相対湿度25～30%で生命力がよく保たれる	
a）相対湿度10%以下で急速に生命力を失う	パンジー，ハナビシソウ，エンドウ，インゲンマメ，シソなど
b）相対湿度10%以下でも生命力の低下が緩慢	カーネーション，センニチコウ，キンギョソウ，ストック，カンパニュラ，アゲラタム，ケイトウ，アマランサス，カスミソウ，イタリアンライグラス，チモシー，トールフェスク，クリムソンクローバー，ナス，トマト，ピーマン，キュウリ，カボチャ，スイカ，ダイコン，ハクサイ，カブ，キャベツ，ニンジン，ホウレンソウなど
2．相対湿度10%以下で生命力がよく保たれる	レタス，タマネギ，ネギ，ゴボウなど

貯蔵中の温度も種子の寿命に影響する。水分含量の多い種子ほど温度の影響は大きいが，一般に１～５℃程度で貯蔵される。

❷高温・高湿による発芽力の低下

高温・高湿状態に置くと発芽力が低下するが，これは呼吸消耗やタンパク質の変成，酵素活性の低下によるものである。

乾燥した種子は，酸素も透過しにくくなるため酸素の影響は少ないが，水分含量の多い種子は，低酸素状態で貯蔵するとアルコールや乳酸など嫌気呼吸の生成物によって発芽が阻害される。

❸種子の貯蔵方法

乾燥に耐える一・二年草種子は，種子を乾燥後，紙袋，箱などにいれ乾燥したところに置くだけの乾燥貯蔵法，缶やビンなどに密封して冷涼な場所に置くか，さらに密閉した容器に乾燥剤とともにいれる乾燥密閉法，冷蔵庫などにいれて貯蔵する低温貯蔵法がある。実際には，種子を乾燥剤とともに缶やビンなどに密閉し，冷蔵庫で貯蔵するのが望ましい（図３-Ⅱ-３）。

乾燥すると発芽力を失う種子は，土中に埋蔵するか，川砂，ミズゴケ，バーミキュライトなどに混ぜて湿気を与え，ポリ袋にいれて密閉し，冷暗所に保存する。層積法（注４）も発芽力維持に有効な貯蔵法である。

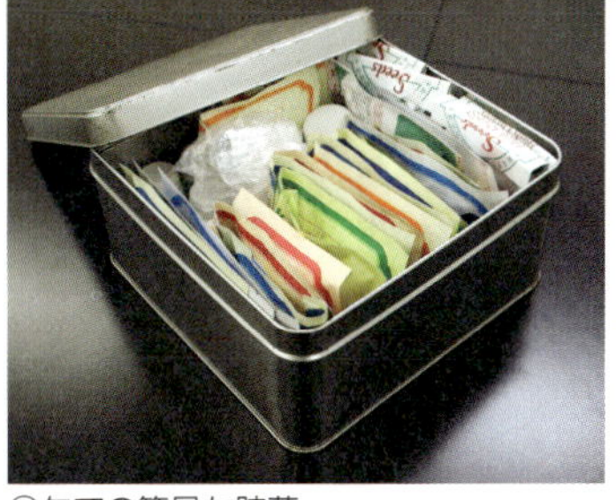

①缶での簡易な貯蔵

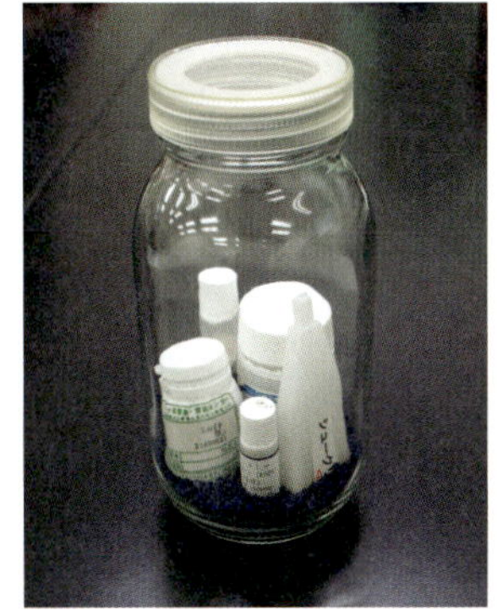

②シリカゲルとともにビンにいれ密閉貯蔵

図３-Ⅱ-３　種子の貯蔵方法

〈注４〉
川砂，おがくず，ミズゴケなどの含水量を適度な湿気（60～80％）を与え，容器に種子と交互に層になるように積んで，直射光の当たらない冷涼な場所で貯蔵する方法。

3 播種

❶予措（pretreatment）

播種（sowing, seedling）する前に，発芽を促進，斉一にする目的で行なうのが前処理（予措）である。

○冷水浸漬と温湯浸漬

冷水浸漬や温湯浸漬は最も一般的で，発芽に必要な吸水を迅速に行なわせるため，冷水や温湯に一定時間浸漬する方法である。正確な温度，適正な浸漬時間が要求される。また，処理を行なった種子は，ただちに播種し，乾燥させないことが重要である。

冷水浸漬の時間は，種類によってちがうが24～48時間程度である。冷水浸漬の効果はデルフィニウム，ラークスパー，アスターなどで認められ

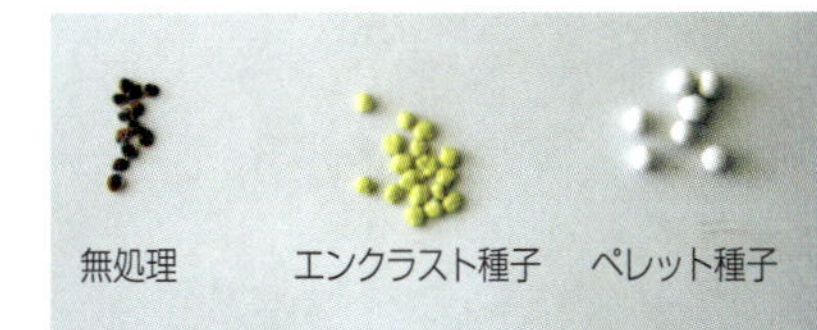

図３-Ⅱ-４
ストックの種子の加工

市販種子と高品質種子

市販種子は発芽率が保証されている。それは，発芽率に影響する要因，①登熟するあいだの内外的条件（温度，湿度，光など），②種子の収穫前後の条件（収穫期，収穫方法，乾燥，貯蔵方法など），③種子の選別，調整（未熟種子の選別，形状，重さなどの選別）を満足させているためである。

それに加えて，①種子の化学的処理（プライミング処理），②種子の物理的処理（種皮の機械的削剥皮，種皮の薬品的削剥皮）（①，②は第２章Ⅱ-２-２-②参照），③種子の形状処理（被覆，造粒）などを行ない，発芽性能を高めるとともに，効率的な播種や機械化をしやすくしている。これらは高品質種子，高性能種子とか高付加価値種子とよばれている。

とくに，種子表面を殺虫剤，窒素固定菌などを添加した，分解性の高い高分子化合物で被覆したものをエンクラスト種子，形や大きさがわずかにちがう種子や微細種子，不正形種子，扁平種子を，タルクや高分子化合物で均一な球形に加工したものをペレット種子とよぶ（図３-Ⅱ-４）。

図3-Ⅱ-5
ストックの直播き（上）と移植（下）での根のちがい

ており，リンドウは5℃で200ppmのジベレリン処理を行なうと発芽率が向上する。温湯浸漬は，シクラメン，ベゴニア・センパフローレンスでは45℃の温湯に10時間浸漬で効果がある。なお，温湯浸漬は，ウツギ，サンショウ，ニセアカシアなど樹木類で多く行なわれている。

○硬実処理など

マメ科植物のような種皮の硬い種子は，刃物やヤスリで種皮に傷をつけ，吸水性を高めて播種する。このような処理を硬実処理（scarification）といい，川砂や礫に混ぜてもむ方法も行なわれている。このほか，種皮の透水性向上のために酸やアルカリで処理する方法もある。

❷播種の方法

移植栽培では，箱播きや施設内に播種床をつくり育苗することもあるが，現在はセル育苗が主流である。デルフィニウム，ラークスパー，スイートピー，ラナンキュラスなど移植をきらう花卉は，本葉展開後すみやかに移植するか，9cmポットで育苗し，大苗で定植する方法もある。

直播き（direct sowing）は根鉢形成や断根がなく，直根が深く伸びるため，直根性の花卉では生育が旺盛になり，切り花品質が向上するので，ストックでは直播き栽培が増えている（図3-Ⅱ-5）（注5）。

近年では固化培地（注6）が登場し，セル育苗でも発芽直後の根鉢がつくられていない若苗の定植が可能になり，1次根（直根）や2次根（1次根から発生する根）が深く伸び，直播きと同じ効果を得ている。直播き栽培がむずかしいトルコギキョウで行なわれているほか，鉢上げ適期の短い花壇苗栽培でも利用価値は高い（図3-Ⅱ-6）。

〈注5〉
直播き栽培では，水溶性のテープに種子を一定間隔で封入し，テープを敷くだけで効率的に一定の間隔で播種できるシードテープによる播種が主流であったが（専用の播種器テープシーダーもある），現在はペレット種子（コラム参照）による方法が急速に普及している（図3-Ⅱ-7）。

〈注6〉
固化培地は，用土にポリエステルを混合して熱融着させたものや，ピートモスを圧縮成型したものなどがある。

4 種子生産

❶固定品種の採種

特定の遺伝子座がホモ接合になると，それ以降の自殖世代はホモ接合のまま変化しない。すべての遺伝子座がホモ接合になっている個体を，完全ホモ接合体（complete homozygote）という。

自殖性植物（自然交雑率4%未満）の遺伝的固定とは，選択や移入，突然変異がないかぎり全個体が完全ホモ接合体になっていることであり，集団の遺伝子型は変化しない。この状態になっているのが固定品種である。実際には自殖しながら望ましい形質をもつ有望個体を選抜し，最終的に同一の遺伝子型をもつ完全ホモ接合体を得て，品種とする。なお，固定した形質は数世代にわたって自殖をくり返しながら遺伝的純度を高め，さらに

図3-Ⅱ-6
トルコギキョウの固化培地（左）と通常育苗（右）での根のちがい

図3-Ⅱ-7　シードテープ（左）とその拡大（右）

そろいをよくする。

自殖をくり返していると，しだいに近交弱勢（inbreeding depression）があらわれてくる。それを防ぐには，品種の維持に支障がなく，かつ近交弱勢が生じない程度に遺伝的均一性を保つ必要がある。具体的には，品種の重要な形質について，集団内に明らかな変異がみられず，実用上支障のない均一な形質が維持できている状態である。この状態であれば，品種固有の遺伝型として均一性が維持されていると考えてよい。

他殖性植物で固定品種を育成するには，他品種との交配をさける必要がある。そのため，多くの他殖性植物は集団で採種されている。

❷一代雑種品種の採種

雑種強勢（heterosis, hybrid vigor）を利用する目的で，２つの品種あるいは系統を交配して得られる品種を一代雑種品種（F_1 hybrid variety）という。雑種強勢は雑種第一代（F_1）で最も強くあらわれ，その後急激に減退するため，F_1 のみが品種として利用される。当初は他殖性植物で実用化されたが，その後，自殖性植物でも利用されるようになった（注７）。

〈注７〉
F_1 品種から採種しても同じものは得られないので，そのつど種子を購入しなければならない。そのため，F_1 品種は商業的価値が大きく，種子産業の発展につながったといえる。問題点は，種子生産と親系統の育成を組み合わせて行なわなければならないこと，親系統の維持管理に多くの労力と多額の費用がかかることがあげられる。

種子の生産方法は，下記の５つに大別される。

①**除雄と人工交配**：交配親を決定し人工交配するが，子房親の自家受精を防ぐため，雄ずいを成熟する前に除去する除雄を行なう。

②**雄株抜きとり**：雌雄異株の場合，目的の交配を行なうために不要な雄株を抜きとることで，アスパラガスやホウレンソウで行なわれるが，花卉では例がない。セイヨウヒイラギ，アオキ，キンモクセイ，ヒサカキなどは雌雄異株であるが，栄養繁殖のための育種以外では行なわれていない。

③**自家不和合性の利用**：交配する系統の株と自家不和合性の株をならべて植えれば自然に交雑するので，人工交配の必要はない。自家不和合性株にできた種子は F_1 になる。アブラナ科，ケシ科，キク科などで行なわれている。

④**雄性不稔性の利用**：不稔性の原因が雄性器官にある場合を雄性不稔という。自殖種子ができないので，自家不和合性と同じように利用する。雄性不稔系統にできた種子は F_1 である。ダイアンサス，マリーゴールド，ペチュニアなどで利用されている。

⑤**アポミクシス**：受精をすることなく種子などの繁殖体をつくる生殖過程の総称で，例としてサンザシ，ザイフリボク，セイヨウタンポポ，キイチゴなどがあげられる。アポミクシスによってできる植物は，元の植物と遺伝子的に同一なクローンになるため，F_1 の親品種を固定するときなどに利用される。

❸種子品質の保持

種子はまず，品種・系統が正しいことが必要であり，他の遺伝子を混入させてはならない。そのため，品種・系統の特性を備えた優良な母本を選んで栽培し，採種することが重要である。しかし，意図しない交雑，突然変異，形質の退化によって，混入することがあるので，注意深く観察し，すみやかに除去する必要がある。

交雑のおそれがある場合は，隔離や袋かけなどで危険を回避する。風媒花や虫媒花は交雑しやすいので，十分な距離をとるか，隔離して採種圃を設ける配慮が必要である（図3-Ⅱ-8）。

草勢のよい時期に，順調に十分成熟した種子を，正しい方法で採種することが大切である。さらに，採種後のとりあつかいも適正でなければならない。収穫，調整時に雑草の種子やゴミを混入させないことはいうまでもない。採種は，受精から種子が完熟するまでの期間が必要なので，栽培期間が長くなるが，栽培期間を通して種子形成によい環境が与えられることも重要である（注8）。

図3-Ⅱ-8　リンドウの採種
袋がけでは内部が高温になり種ができにくいが，アルミホイルのキャップなら防げる

〈注8〉
たとえば，トルコギキョウは登熟期が高温だと，ロゼット化する確率が高いことが知られている。

2 栄養繁殖

栄養繁殖（vegetative propagation）は，花卉では大部分の宿根草，球根類，花木類で行なわれ，種子繁殖にくらべ増殖率は低い。無性繁殖なので，突然変異がおこらないかぎり，遺伝的形質が受け継がれる。このため，雑種性が強く，遺伝的に複雑な花卉類では重要な繁殖方法となっている。なお，種子繁殖より繁殖から開花，結実までの期間が短くなる利点がある。

1 挿し木

❶挿し木の種類

挿し木繁殖は，茎，葉，根などの一部を親株から切り取り，根を発生させ，独立した個体に養成する繁殖法である。図3-Ⅱ-9，10に示すように，挿し木（cutting）に用いる部位によって多くのよび方がある。根挿しは，根を数センチの長さに切り，地中に挿して不定芽をだす方法である。

草本類の挿し木は，慣用的に挿し芽とよんでいる。木本類では挿し穂の熟度によって，緑枝挿し（softwood cutting），半熟枝挿し（semi-hardwood cutting），熟枝挿し（wood cutting，hardwood cutting）に分けられ，落葉樹では休眠期に挿す休眠枝挿し（dormant wood cutting）がある。

❷発根の仕組みと要因

○発根の仕組みと内的要因

挿し穂の切断面は，茎の上部から転流されるオーキシンの作用によって癒傷組織（カルス，callus）をつくる。カルスは形成層や師部から発達し，内部に通導組織（木部維管束）が分化して，茎の木部維管束と連絡する。

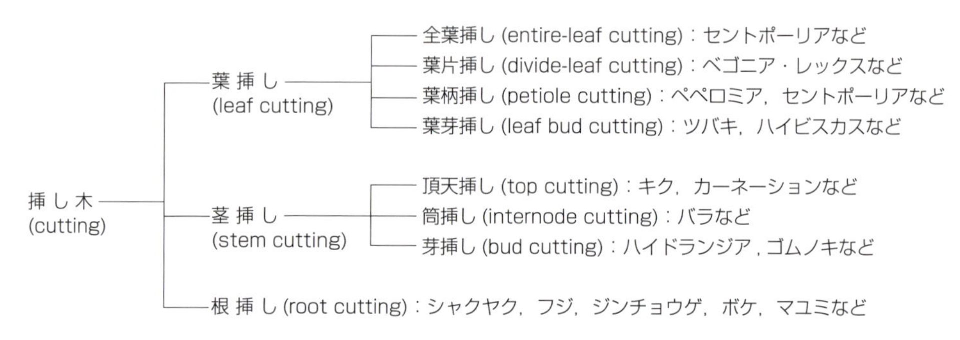

図3-Ⅱ-9　挿し木の種類

それと同時に根原基（root primordium）の分化がはじまる。

根原基の分化は，形成層の細胞分裂によって行なわれるので，カルス形成とは無関係であるが，挿し木当初はカルス形成にともなって根原基が分化し，切断部位から発根する。その後，茎から直接根原基が分化する。

根原基の分化はオーキシンによって促進され，発根促進剤としてインドール酪酸（IBA），ナフタレン酢酸アミド（NAAM）が利用されている（注 9）。

植物の発根能力は植物体の齢と密接な関係があり，幼若性（第２章Ⅱ-３-１参照）が高いほど発根能力も高い。また，炭水化物含量やC/N比（注10）など，挿し穂の栄養状態にも影響される。

○発根の環境条件（外的要因）

挿し床の環境条件（挿し穂の外的要因）も，発根に大きく影響する。挿し床の適温は，15℃～25℃の範囲にあり，熱帯，亜熱帯原産の種類は高めの温度が適するようである（注 11）。また，気温より地温が高いほうが発根がいいので，地温を5℃程度高めに保つのがよいとされている。そのため，電熱温床などの利用が望まれる。

光は挿し穂が光合成をするために必要であるが，挿し穂の光飽和点は10～20klux（全天放射で換算すると168～336 μmol・m^{-2}・s^{-1} 程度）で，それ以上の強度では逆にみかけの光合成量が低下するものが多い。強光下では蒸散が促進されしおれも助長されるので，適度な遮光が必要である。

さらに，空中湿度を高く保つことや，通気性のよい用土を用いて床土内への十分な酸素供給をはかることが重要である。

❸挿し木の方法

慣行的な露地挿しに加えて，挿し床の環境を改善することによって，活着率を高める密閉挿し（closed-frame cutting）やミスト繁殖（mist propagation）が広く普及している。

○密閉挿し

挿し木後，フィルム資材で挿し床を完全に覆い，密閉する方法である。挿し穂からの蒸散と切り口からの吸水のバランスを保つことができ，低温期には保温効果もあって活着率が安定している（図３-Ⅱ-11）。

○ミスト繁殖

ミスト（霧）を挿し床に断続的に噴霧して行なう挿し木法である。密閉の必要がなくミストによる温度低下もあり，明るい条件で高湿度が保たれ，活着が促進される。

この方法によって，挿し木時期の拡大や，管理の省力化がはかられるだけでなく，従来挿し木が困難とされていたカエデ類などの挿し木繁殖が可能になった。一方で，設備投資が大きい，断続的にミストを噴霧するため挿し穂から養分が溶脱（leaching）する，軟弱な苗ができやすくならしが必要になる，などの問題点もある。

図３-Ⅱ-11　密閉挿し

葉挿し
（ペペロミア，セントポーリアなど）

充実した成葉をとり，葉柄を２～３cmつけて挿す

芽挿し（キクなど）

葉をつけた芽をとり，２～３葉残して基部の葉を切除し，１～２節を挿す

緑枝挿し（ツバキなど）

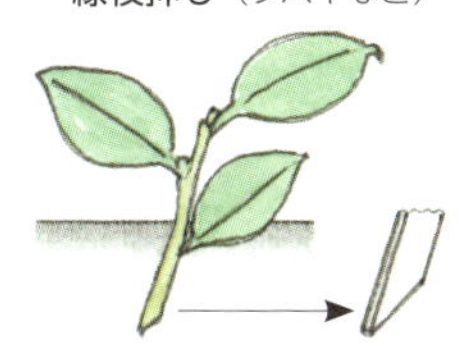

当年枝をとり，２～３葉を残して基部の葉を切除する。葉が大きければ先端を切る。下部は鋭い刃もので斜めに切り，先端を切り返す

図３-Ⅱ-10
各種の挿し木の方法
（樋口ら，2004）

〈注 9〉
発根力を高めるため，親株への黄化処理（etiolation），環状剥皮（girdling, ringing）なども行なわれている。黄化処理は，萌芽直前の枝の光を遮断して芽を伸ばさせ，挿し穂として利用する方法。黄化した枝は発根性が高い。環状剥被は，樹皮を環状に形成層まではぐ方法で，同化養分が転流されずに枝に蓄積されるので，C/N比の高い挿し穂になる。

〈注 10〉
炭素（C）量／窒素（N）量の比率で，炭素（carbon）の割合（C/N比）が高いほど発根しやすい。

〈注 11〉
15℃以下で発根が低下し，10℃以下ではほとんど停止する。また，30℃以上では発根が劣り，長く続くと障害が発生する。

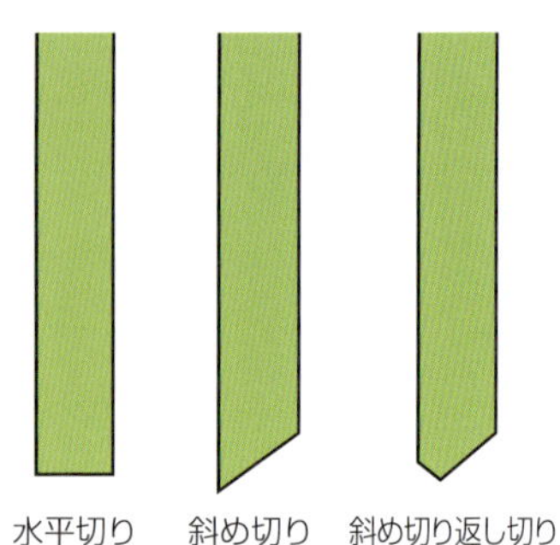

図３-Ⅱ-12　挿し穂の切り方

図３-Ⅱ-13
バラの挿し穂（台木／上）と挿し木（左）
ロックウールに挿したもの

❹挿し木時期

挿し木の適期は，挿し穂の内的要因と外的要因から決定されるが，最近は，外的要因は整えることができるので，挿し穂の内的要因が大きい。

花木類や庭木では，常緑樹は新芽が６～７月に一時成長を停止して養分を蓄積する。その後伸びるが９月中下旬に再度成長を停止するので，この両時期が挿し木に適している。落葉樹は，芽が動きだす前の２月中旬～３月上旬が，貯蔵用分も多く体内物質の流動もさかんになるので適期である。

緑枝挿し，半緑枝挿しの場合は，新梢（しんしょう）（注12）が伸長する５月以降が適期である。梅雨の時期は空中湿度が高く蒸散が抑制されるため，フィルムによる密閉など特別な措置をしなくても発根が可能で，木本，草本とも挿し木の適期である。

〈注12〉
今年新しく伸びた枝のこと。１年枝，１年生枝，当年枝ともよばれる。

草本性のものは栄養成長期であればいつでも可能で，花卉類では作付け計画から挿し木適期を決めるものも多い。熱帯原産の観葉植物などは高温で発根率の高いものが多いため，５～９月が適期で，これ以外の時期は電熱温床などによる加温が必要になる。

❺挿し穂の調整

花木類や庭木の挿し穂は，春から伸びて停止した熟枝を用いる（注13）。常緑樹の６～７月や９月中下旬挿しは，２～４節，５～8cm程度に調整し，葉面積が大きく蒸散量が多くなる思われるときは，葉を半分程度の大きさに切る。落葉樹の休眠枝挿しは20cm程度の長さに切る。いずれも，挿すほうの切断部を，斜め切りか斜め切り返し切りして，ただちに切り口を水につけ，吸水させてから挿す（図３-Ⅱ-12，13）。

〈注13〉
緑枝挿し，半緑枝挿しとも，穂木の調整は熟枝挿しと同じように行なう。葉や茎がやわらかくしおれやすいので，調整後十分吸水してから挿す。

草本類のキク，ポインセチアなどの切り口は，水平切りにして下部の葉を１～２枚除き，しおれないうちにそのまま挿すことが多いが，十分吸水させたほうが活着率は高い（図３-Ⅱ-14）。カーネーションは，茎の頂部を８cm程度の長さに節から引き抜くように折りとり，そのまま挿す。葉が大きくて蒸散量が多い植物は，葉を半分程度の大きさに切断する。

サボテンや多肉植物は，切断面が腐敗しやすいので，切り口を日陰で２～３日乾かしてから挿すとよい。

図３-Ⅱ-14　キクの挿し穂

2 接ぎ木

❶接ぎ木とは

接ぎ木（grafting）とは，植物体の一部を切り取って，別の根のある個

表3-Ⅱ-5　接ぎ木の種類と方法

種　類	接ぎ木の方法	利用している花卉
切り接ぎ (veneer grafting)	接ぎ木の基本的な方法である。台木は，形成層の部分を少し斜めに切り（第1刀），形成層にわずかにかかるように切り下げる（第2刀）。穂木は2～3芽つけて，形成層がでるように切り（第1刀），反対側を斜めに切る（第2刀）。両方の形成層を合わせ，よく密着するよう接ぎ木テープなどでしっかり結束する（図3-Ⅱ-15）	バラをはじめ，サクラ，ウメ，モモ，ボケ，モクレン，ヒメコブシ，カイドウ，ナンテン，ボタンなど
割り接ぎ (cleft grafting)	穂木はくさび形に切り，切り口を乾燥させない。台木は上部を水平に切り，切り口の中心から垂直に割るように切り込みをいれ，くさび形に切った穂木を挿し込み，接ぎ木テープなどで結束，固定する（図3-Ⅱ-16）	ゴヨウマツ，タギョウショウなどの木本類や，ダリア，クレマチス，シュッコンカスミソウなどの草本類
合わせ接ぎ (ordinary splice grafting)	太さが同じ穂木と台木を斜めに切り，切り口を合わせて接ぎ，結束する（図3-Ⅱ-17）	セイヨウシャクナゲ，ツバキ，バラなど
鞍接ぎ (saddle grafting)	台木のサボテンをくさび形に切り，穂のサボテンはV字型に切り込んで鞍状にはめ込む	サボテンなど
呼び接ぎ (approach grafting)	穂木，台木とも根つきのまま，枝の一部を2cmくらい平らに削ぎ，この部分の形成層を合わせて密着し，しっかり結束する。活着後，必要な部分を残して切断する。穂木が大きな木の枝の場合，近くに移動した鉢植えの台木に，枝を誘引して接いだり，カエデの盆栽などでは，自らの枝を誘引して接ぎ，枝の欠損部分を補うこともある	切り接ぎ，芽接ぎ，その他の方法では活着が困難なカエデ類，穂木がしおれやすく接ぎ木が困難な草本に用いられる
腹接ぎ (side-grafting)	台木の上部を切らず，側部に穂木を接ぐ方法である。台木に切り込みをいれ，調整した穂木を形成層を合わせて結束し固定する。台木の株元に腹接ぎすることを腹元接ぎということもある（図3-Ⅱ-18，19）	マツなど
根接ぎ (root grafting)	台木の根や切断した根系に接ぐ方法で，根に接いでよく活着するものや，適当な台木が得られないときに行ない，根に切り接ぎと同じ方法で穂木を接ぐ。掘り上げた根を幹の根元に寄せて接ぐのも根接ぎとよび，樹勢回復や盆栽の根の形を整える手法として行なわれている	カエデ，フジ，ザクロ，バラ，ウメ，イチョウ，モクセイ，ハナミズキ，マンサクなど
芽接ぎ (budding)	芽と少量の木質部をつけて削ぎとった樹皮を穂木にする。台木にT字型の切り込みをいれ，ナイフなどで表皮と形成層のあいだをはがし，穂木をこの中に挿し込んで結束する。少ない穂木で多くの苗が得られる（図3-Ⅱ-20）	バラ，モモ，ウメなど
緑枝接ぎ (softwood grafting)	伸長中の新梢（台木）に，伸長中の新梢（穂木）を割り接ぎして，接ぎ木部から上，または株全体をポリ袋などで覆って温湿度を保ち，活着を促す。緑枝同士なので活着がよい	カエデ類をはじめとする花木類など

体に接いで新しい植物体をつくる方法で，接ぐほうを穂木（scion），接がれるほうを台木（rootstock）という。種子繁殖では時間がかかりすぎたり，挿し木繁殖がむずかしいもので行なわれる（注14）。

台木は，穂木と同種や近縁種を用い，同種の場合を共台（free stock）という。異種を用いることもあるが，この場合は接ぎ木親和性が問題になり，親和性の高い種類を利用する必要がある。

❷接ぎ木の種類と方法

表3-Ⅱ-5に，接ぎ木の種類と方法，利用されている花卉の種類を示した。また，おもな接ぎ木方法については図3-Ⅱ-15～20に示した。

❸接ぎ木親和性（graft compatibility）

接ぎ木親和性があるというのは，接ぎ穂と台木が活着するだけでなく，その後も順調に生育し，正常に開花結実し続けることをさす。親和性は近縁のものほど高いとされているが，異種間（ハクモクレン－コブシ），異属間（ライラック－イボタノキ）で親和性があるものもある。逆に，ウメ－アンズのように，近縁でも親和性の低いものもある。

接ぎ木不親和（graft incompatibility）は，まったく活着しないものから，活着はよいがその後障害が発生するものまであり，その程度もさまざまで

〈注14〉
繁殖以外に，品種更新，枝の欠損箇所の補充，樹勢の調節，耐寒性や耐湿性，病害虫抵抗性を高める目的で行なわれることもある。

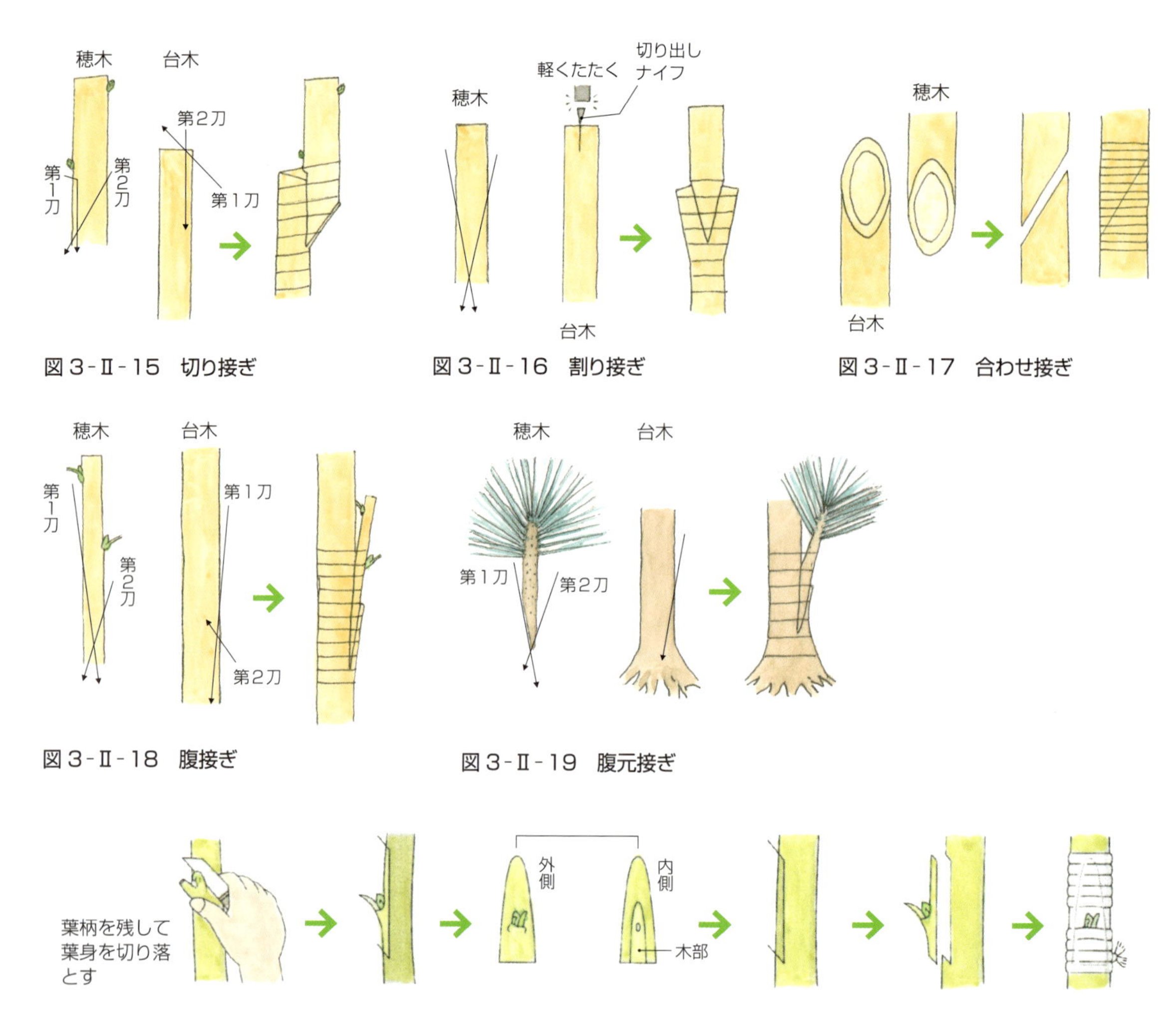

図3-Ⅱ-15　切り接ぎ

図3-Ⅱ-16　割り接ぎ

図3-Ⅱ-17　合わせ接ぎ

図3-Ⅱ-18　腹接ぎ

図3-Ⅱ-19　腹元接ぎ

図3-Ⅱ-20　芽接ぎの方法

ある。接ぎ木不親和は，台木－穂木間の組織や構造や養分要求のちがい，物質移行の不均衡，台木・穂木組織のタンパク質合成の質的なちがい，などが原因と考えられている。

❹接ぎ木の活着過程

活着の過程は，種類，接ぎ木方法，時期によってちがうが，大筋は同じなので，木本類の切り接ぎを例に述べる。

接ぎ木後，台木，穂木の切削面付近の形成層，おもに師部放射組織からカルスが分化し，接ぎ木面のすき間を埋めるように発達して機械的抱合が行なわれる。続いて，カルス中に台木と穂木の形成層を結ぶ連絡形成層が発達し，通導組織も分化して活着する。そして，接ぎ木面に近い台木と穂木の形成層は活発に木部をつくり，肥大する（図3-Ⅱ-21）。

このように，接ぎ木の活着は台木・穂木の接ぎ木面につくられるカルスの癒合（ゆごう）からはじまるので，すみやかなカルス形成に必要な条件である，充実した台木・穂木の確保，接ぎ木後の高湿度・適温（15～25℃）の維持，高度な接ぎ木技術が要求される。

❺接ぎ木の時期

落葉樹の切り接ぎ，割り接ぎ，合わせ接ぎは，台木の根が活動をはじめているが，穂木はまだ動きだしていない２～３月が適している。しかし，ボタンは９～10月，バラは１～２月に接ぐのが普通である。

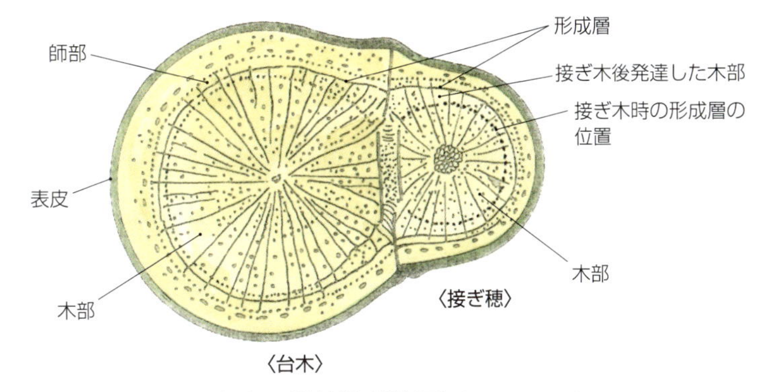

図３-Ⅱ-21　切り接ぎの活着状態（横断面）（阿部ら，1979）

常緑樹は種類や接ぎ木法によってちがうが，ツバキの切り接ぎや割り接ぎは３～５月，呼び接ぎは４月が適期である。また，シャクナゲの切り接ぎや合わせ接ぎは３月下旬～４月上旬，呼び接ぎは５月下旬～６月上旬と適期は短い。

緑枝接ぎは，新梢の成長している４～８月ごろと長期間できる。芽接ぎは周年接げるものもあるが，８月下旬～９月が適期とされている（注15）。

〈注15〉
この時期は枝が充実し，形成層の極大期にあたり樹皮がはぎやすいためである。

3 取り木

❶取り木とは

取り木（layering, layerage）は，親株から枝を切り離さず発根させ，発根後枝を切り離して独立した個体をつくる繁殖方法である。枝に根をださせるのは挿し木と同じであるが，根から養水分の供給を受けながら根をださせることがちがう。

取り木法は，大きく，１～２年枝を地中に埋めて発根させる偃枝法と，地上で発根させる高取り法の２つに分けられる。

取り木の時期は植物の活動期が適しており，落葉樹の偃枝法，盛り土法は萌芽前の３月，高取り法は３～６月，とくに５～６月が適期である。

なお，取り木は簡便で確実な方法であるが，大量増殖には不適である。

❷取り木の種類と方法

○偃枝（えんし）法（bowed branch layering）

先取り法（tip layering）：枝を曲げて，先端を地上にだして地中に埋め，くさびなどで固定して発根させ，発根後切断して個体を得る（図３-Ⅱ-22）。オウバイ，レンギョウなどで行なわれる。

傘取り法（simple layering）：枝の先端を曲げて地中に埋めるのは先取

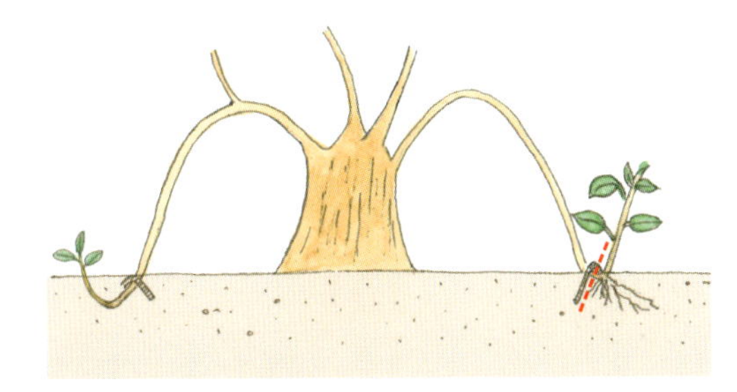

図３-Ⅱ-22　先取り法

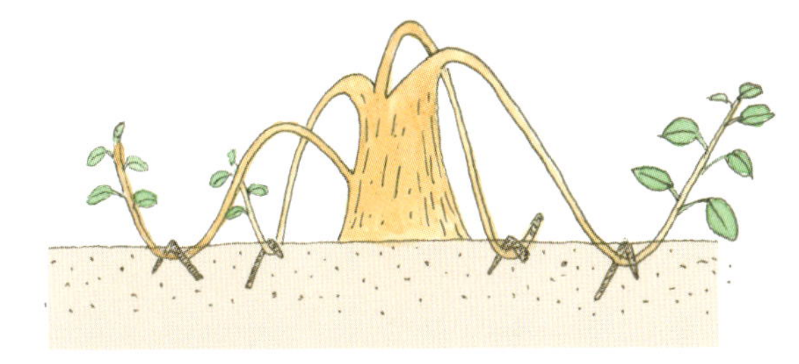

図３-Ⅱ-23　傘取り法

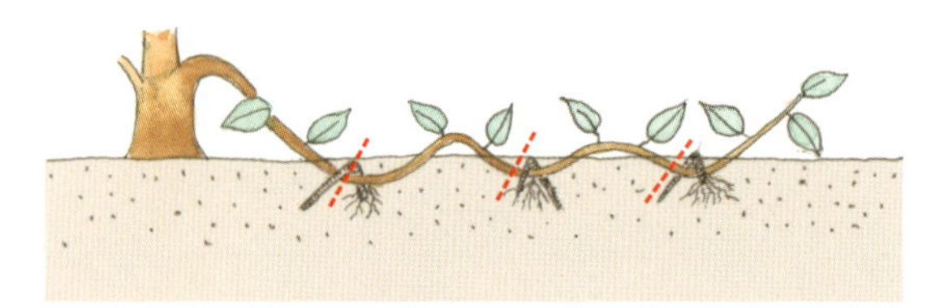
図3-Ⅱ-24　波状取り法

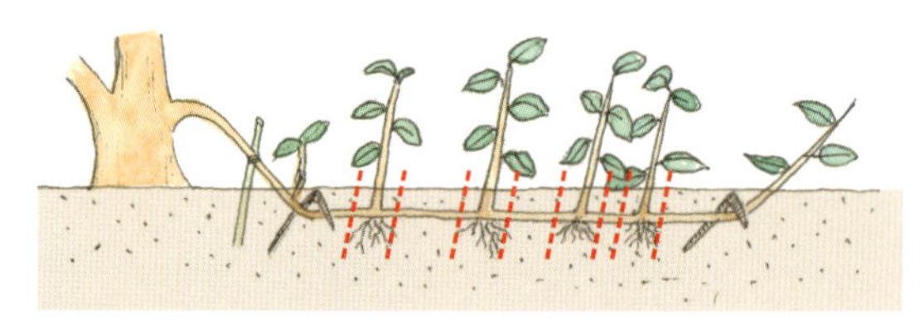
図3-Ⅱ-25　撞木取り法

図3-Ⅱ-26　盛り土法

り法とかわらないが，株の周りに枝を何本も曲げた形が傘のようなので傘取り法という（図3-Ⅱ-23）。

クチナシ，レンギョウなどで行なわれる。

波状取り法（compound layering, serpentine layering）：つる性，半つる性植物のつるを波状に曲げ，下の曲がった部分に傷を入れて発根促進処理を行なって土中に埋め，針金などで固定する（図3-Ⅱ-24）。

撞木取り法（しゅもく）（continuous layering）：つる性，半つる性植物のつるの先端だけをだして地中に伏せ込み，各節から発根させる(図3-Ⅱ-25)。ユキヤナギ，ツルコケモモなどで用いられる。

○盛り土法（mound layering, stool layering）

母株を地ぎわで切断して多数の枝を発生させ，これに盛り土をして発根させ，切り離す方法である（図3-Ⅱ-26）。

おもにツツジ，モクセイ，アジサイ，ボケなどで行なわれる。

○高取り法（air layering, Chinese layering, pot layering）

自由に枝を曲げられない植物や観葉植物に用いられる方法で，インドゴムノキ，ドラセナ，クロトン，ザクロ，サルスベリなどで行なう。

高いところの枝の分岐部の少し上に，発根を促すため形成層まで20～25㎜程度の環状はく皮を行なうか，図3-Ⅱ-27のような取り木部の処理を行なう。その上に湿ったミズゴケか，よく湿らせた粘土とピートモスの混合したものなどを巻きつけ，プラスチックフィルムで覆って上下をしばり，乾かないようにする（図3-Ⅱ-28）。

挿し木と同じように，IBA，NAAMなどのオーキシン処理は発根に効果的である。

高取り木の発根は気温に影響され，20～25℃が適温であるが，バラ，

図3-Ⅱ-27　取り木部処理の方法

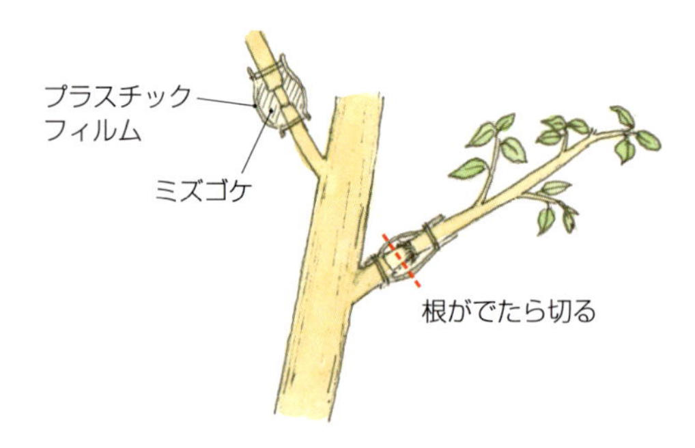

図3-Ⅱ-28　高取り法

アカマツのように30℃近くが適温のものもある。水分条件は処理部が乾燥しない程度であればよいとされ，通気性も要求される。

4 株分け

❶株分けの種類と方法

株分け（division）は宿根草や花木などの繁殖だけだなく，生育促進や株の更新などの目的でも行なわれる。操作は簡単であるが，増殖率はあまり高くない。植物によって生育習性がちがうので，その習性にあわせて行なうことが必要である。

花木類は，地下茎の側芽や茎の基部から発生した発根している新梢，根の不定芽が伸びたものなどを株分けする。宿根草，ランなどは地下の根茎の節から発生した新しい根茎を株分けする（注16）。

〈注16〉
そのほか，根茎の芽（シャクヤクなど），陰芽のついた塊根（ダリア），芽のついた地下茎（カンナ，シランなど），吸枝（sucker）（キク，ハマナスなど），ランナー（runner）（オリヅルラン，タマシダなど），オフセット（offset，子株）（サンセベリア，アガベ，アナナスなど）などの株分けがある。

❷株分けの時期

増殖を目的にした株分けの時期は，花芽分化との関係で決められる。花芽分化期に株分けすると花芽分化や花芽の発育が止まり，翌年の開花が望めなくなるので，花芽分化期はさけなければならない。夏から秋に開花する花卉の花芽分化期は春以降なので，早春に行なう。春から夏に開花する花卉の花芽分化は前年の夏から秋なので，春の開花直後か秋の花芽分化終了後に行なうのが普通である。

更新も，環境条件の悪い夏や厳冬期はさけ早春と秋に行なうが，地上部が枯れるものは，地上部が枯れてから早春の芽が動きだす前まで行なえる。

5 分球

❶分球とその増殖率

球根類の母球が自然に分かれて数が増える過程を分球（division）という。球根類はいろいろな器官が肥大して球根をつくっており（球根の種類と特徴は第1章Ⅱの表1-Ⅱ-2参照），それによって分球様式もちがう。また，種類によって分球の増殖率もちがい，低いものは人為的に繁殖されている。

分球の増殖の難易度によっておもな球根を分けると，①増殖容易なもの：ダリア，グラジオラス，ユリ，②増殖普通のもの：アイリス，スイセン，チューリップ，③増殖わずかに困難なもの：アマリリス，ヒヤシンス，④増殖困難なもの：シクラメン，キュウコンベゴニア，の4グループに分けられる。この分類はおよその傾向をあらわすもので，品種によっても難易度がちがうことがある。

①と②のグループは，特別繁殖を急ぐ必要がある場合を除き，自然の増殖にまかせている。③のグループになると自然の増殖には期待できず，人為的な処理をする必要がある。④のグループは栄養繁殖を行なうことはきわめて困難で，種子繁殖を行なっている。

❷分球様式

○鱗茎の分球

鱗茎には層状鱗茎（imbricated bulb）と鱗状鱗茎（scaly bulb）があり，分球様式がちがう

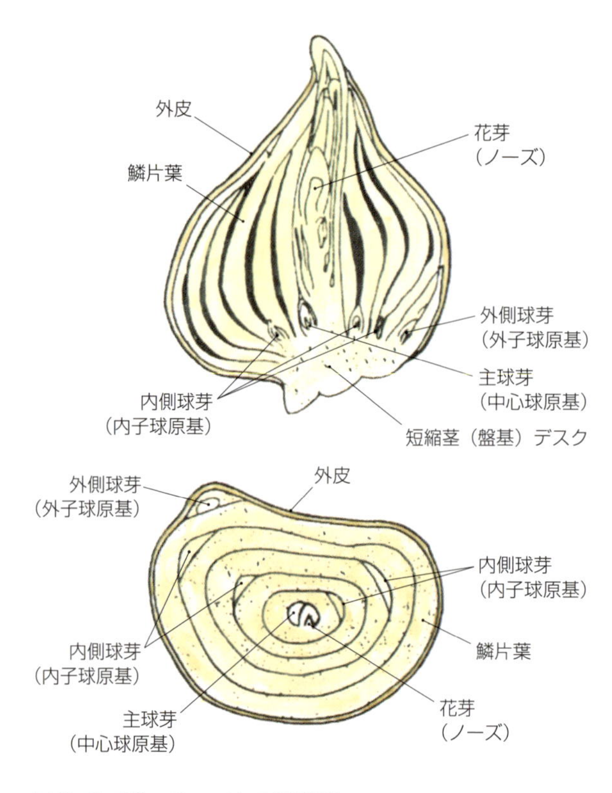

図3-Ⅱ-29　チューリップの種球
上：縦断面（今西英雄，1989），　下：横断面（萩屋薫，1968）

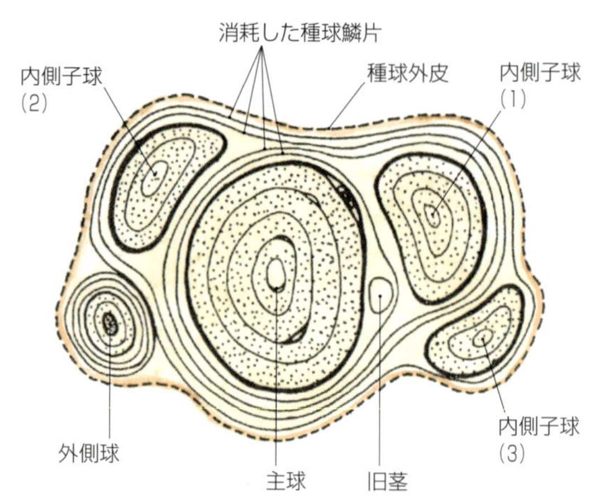

図3-Ⅱ-30　収穫時の新球の配列（横断面図）
（豊田，1972）
内側子球の番号は種球の内側球芽の分化の順番で，外側から内側へ (1) (2) (3) となる

〈層状鱗茎の例〉　チューリップの球根（種球）には，翌年葉と花になる花芽（ノーズ，nose）以外に，鱗片の基部に主球芽（中心球原基）と内側球芽（内子球原基），さらに種球の一番外側に外側球芽（外子球原基）がある。

これらの球芽は，翌年の球根収穫時期には新球になるが，主球芽の成長が最もよい（図3-Ⅱ-29，30）。これらの新球を利用して球根を増殖する。

なお，種球の鱗片は，貯蔵養分を消耗して消失する。ダッチアイリスも同様の分球様式である。

ヒヤシンス，スイセンも層状鱗茎であるが，チューリップのように毎年母球が消失して新球にかわるのではなく，母球の一部が残り，内側に新しい鱗片がつくられる。そのため，大球には，2～3年前につくられた鱗片も含まれている。

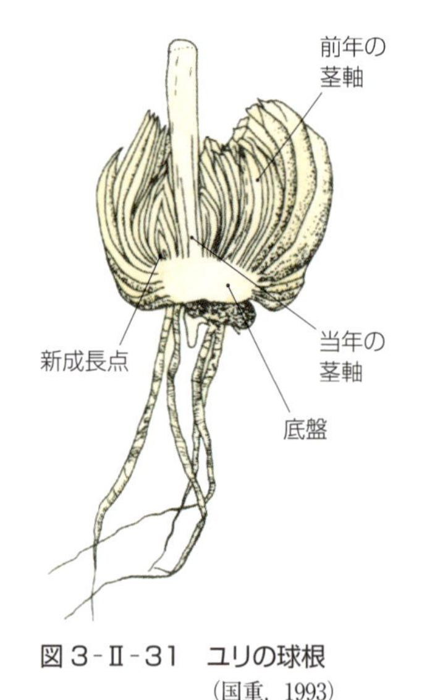

図3-Ⅱ-31　ユリの球根
（国重，1993）

〈鱗状鱗茎の例〉　ユリの球根は，内部に新しい鱗片をつくり，古い鱗片を外側からしだいに脱落するが，2～3年は生育を続ける。鱗片数が増えると，新しく伸びる茎の基部に新しい成長点がつくられ，分球する（図3-Ⅱ-31）。

ユリはこのほか，地中の茎の節に着生する木子（きご）（bulblet, cormel, cormlet）や，葉腋につくられる珠芽（bulbil, aerial tuber）でも増殖できる（図3-Ⅱ-32）。

○球茎の分球

グラジオラス，フリージア，クロッカスは球茎の表面に節があり，各節には腋芽がある。腋芽は発芽して花茎を伸ばすが，その基部が肥大して新球をつくる。

また，グラジオラス，フリージアは，新球に発達する過程で，新球の下部の節からストロン（stolon）が伸び，先端が肥大して木子をつくる。

○塊根，根茎の分球

ダリアの塊根は，茎から伸びた根が肥大したものである。塊根がついている茎の基部の節には陰芽（latent bud）があり，この芽を必ず1つはつけて分球する。

カンナ，ジンジャー，ジャーマンアイリスなどの根茎は，充実した新芽が3個程度つくように切断して分球する。

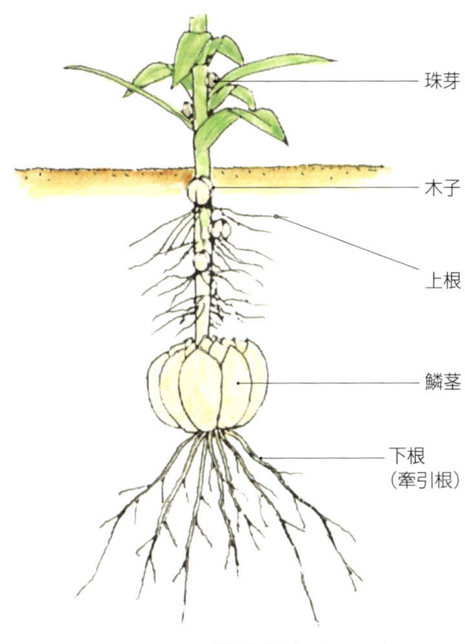

図3-Ⅱ-32　ユリの球根と根（清水，1987）

❸球根の人工増殖

増殖率の悪いものや，短期間に増殖したい場合，人工繁殖するものがある。①鱗片（ユリ類，アマリリス），②球根に傷をつける（ヒヤシンス），③球根を分割して増殖するなどの方法がある。

○鱗片繁殖（scale propagation）

ユリ類やアマリリスなどで行なわれる。9～10月ごろ，掘り上げた球根の鱗片をはがし，鹿沼土，川砂，バーミキュライトなどに，基部3分の2くらいの深さで挿す（注17）。

施設内で乾燥させないよう管理すると，1カ月程度で切り口に1～2個の小球をつける（図3-Ⅱ-33）。ついた小球を植えて養成すると，早いものでは2～3年で開花球になる。

〈注17〉
テッポウユリの場合，直径15～18㎝の球であれば，外側から40枚くらいの鱗片を使うことができる。20～30枚までは半分に切断して挿してもよい。

○ヒヤシンスの傷つけ法

球根底盤部に傷をいれて，芽をださせる方法で，図3-Ⅱ-34のような方法がある。ノッチング法では，普通8分割され15～30個程度，スクーピング法では40～50個程度の子球がつく。子球ができたら母球の底を上にして逆さに植え込む。大球になるまで3～4年かかる。

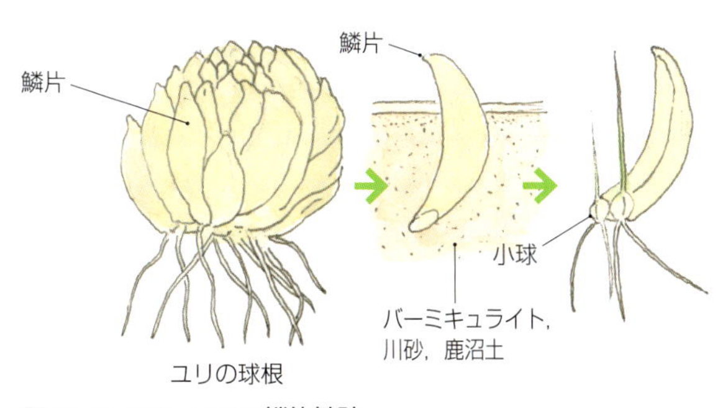

図3-Ⅱ-33　ユリの鱗片繁殖

○塊茎分割繁殖

母球のまわりにこぶ状につく新球を，手でかきとるかナイフで切断して増殖する。

グロキシニア，キュウコンベゴニア，カラジウム，アネモネ，ゲスネリアなどで行なわれている。

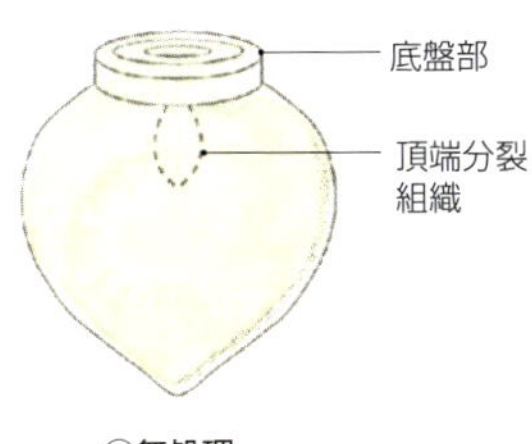

①無処理

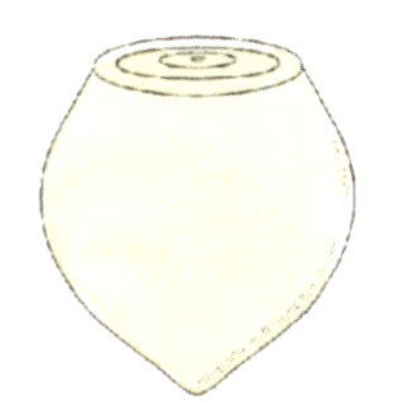

②スクーピング（scooping）法
専用のナイフで低盤部をえぐりとる

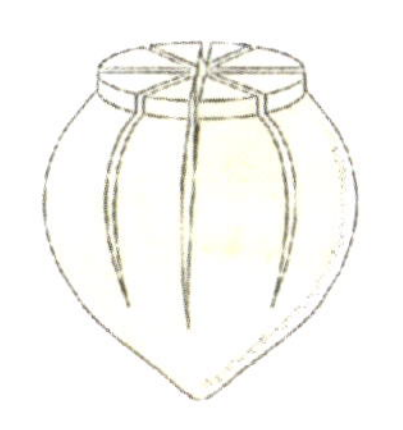

③ノッチング（notching，切り込み）法
小刀で切り込みをいれる

④コーリング（coring，心抜き）法
中心部をコルクボーラーなどで円柱状にくり抜く

図3-Ⅱ-34　ヒアシンスの人工繁殖（樋口ら，2004）

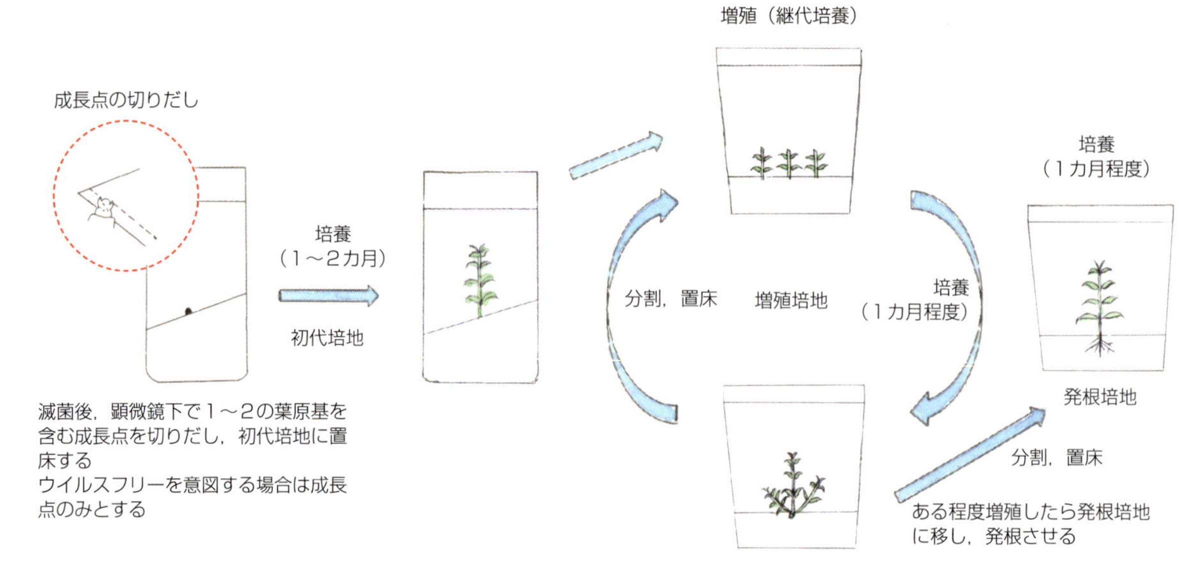

図3-Ⅱ-35　組織培養による植物の再生

6 組織培養

❶組織培養とは

組織培養（tissue culture）は，植物体の一部（組織片，器官，細胞塊，細胞）を分離し，無菌培地内で培養して独立した植物体に再生する方法で，栄養繁殖法の1つである（図3-Ⅱ-35）。

組織培養の園芸への利用はウイルスフリー苗の育成にはじまったが，大量増殖技術の確立により栄養繁殖技術としての認識が高まり，1970年代から多くの園芸作物で利用されるようになった。最近は，茎頂組織から苗条原基を誘導する方法が，遺伝的安定性と再分化能に優れているため広く活用されている。

現在，花卉で組織培養による繁殖が商業的に行なわれているものに，シ

組織培養技術の開発

クヌッドソン(L. Knudson)は，1922年に無機塩類，糖，寒天からなる人工培地を用いて，ラン(注)の非共生発芽(non-symbiotic germination)，すなわち無菌発芽に成功した。この方法は一種の胚培養であり，今日の組織培養の先駆けといえる。この方法が開発されてから，ラン類の大量増殖が可能になった。

モレルとマーチン(G.M. Morel & C.C. Martin)は，1952年にダリアではじめて茎頂培養によるウイルスの無病個体をつくることに成功した。これは成長点培養(apical meristem culture)ともいい，今日のウイルスフリー(virus free)苗育成のはじまりである。この方法で得られる苗をメリクロン(mericlone)苗とよんでいるが，分裂組織を意味するメリステム(meristem)と栄養繁殖体を意味するクローン(clone)の合成語である。

ウィンバー(D.E. Wimber)は，1963年に培地に寒天を用いず，培養液にシンビジウムの茎頂組織を投入する振とう培養を成功させ，大量増殖の基礎を築いた。

(注) ランの種子はきわめて微細なうえ，胚が未発達で子葉や幼根を分化せず，胚乳もない。そのため，ある種の糸状菌と共生することで発芽している。

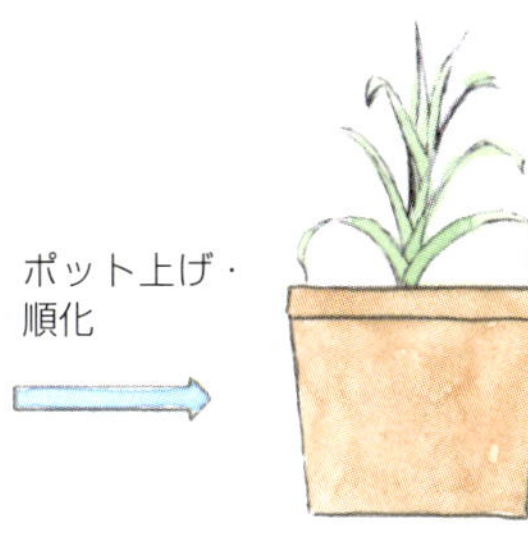

培養植物をポット上げし，ミスト室で順化すると独立栄養個体となり，定植可能な種苗が完成する

ンビジウムをはじめとするラン類，カーネーション，ガーベラ，シュッコンカスミソウ，スターチス類などがある。

❷組織培養による種苗生産技術

組織培養による繁殖が種苗生産の実用的な技術になるためには，①外植体（注18）を無菌で効率的にとりだす，②継代培養（注19）をくり返し，不定胚，不定芽，多芽体などの小植物体を大量増殖する，③増殖した小植物体からの発根（図3-Ⅱ-36），④発根した小植物体の順化，の4つの過程が円滑に遂行されることが必要である。

このなかで，継代培養を安定的にくり返すためには，個々の植物に合わせた培地の選択や最適な培養環境（温度，光強度，日長など）の設定が必要である。また，順化は従属栄養から独立栄養に移行させることであり，難易度は培養植物の種類によってちがうため，より効率的な方法の確立が必要である。

〈注18〉
植物体から切り取られ，培養に用いられる組織のこと。

〈注19〉
外植体を培養（初代培養）して得られた細胞の一部を，新しい培地に移し再び培養すること。これをくり返すことによって大量増殖できる。

図3-Ⅱ-36
カトレアの培養小植物体（順化前）

❸組織培養の利点と難点

組織培養による繁殖は，種子繁殖や栄養繁殖がむずかしい植物の増殖を可能にし，季節や環境条件に関係なく，遺伝的に均一なクローンを短期間に大量に繁殖できる優れた特性をもっている。また，ウイルスフリー苗は収量，品質が優れているという利点がある。

その一方で，組織培養には多額の設備投資が必要である。さらに，すべてを人工環境で行なうため，ランニングコストが高く，種苗の販売単価が高額になるという難点がある。

それでもなお従来の繁殖法より優れていることが高く評価され，多くの植物で新しい繁殖方法として利用されている。

培養変異と回避

組織培養でクローンを増殖して苗を生産するランなどでは，組織培養による繁殖効率が悪い個体や，培養変異がおこりやすい個体は，種苗の遺伝的な純粋性が損なわれるので品種にはなりえない。枝変わりなどの突然変異によって生まれた個体は，培養変異も発生しやすいので，とくに注意が必要である。培養効率がよく，変異の少ない個体をいかに選抜するかが重要である。

培養変異を回避するには，①迅速で効率のよい再分化法の選択，②培養期間の短縮，③高濃度のホルモン処理をさける，④苗生産過程で変異検定を行なう，などで対処する。

第4章 生産技術と環境管理

I 苗の育成

1 種子苗の育成

種子苗（seedling）は，生産者がみずから播種する場合と，セル成形苗を育苗業者から購入する場合があるが，播種と育苗の工程はいずれも同じである（図4-Ⅰ-1）。

1 培養土とセルトレーの準備

❶培養土

播種用の培養土（potting media）は市販のものがよく使われている。ピートモスを主体に川砂，パーライト，バーミキュライトなどが混合され，少量の肥料が添加されている。

培養土を手で握ったときに形がくずれず，軽くゆするとくずれる程度の水分量に調整して使う（図4-Ⅰ-2）。このときの水分率はほぼ50％である。圧縮されて市販されている培養土は，破砕機で細かくしてから水を加える。水分調整した培養土をセルトレーにつめるが，効率的に行なうには専用の土詰め機を使う（図4-Ⅰ-3）。なお，覆土後にセルから土があふれないようにやや少なめにつめる（注1）。

〈注1〉
好光性種子と嫌光性種子があるが（第2章Ⅱ-2-2参照）種苗会社のカタログにはその記載があるので，指示された条件で播種する。乾燥を防ぐために覆土を行なうのが一般的だが，インパチエンスやキンギョソウのような好光性種子では，厚く覆土を行なうと発芽率が下がるので，軽く覆土する。

❷セルトレー

セルトレー（cell tray）とは，セル（小さなポット）がつながってなら

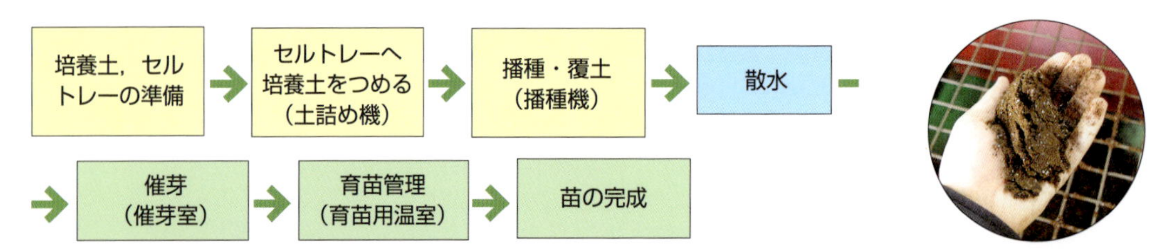

図4-Ⅰ-1　種子苗の育成工程

図4-Ⅰ-2　播種用培養土の水分状態

図4-Ⅰ-3 セルトレーへの培養土詰め機
①手前にセットしたセルトレーはベルトコンベアによって自動的に装置内に送られ，培養土が充填される
②表面についた余分な培養土はブラシで取り除かれる

図4-Ⅰ-4
セルトレーのいろいろ
セルの大きさだけでなく，深さや形にもいくつかのバリエーションがある。左から2番目は各セル間に通気孔があいていて，セルトレーの内側と外側の環境が均一になりやすく，より均一な苗が生産できる

図4-Ⅰ-5 ドラム式播種機による播種
①ドラム式の播種装置の下を通過するセルトレーに自動的に種子が落下し，播種される
②自動的に覆土される

んでいる，300×590㎜の長方形のポリスチレン製の育苗容器である（図4-Ⅰ-4）。トレーの大きさはすべて同じであるが，セルの数は多様で，数が多いほどサイズは小さくなり，植物の種類や苗の大きさなど育苗の目的によって使い分けられている（注2）。

現在，花卉の苗に利用されているものは406穴か512穴のものが多いが，種類によっては288穴のものを使うこともある。トルコギキョウなど直根性のものは，深いセルを利用する。

〈注2〉
セルの数によって，たとえば406個ある場合は406穴セルトレーというようによばれている。

2 播種と催芽

播種機を用いて自動的に播種し，好光性種子（positively photoblastic seed）以外では厚く覆土する（注3）（図4-Ⅰ-5）。覆土後，種子が動かないように軽く散水し，発芽適温に調節した催芽室にいれ，数日間かけて催芽（germination）する。催芽室では，種子の乾燥を防ぐためミスト散水などを行なう。催芽時に乾燥と湿潤をくり返すと，発芽率の低下や生育がそろわない原因になるので，乾燥しないように細心の注意をはらう。

好光性種子以外は催芽室に照明をつけないので，発芽後も催芽室で管理すると苗がいちじるしく徒長する。そのため，発芽したらすぐに育苗用温室に移動する。

〈注3〉
好光性種子にはインパチェンス，エキザカム，カルセオラリア，キンギョソウ，グロキシニア，プリムラ・ポリアンサ，プリムラ・マラコイデス，ベゴニア，ペチュニア，ペンタス，マツバボタン，ミムラス，ロベリアがある。嫌光性種子（negatively photoblastic seed）にはアマランサス，ガザニア，キンレンカ，シクラメン，ニチニチソウがある（表2-Ⅱ-2参照）。

3 育苗管理（seedling management）

［水分管理（water control）］ セルトレー内で水分状態がムラになると

図4-Ⅰ-6　育苗用温室での散水
スプリンクラーなども使われるが，人間の目で確認しながら行なう

図4-Ⅰ-7　ハードニング中のセル成型苗

生育にばらつきがでるので，水分状態が均一になるような散水を心がける。このため，一般の灌水に用いられている散水ノズルではなく，ミスト状の散水ができるノズルを利用する（図4-Ⅰ-6）。

［追肥（supplement application）］　培養土に含まれている肥料は育苗期間に不足するので，追肥として液肥を与える。窒素が100～150ppm程度のものを灌水2～3回に1回の割合で与える。

［わい化剤（growth retardant）処理］　花卉によっては苗が徒長し，品質が悪化するので生育途中にわい化剤を投与して，苗の徒長をおさえる。わい化剤にはパクロブトラゾール，ダミノジッド，ウニコナゾールPなどがある（注4）。セル苗の生育後期にわい化剤を投与すると，鉢上げ後もわい化剤の効果が残り発育が遅れるので注意する（第2章Ⅲ-3-2-④参照）。

［補光（supplement lighting）］　冬や曇天が続く場合は，高圧ナトリウムランプ（注5）によって早朝と夕方に補光を行なうこともある。高圧ナトリウムランプは熱源にもなるので，冬には温度を上げる効果も期待できる。

［ハードニング（hardening）］　育苗温室は鉢上げ後の育成温室より気温が高いため，育成温室に苗を移すと生育が停滞することがあるので，移す前に，やや気温が低い場所で苗のハードニングを行なう（図4-Ⅰ-7）。

〈注4〉
薬剤や花卉の種類によって処理濃度はちがい，たとえば本葉2枚展開したペチュニアでは，ダミノジッド2500ppm，ウニコナゾールP 1～2ppmの濃度で，200mL/㎡を散布する。

〈注5〉
光合成に利用される赤色光（600～700nm）を多く含み，光変換効率が30～40%と高く，LED以外の光源にくらべて寿命が長い。

2 挿し木苗の育成

栄養繁殖によって栽培されるキク，カーネーション，バラ，ポインセチアなどは，挿し木（rooted cutting）や接ぎ木を行ない，発根した苗を圃場や鉢に植付ける（図4-Ⅰ-8）（注6）。

〈注6〉
多くの栄養繁殖花卉は，挿し穂や苗が種苗登録されており，その苗から挿し穂を得て増殖するには権利者の許可が必要である。

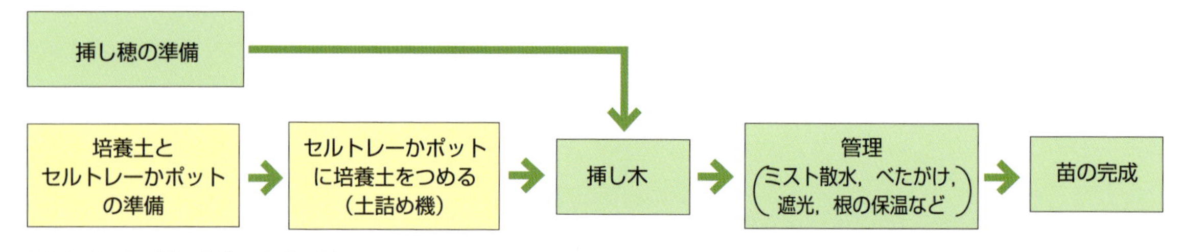

図4-Ⅰ-8　挿し木苗の育成工程

図4-Ⅰ-9
成型培養土で発根した苗
成型培養土はスポンジ状に加工されており，根が十分回らなくてもとりだすことができる

図4-Ⅰ-10　セルトレーへの挿し木とポットへの直挿し
セルトレーなどに挿して発根した苗を圃場やポットなどに植えるが，ミニバラなどでは出荷用のポットに直接挿し木を行なう

1 挿し木用培養土

挿し木用培養土（rooting media）は，ピートモスを主体としたものが多く用いられているが，最近は，ココヤシ繊維の原料に吸水・成形材を添加してセルの形に成型した，スポンジ状の培養土（成型培養土）が市販されている。

従来の培養土を使った挿し木では，発根してから十分に根がセル内に回らないと，とりだすことができないが，成型培養土を利用すると根が十分に回らなくてもとりだすことができ，若苗定植が可能である（図4-Ⅰ-9）。若苗で定植すると，育苗期間が短縮できるとともに，定植後の活着もよい（注7）。

〈注7〉
苗を生産する業者では，生育がそろった苗を1つのセルトレーに集める苗の差し替えを行なうが，この作業性も大幅に改善される。

〈注8〉
インドール酪酸（IBA），ナフタレン酢酸アミド（NAAM）がある。

2 挿し木

挿し穂は，128穴程度のやや大きなセルトレーかポットにいれた培養土に直接挿し木をする（図4-1-10）。挿し木に発根促進剤（rooting chemicals）（注8）を塗布することもあるが，通常は使用しなくても十分に発根する（第3章Ⅱ-2-1参照）。

3 挿し木後の管理

挿した直後はしおれやすいので，ミスト散水やべたがけ（図4-Ⅰ-11）（注9）を行なって湿度を高めるように管理し，夏場は遮光して蒸散の抑制と温度の上昇をおさえる。発根には根の温度が強く影響するため，冬はセルトレーの下に電熱マットを敷いて加温することも行なわれている。

図4-Ⅰ-11
ミニバラではポットに十分吸水させた後，発根するまでビニルでべたがけを行ない発根を促す

〈注9〉
寒冷紗（かんれいしゃ）や不織布（ふしょくふ）など，光透過性と通気性のある資材で作物を直接覆う方法で，防寒，防風，防虫などで利用されることが多い。

3 接ぎ木苗の育成

花卉の接ぎ木は，生産性と品質向上のため，バラなどでよく行なわれている（第3章Ⅱ-2-2参照）。バラの接ぎ木は，ノイバラの根付き台木に穂木を接ぐ切り接ぎ法，芽を接ぐ芽接ぎ法などがあるが，近年は，接ぎ挿

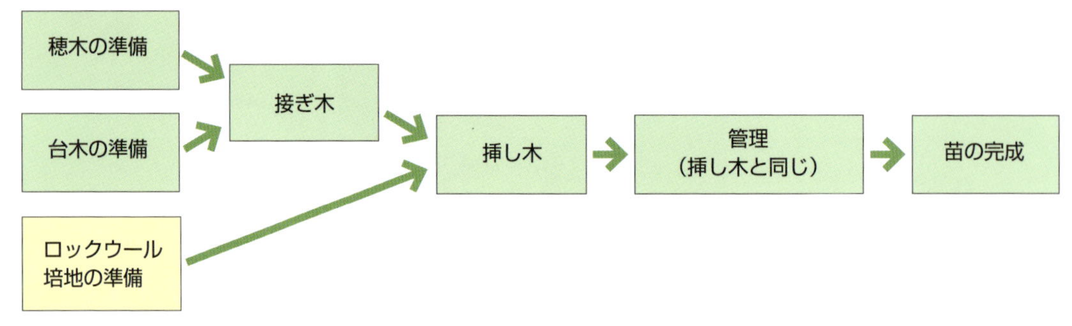

図４-Ⅰ-12　接ぎ挿し苗の育成工程

①穂木（上）と台木（下）
同じ太さで，両者の切断面が同じ角度になるよう斜めに切断する

②接ぎ木
プラスチック管（縦に切り込みをいれておくと，除去する手間がはぶける）に挿して密着させ，フィルムで固定する

③ロックウール挿し木

図４-Ⅰ-13　バラの接ぎ挿し苗の生産

し苗が普及している。

　バラの接ぎ挿し苗は，根なしの台木に穂木を接ぎ木し，これを挿し木して発根させたものである（図４-Ⅰ-12，13）。

　根のついた台木が必要なく，土壌病害による汚染も回避できるため普及がすすんでいる。台木にはオドラータやナタールブライヤーなどの緑枝が用いられる。

Ⅱ 開花・生育調節

1 温周性を利用した生育・開花調節

花卉の生活環にはさまざまな温周性（２章Ⅲ-１参照）がかかわっている。温周性を利用することで，春化植物だけでなく多くの花卉の生育・開花調節が可能になっている。ここでは，いくつかの例をあげて説明する。

1 春化植物（vernalization plant）

種子春化（seed vernalization）（２章Ⅲ-１-４参照）であるスターチス・シヌアータ（注１）の普通栽培では，秋に播種を行ない 50 ～ 60 枚程度のロゼット葉ができたのち，冬の低温を受けることによって翌年の春以降に抽台と花芽分化がおこり開花する。普通栽培だけでは春に開花が集中するので，種子春化型の特性を利用して，種子冷蔵による開花調節方法が開発されている（図４-Ⅱ-１）。

７月に育苗箱に播種し，種子に十分吸水させ，冷涼な場所で１～２日間おき，70 ～ 80％の種子が種皮をやぶって発芽しかけるころ（芽切り状態），２～３℃に設定した冷蔵庫にいれて，１カ月間冷蔵処理を行なう（注２）。

冷蔵処理後，ただちに高温に移すと苗にダメージを与えたり，脱春化（devernalization）するので，冷房温室内（夜温 15℃，昼温 25℃）で育苗する。約２週間後，本葉が２～３枚展開した株を 50 穴のペーパーポットなどに鉢上げし，さらに冷房温室内で育苗する。本葉８～ 10 枚になると脱春化がほとんどおこらないので，本圃に定植する。９月中旬に定植すると 11 月中旬から翌年５月まで収穫できる。収穫期は夜温 10℃，昼温 20 ～ 25℃で管理する。

最近では組織培養苗の利用がすすんでいるが，培養時の温度を 20℃にすることで，冷蔵処理をしなくても十分な抽台と開花が認められている。

〈注 1〉
スターチス・シヌアータのような種子春化植物の多くは，同時に緑植物春化（green plant vernalization）の特性ももっている。

〈注 2〉
低温の効果は芽切り状態でないとあらわれないが，子葉が展開している状態では冷蔵処理中に枯死する。

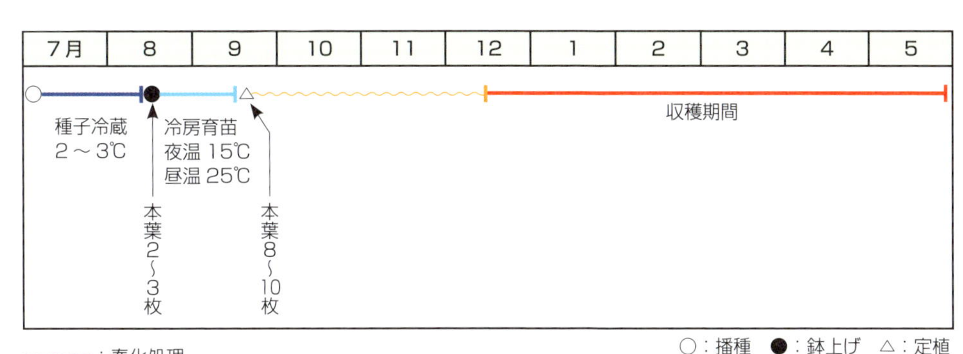

図４-Ⅱ-１　スターチス・シヌアータの開花調節

2 低温要求性植物

ファレノプシスは，最低気温25℃以上であれば栄養成長を継続し，20℃以下になると約1カ月間で腋芽から花序をつくり生殖成長に移行する低温要求性花卉（low temperature requirement plant）で，低温処理によって周年出荷されている（注3）。

ファレノプシスの苗はほとんどが組織培養苗で，花卉生産者は選抜した個体を業者に増殖を委託する。白花大輪系品種の場合は，できあがった組織培養苗（図4-Ⅱ-2）をフラスコからだし1～2年間育苗した後，葉数が5～6枚，リーフスパン（注4）が30cm程度になり，3号鉢に植えられる大きさになった苗に低温処理をする（注5）。

夜温18℃，昼温23℃に設定した冷房温室に株をいれると，約1カ月後には腋芽から花序が発生する（図4-Ⅱ-4）。花序は急速に伸び，低温処理開始から約5カ月後に開花し出荷可能になる。花序発生から出荷までの期間も，最高気温が25℃以上にならないように管理する（注6）。なお，低温処理をするまでは，最低気温を25℃以上に保ち花序形成を抑制する。

〈注3〉
流通している多くの白花大輪系の品種は低温によく反応するが，近縁種のドリティスが交配されている品種などでは低温に反応せず，四季咲き性のものもある。

図4-Ⅱ-2
ファレノプシスの組織培養苗
プラスチック容器にはいって届いた苗を，ミズゴケでセルトレーに植え込み育成する

〈注4〉
ファレノプシスの葉は互生するが，片方の葉の先端からもう片方の葉の先端までの差し渡しの長さをいう。

〈注5〉
優良品種の苗生産は台湾など海外で行なわれており，生産者は比較的大きな苗を購入し（図4-Ⅱ-3）低温処理を行なう例が多い。

図4-Ⅱ-3
海外から輸入されたファレノプシスの苗
3号鉢に植え込まれた苗は段ボールに梱包され空輸される

〈注6〉
ファレノプシスの生産は高度に施設化されており，冬の自然低温の利用はほとんど行なわれず，ヒートポンプ（本章Ⅳ-3-1-②参照）を利用した低温処理による周年出荷体制が確立している。

3 変温管理（DIF）

日周期の温周性を利用した，伸長成長の調節のための温度管理法がDIF（ディフ）である。DIFの概念は，ミシガン州立大学のハインズ（R. Heins）教授のグループによって，ポインセチアなどの鉢物や花壇用苗物生産の昼夜温の影響についての研究から提唱された。

DIFとは，昼温から夜温を引いた値のことで，「差（Difference）」の最初の3文字をとって名付けられ，おもに茎伸長（草丈）の調節に利用される。昼温が夜温より高いときを「正のDIF」，昼温が夜温より低いときを「負のDIF」，昼温と夜温が等しいときを「ゼロDIF」とよび，DIFの値が大きくなるほど節間伸長量が大きくなる（図4-Ⅱ-5）。

生育障害にならない温度範囲という限定はあるが，DIFの値が等しい場合，平均温度がちがっても最終的な節間伸長量は同じになる。しかし，成長速度は，平均温度が高いほど速い。

この技術は欧米でおもに鉢物，花壇用苗物生産に利用され，それまで多用されていたわい化剤の使用削減に貢献した。

4 変温管理（EOD-heating）

EOD-heating（End of day heating）は，日没直後から数時間加温し，それ以降は慣行よりも低温で管理する方法で，いくつかの花卉で開花促進効果がみられる。スプレーギク，ペチュニア，トルコギキョウなどでは，EOD-heatingによって，慣行より低い夜温でも同じ品質のものが収穫できるので，省エネルギー技術として検討がはじまっている。

5 花木の促成栽培

ハナモモ，レンギョ，ユキヤナギなど春咲きの温帯花木は，自然環境で栽培した株や切り枝を加温室で開花させる，促成栽培が一般に行なわれて

図 4-Ⅱ-4
花序が発生したファレノプシス
上位から3〜4節目の腋芽から花序が発生することが多い（⇨印）。花序は急速に伸び，開花する

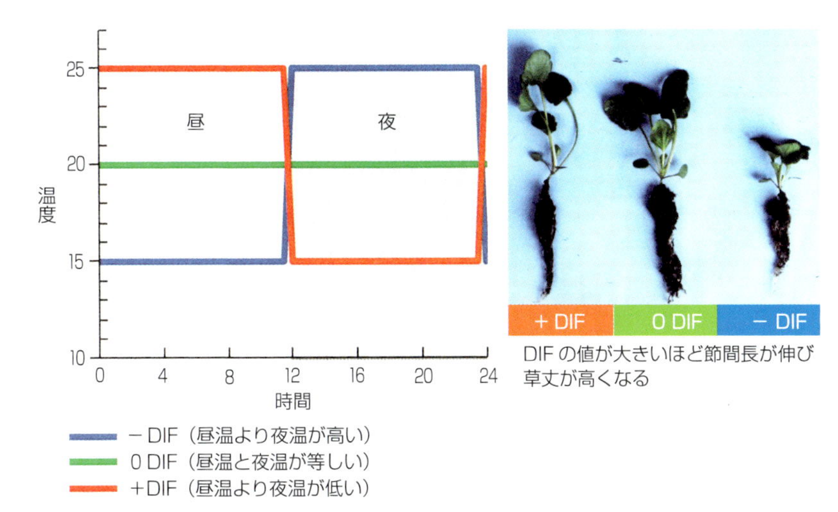

DIF の値が大きいほど節間長が伸び草丈が高くなる

図 4-Ⅱ-5　昼夜温較差（DIF）による草丈調節（パンジー）（写真提供：腰岡政二氏）

いる。この栽培では，花芽の休眠制御，とくに低温遭遇量の調節が重要になる。

2　光周性を利用した開花調節

1　光周性の発見と開花調節の広がり

1920 年の光周性（第 2 章Ⅲ- 2 参照）の発見によって，日長調節によるキクの開花調節（regulation of flowering）技術が開発され，周年生産（year-round production）が可能となった。1930 年代にはアメリカで商業的な生産がはじまり，光周性の発見はキクが世界三大花卉の 1 つとしての地位をきずく大きな要因になった。

現在では，キクをはじめトルコギキョウ，デルフィニウム，シュッコンカスミソウ，カンパニュラ類，ソリタゴ，ポインセチア，カランコエなど多くの花卉で，光周性を利用した開花調節が実際栽培に組み入れられている。

2　キクの開花調節

❶草丈の確保と日長処理の開始

光周性をもつ植物を普通栽培すると，花熟相になっていれば，草丈が小さくても限界暗期の長さによって一定の時期に開花する。切り花生産では一定の草丈がないと商品として出荷できないので，栄養成長の期間を確保し，一定の草丈に成長させるために電照が行なわれる。その後，遮光や自然日長による短日処理を行ない開花誘導しており，栽培期間を通して日長調節が行なわれている。切り花で最も多く栽培されている輪ギクを例に，日長による開花調節について説明する（図 4-Ⅱ-6）。

輪ギクは，栄養成長期には茎の先端部の茎頂分裂組織からさかんに葉を展開させ，茎を伸ばす。しかし，短日条件になると，茎頂分裂組織が花芽分化するので葉の分化は止まるが，それまでに分化していた未展開葉は展

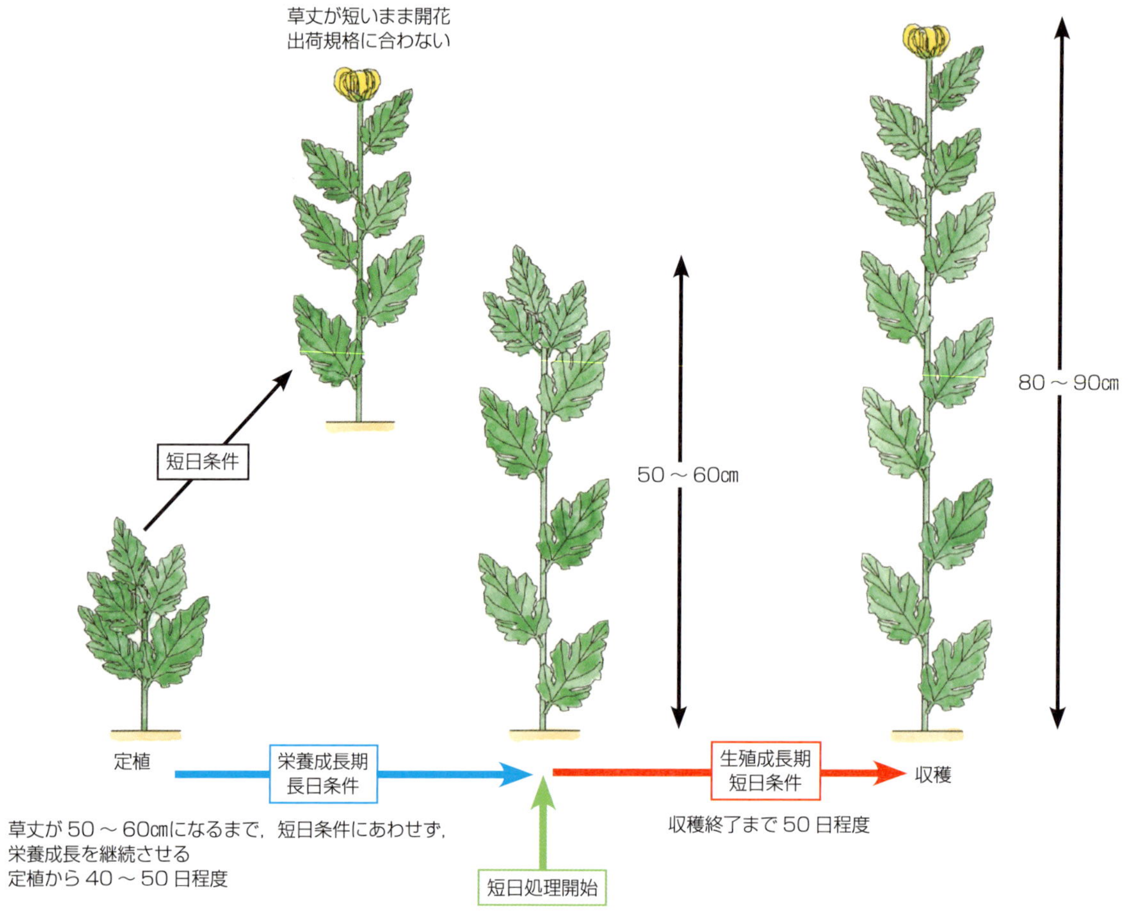

図4-Ⅱ-6　日長とキクの生育・開花

開する。

茎伸長はその後も継続するが，輪ギクの出荷時の切り花長は80～90cm必要なので，花芽分化がはじまる前には50～60cmの草丈がないと，十分な長さの切り花が得られない。この草丈になるには定植から40～50日かかるので，その期間は栄養成長を続けさせる必要がある。

短日処理を開始してからおよそ50日経過した後，開花直前に収穫するので，定植から収穫終了まで90～100日かかる。

❷開花・収穫時期と日長処理

11時間30分の限界日長をもつ秋ギク品種を例に開花調節の概要を説明する（図4-Ⅱ-7）。

10月開花の作型では，7月上旬に挿し穂を定植し，8月下旬に草丈が一定の長さになるまで栄養成長させる。この時期の日長は13時間以上あるため，基本的には自然日長のままで栄養成長が継続する（注7）。そして，8月下旬から遮光による11時間日長の短日処理を開花するまで行なう（注8）。

2月開花の作型は，10月下旬の定植時が短日条件なので，花芽分化を抑制して栄養成長させるため，深夜に3～4時間程度（注9）の電照（光中断）

〈注7〉
多くの生産者は確実に開花抑制を行なうために，時期を問わず電照を行なっている。限界日長が短い品種だと長期間の電照が必要なので，短くてすむ早生秋系統の利用がすすんでいる。

〈注8〉
高気温の時期の被覆資材による完全遮光は，内部が高温になるため，循環扇や換気扇などで温度を下げる工夫がされている。

〈注9〉
日長に敏感に反応する短日植物では，数分程度の短い光中断でも，連続した暗期が限界暗期をこえなければ開花しないはずである。しかし，植物によってさまざまな反応が複雑に絡みあって開花するため，輪ギクでは3～4時間という十分量の光中断を行なっている。

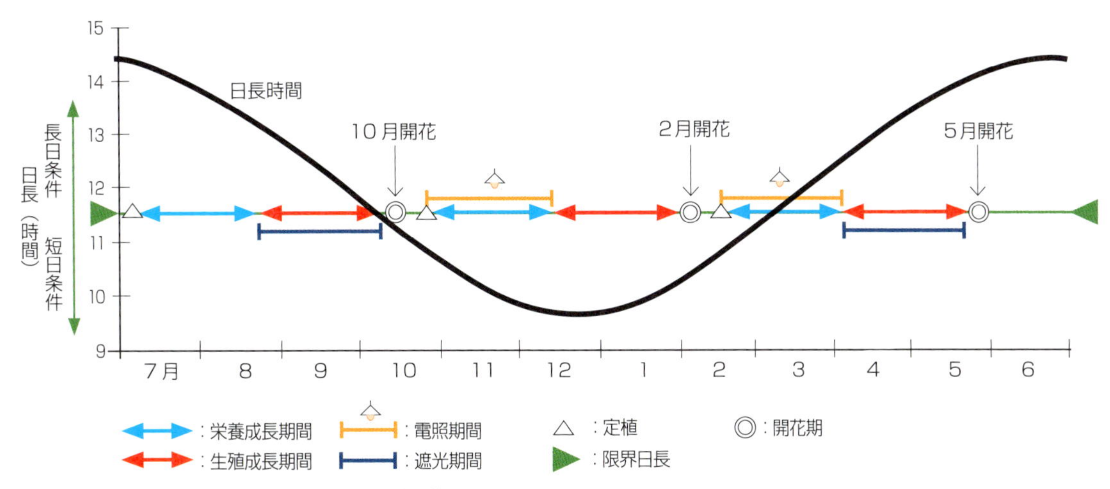

図4-Ⅱ-7　日長の季節変動とキクの開花調節

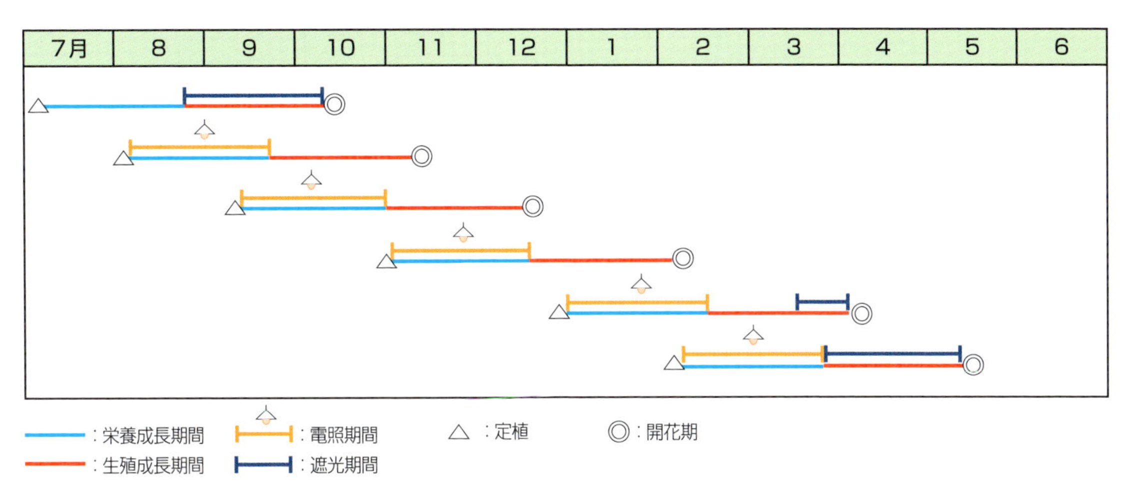

図4-Ⅱ-8　輪ギクの栽培時期と開花調節の例

（注10）を行なう。そして，一定の草丈になったら電照を終了し，短日条件になっている自然日長で花芽分化させる。

5月開花の作型も，2月中旬の定植時が短日条件なので，電照を行なって栄養成長させる。草丈が確保できる3月下旬には長日条件になっているため，11時間日長になるように遮光し，花芽分化を促進させる（注11）。

なお，7～9月開花の作型は，高温による開花遅延が少ない夏秋ギクを利用する。開花調節の考え方は秋ギクと同じであるが，開花を抑制するための電照時間は5～6時間と長めに行なう。秋ギクと夏秋ギクを組み合わせて日長調節を行なうことで，輪ギクの周年出荷が可能になっている。

❸再電照

○輪ギクの再電照

輪ギクの電照栽培では，電照打ち切り時の日長が自然開花期の日長より短い場合，舌状花が少なく，管状花が多くなるため芯が露出（露心）したり，「うらごけ」という上位葉が小型化する現象が発生して問題になる。再電照はこれらの防止策として考案された。

〈注10〉
光中断には白熱電球が多用されてきたが，より消費電力量が少ない電球型蛍光灯への移行がすすみ，最近では赤色LEDの導入も検討されている。

〈注11〉
図4-Ⅱ-7では理解しやすいように10月，2月，5月開花作型で示しているが，実際には温室ごとにほぼ1カ月間隔で挿し穂を定植し，時期をずらして収穫できるように栽培している（図4-Ⅱ-8）。

図 4-Ⅱ-9
コギクの再電照処理と花房形状
A：無処理，B：再電照（消灯 4 日後から 12 日間処理）
（写真提供：住友克彦氏）

電照を打ち切って，総ほう形成後期～小花形成前期程度まで花芽分化をすすめた後，再び短期間の電照を行なって生殖成長を一時的に抑制し，舌状花数の増加や上位葉の大型化をはかるのである。現在の主力品種'神馬'系統では，電照打ち切り後 14 日間短日にしてから 4 日間の再電照が行なわれている。

○コギクの再電照

沖縄を中心とした冬のコギク栽培でも，花数増を目的に再電照が行なわれている。品種によってちがうが，電照打ち切り後 4 日間短日（成長点膨大期～総ほう形成前期）にした後，14 ～ 20 日間の再電照を行なう。

電照打ち切り後の早い段階で再電照を開始し，比較的長い期間継続することで，頂花序の分化･発達を抑制しつつ側枝の栄養成長をうながし，花房のボリューム確保と 1 茎当たりの花数増をはかっている（図 4 - Ⅱ - 9）。

3 根域温度と生育・開花

夏の温室で栽培されているポット苗の日中の鉢内温度は気温よりも数度高く，35℃になることもある（図 4 - Ⅱ - 10）。これは日射による熱をポットや培養土が吸収するためである。地下部は地上部よりもたいへん多くの頂端分裂組織（根端分裂組織）があり，高温によって地上部の生育・開花にも悪影響をおよぼすことは容易に想像できる。これについての研究は少ないが，最近いくつかの例があるので紹介する。

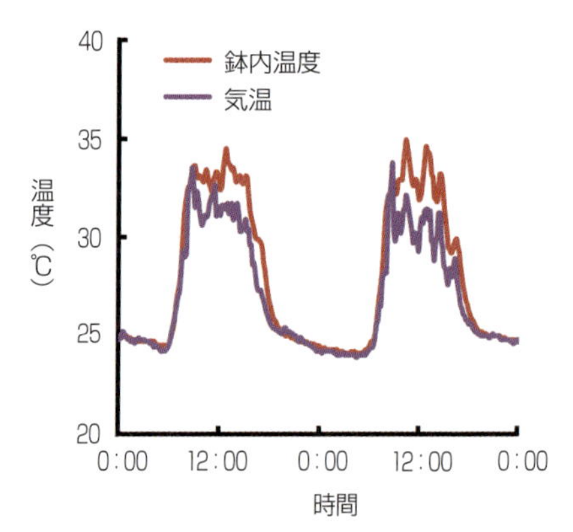

図 4-Ⅱ-10　夏の外気温と 3 号黒ビニルポットの鉢内温度のちがい

バラの切り花栽培では，夏の高温が生産量の低下に直結する。不織布を利用した根圏冷却栽培システム（図 4 - Ⅱ - 11）では，気温やロックウール栽培の根圏温度より約 3℃低くすることができる。改良型高圧細霧冷房を組み合わせた試験では，切り花収量が増加することが報告されている。また，夏のミニシクラメン栽培で，根域温度を 20 ～ 26℃に冷却すると開花が促進され，とくに 20℃では効果が大きい（図 4 - Ⅱ - 12）。

このように，根域温度は植物の生育・開花に影響していることは明らかであり，今後の研究が待たれる。

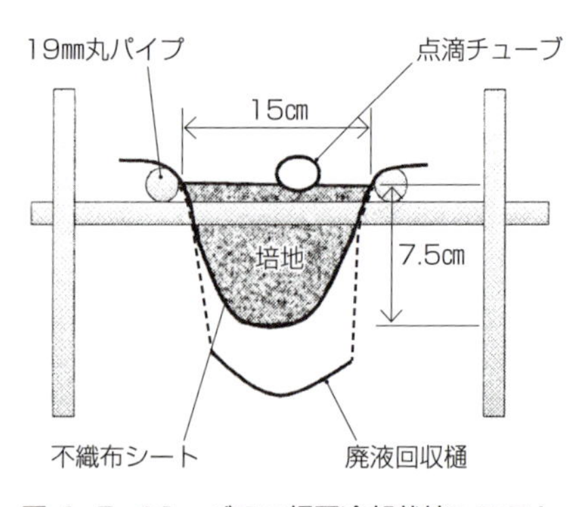

図 4-Ⅱ-11　バラの根圏冷却栽培システム
（松古・加藤，2013）

図 4-Ⅱ-12　夏のミニシクラメンの根域冷却と生育・開花
根域を 20℃まで冷却すると開花が促進される

4 整枝と生育・開花

バラは15～25℃の範囲で旺盛に生育し，日長に関係なく開花するため，開花調節を行なわなくても周年出荷できる。しかし，土耕栽培とロックウール栽培があり，両者で整枝方法がちがい，切り花の生産性も整枝方法によって大きくちがう。

1 土耕栽培の整枝方法（切り上げ法）

土耕栽培では，ふつう切り上げ法によって整枝される（図4-Ⅱ-13）。株元から生育したベーサルシュートを一定の高さでピンチ（摘心）し，ピンチした枝からでた一次分枝が開花したら5枚葉（注12）1枚を残して収穫する。さらに，一次分枝から発生した二次分枝が開花したら同様に収穫する。

〈注12〉
バラの葉は羽状複葉で，小葉が5枚の5枚葉が多い。

基部から伸長してきたベーサルシュート（B）を一定の高さで切りそろえる（白矢印）。切除した直下の腋芽から一次分枝（1）が発達し，これを採花する。同様に，一次分枝を収穫した直下の腋芽から二次分枝が発生するので，これを採花する

図4-Ⅱ-13　バラの土耕栽培での切り上げ栽培

このように，次々とでる分枝を切って収穫するので切り上げ法とよばれる。しだいに切る位置が高くなっていき，地上3mになることがあるので，高くなりすぎたら最初の位置まで切りもどし，再び切り上げながら収穫する。

2 ロックウール栽培の整枝法（アーチング法，ハイラック法）

ロックウール栽培では，アーチング法やハイラック法によって栽培される（図4-Ⅱ-14）（注13）。アーチング法では，ロックウール苗を植付け，主茎につぼみがついたら基部から折り曲げる。次の枝は折り曲げた主茎の基部付近から発生するが，細くて短い枝やブラインド（花のつかない）枝は基部から折り曲げ，生育のよい枝だけを採花枝にする。枝を折り曲げることによって頂芽優勢（注14）が解除され，基部から採花枝が発生する。

〈注13〉
土耕栽培でもアーチング法やハイラック法を行なうことはあるが，ロックウール栽培で切り上げ法は行なわない。

〈注14〉
頂芽によって腋芽の発育がおさえられている現象をいう。頂芽から基部へ向かって流れるオーキシンが，腋芽の発育を抑制する植物ホルモンであるストリゴラクトンの働きを強め，腋芽の発生を促進するサイトカイニンの生合成を抑制することによっておこる。

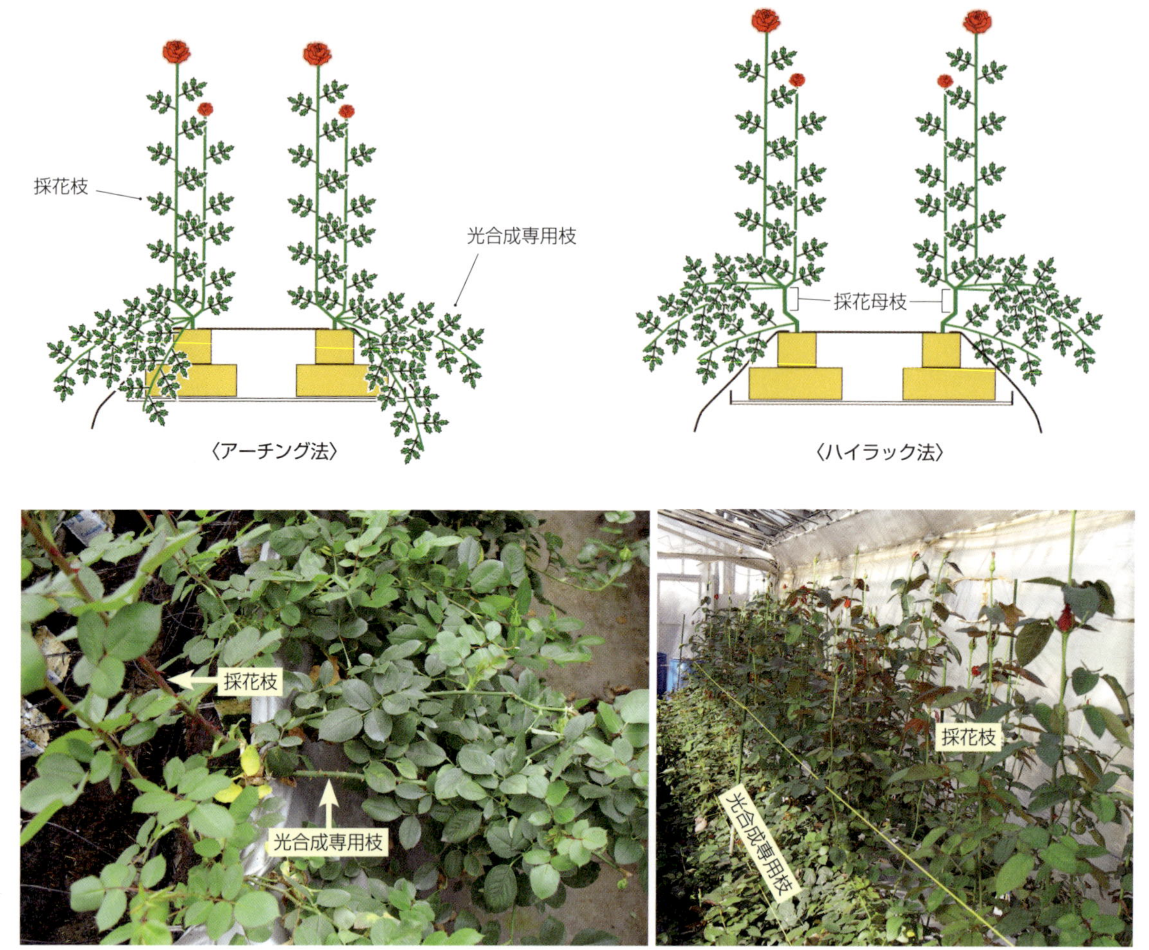

図4-Ⅱ-14　バラのロックウール栽培でのアーチング法とハイラック法

折り曲げた枝は光合成専用枝として炭水化物を供給し，新しい枝の発生をうながす。

切り上げ法では切り花の収穫位置が大きく変動するが，アーチング法では収穫位置（注15）が一定であり，作業性がたいへんよい。

ハイラック法はアーチング法の変形であり，主茎は基部ではなく，基部から10～20㎝の高さで折り曲げ，ここを起点にアーチング法と同様に採花枝を得る方法である。

〈注15〉
ほぼ同じ位置で切り花を収穫するため基部が肥大する。この部分をナックルという。

Ⅲ 養水分管理

1 植物の吸水と土壌の水ポテンシャル

水は，養分吸収や体内での物質移動，光合成など植物の代謝や生体維持に重要な働きをしており，水がなくては植物は生育することができない。

水の動きは，水ポテンシャルという概念でとらえられており，植物の吸水や土壌の保水性を理解するうえで，この概念が必要である。

1 水ポテンシャルと植物の吸水

水ポテンシャル（water potential）は水のもっているエネルギーの指標で，圧力の単位（Pa）であらわされる。水はポテンシャルの高いところから低いところに流れる。植物は土壌中の水分を根から吸水（water uptake）し，体内の組織を潤し，最終的に葉から水蒸気として大気中に放出する。これは，水ポテンシャルが土壌－植物－大気の順に低くなっているので，その勾配にしたがって流れているのである（図4-Ⅲ-1）。

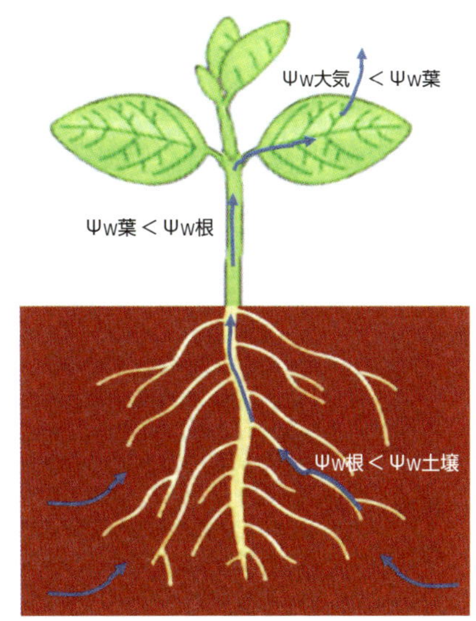

図4-Ⅲ-1
植物の水分吸収－体内移動－蒸散と水ポテンシャル（鈴木ら，2012）
水は水ポテンシャルの高いところから低いところに流れる

水ポテンシャル（Ψ w）は静水圧ポテンシャル（Ψ p），マトリックスポテンシャル（Ψ m），重力ポテンシャル（Ψ g），浸透ポテンシャル（Ψ s）の和である（表4-Ⅲ-1）。このうち，土壌の水ポテンシャルはおもにマトリックスポテンシャルと浸透ポテンシャルで決まる。

植物の水ポテンシャルが土壌の水ポテンシャルよりも低ければ吸水することができるが，土壌の水ポテンシャルが植物の水ポテンシャルと同じか高いと植物は水を吸収することは

表4-Ⅲ-1　水ポテンシャルの種類（鈴木ら，2012を一部改変）

種　類	略号*	内　容
静水圧ポテンシャル hydrostatic pressure 別名：圧ポテンシャル pressure potential	Ψ p	水にプラスの圧力（陽圧）がかかると増加し，マイナスの圧力（陰圧）がかかると減少する。土中では，土が十分に水を含んでいるとき（飽和時）のみ陽圧が発生するが，土が乾燥気味のとき（不飽和時）は，マトリックポテンシャルに起因して陰圧になる
マトリックポテンシャル matric potential	Ψm	水の毛管現象に起因する圧ポテンシャルの一種。乾燥した土壌や植物中の毛細管などの狭い間隙に水が吸引されると，この影響で結果的に水が移動しにくくなり，陰圧を生む
重力ポテンシャル gravitational potential	Ψ g	おもに水が存在する高さの影響を受ける。垂直距離で 10 mに位置する水の重力ポテンシャルは0.1MPa に相当する。樹高の高い樹木の場合には考慮されるが，草本性植物内や組織細胞レベルで考える場合は通常省く
浸透ポテンシャル osmotic potential 別名：溶質ポテンシャル solute potential	Ψ s	水の浸透圧にマイナスの符号をつけたものであり，溶液の温度と溶質の濃度に左右される。温度が高まれば，また溶質の濃度が濃ければ，マイナスの方向に低くなる
水ポテンシャル water potential	Ψw	静水圧ポテンシャル，マトリックポテンシャル，重力ポテンシャル，浸透ポテンシャルの総和で，Ψw＝Ψ p ＋Ψm ＋Ψ g ＋Ψ sとしてあらわされる

注）*水ポテンシャルの略号には，一般的に，ギリシャ文字のΨ（プサイ）が用いられ，各ポテンシャルの英名イニシャルをとり，表記される。

〈注 1〉
吸水がおこるとき：植物の水ポテンシャル（Ψ w）＜土壌の水ポテンシャル（Ψ m+ Ψ s）
吸水がおこらないとき：植物の水ポテンシャル（Ψ w）≧土壌の水ポテンシャル（Ψ m+ Ψ s）

〈注 2〉
水ポテンシャルの単位はパスカル（Pa）で表示されるが，土壌のマトリックスポテンシャルは慣例として pF で示されることが多い。pF は水柱の高さの対数であり，100㎝の水柱の高さ ($\log_{10}$100㎝ =pF2.0) のマトリックスポテンシャルは -0.0098MPa に換算される。

〈注 3〉
容易有効水分の pF1.5 ～ 3.0 をパスカルに変換すると -0.003 ～ -0.098 MPa となる。

〈注 4〉
浸透ポテンシャル（Ψ s）＝ -R・T・Cs
R: 0.0083145 ℓ MPa/mol/K
T: 絶対温度（°K）0℃＝273°K
Cs: 溶液のモル濃度 (mol/ℓ)

できない（注 1）。

2 土壌の水ポテンシャル（Ψ w）

❶マトリックスポテンシャル（Ψ m）

マトリックスポテンシャルは，土壌の孔隙が毛管力によって水を引きつける圧力のことで，土壌が水で飽和されないかぎり，必ず負の値になる。値の大きさは，土壌中の無数の孔隙の大きさと量によって決まり，小さい孔隙が多く毛管力が強いと低くなり（マイナスの数値が大きくなる），大きな孔隙が多く毛管力が弱いと高くなる（マイナスの数値が小さくなる）。

大きな孔隙にはいった水は，重力に抗しきれずに排水されてしまうので，灌水直後を除いて植物はこの水をほとんど利用できない。重力によって排水されないマトリックスポテンシャルの限界は pF1.5（注 2）で，このときの水分量を圃場容水量という。

植物は pF 1.5 ～ 4.2 のマトリックスポテンシャルで保持された水分を利用できる。しかし，容易に吸収できるのは pF1.5 ～ 3.0 で保持された水分で，これを容易有効水分という（注 3）。pF3.0 ～ 4.2 で保持された水分は難有効水分といい，植物はほとんど吸収できない。したがって，容易有効水分の量が，植物の成長を大きく左右する（コラム参照）。なお，pF3.0 を成長阻害水分点という。

❷浸透ポテンシャル（Ψ s）

浸透ポテンシャルは，土壌の液相（土壌溶液）の温度と溶質の濃度によって決まる（注 4）。土壌溶液に含まれている溶質は，施肥された無機塩類がほとんどで，これらは陽イオンと陰イオンになって溶けている。この総イオン濃度に比例して浸透ポテンシャルが低下する。

たとえば，バラの養液栽培に使われている液肥の全イオンのモル濃度は 0.023mol/ℓ で，圃場の土壌溶液の溶質のモル濃度は高くても 0.05mol/ℓ 程度である。これらの浸透ポテンシャルは温度 25℃のとき，それぞれ -0.057MPa と -0.124MPa になる。

植物根の水ポテンシャルは -0.6MPa 程度である。図 4 - Ⅲ - 2 の土壌 A が pF3.0 で，その土壌溶液の溶質のモル濃度が 0.05mol/ℓ あったとすると，この土壌のマトリックスポテンシャルと浸透ポテンシャルはそれぞれ

土壌の種類と容易有効水分量

図 4 - Ⅲ - 2 には 2 種類の土壌の pF- 水分曲線を示した。土壌 A と B はいずれも土壌の固相以外の空間をすべて水で飽和させると（pF0）70%になり，残り 30%は固相である。この土壌をある圧力で吸引すると，水分が減っていき，pF1.5 の圧力では 2 種類とも約 40%の水分が保持される。これが圃場容水量で，減った 30%は重力水として流れ去ったのである。

さらに圧力を高めると，土壌 A は容易有効水分の範囲である pF3.0 になるまで水分は大きく減るが，土壌 B ではほとんど減らない。つまり，植物が容易に吸収できるマトリックスポテンシャルで保持されている水分の量は，土壌 A では 25%あるが，土壌 B では 5%しかない。

pF3.0 以上になると土壌 B に保持された水分がようやく放出されるが，これらの水分は植物がほとんど吸収することができない。したがって，容易有効水分の割合が高い土壌 A のほうが，植物の生育に適している。

-0.098MPa と -0.124MPa となり，両者を合計した土壌の水ポテンシャルは -0.222MPa となる。この水ポテンシャルは植物根の水ポテンシャルよりも十分高いので，植物は水を吸収できる。しかし，この土壌に多量の肥料を投入したり，塩類集積がおこったりして溶質濃度が 0.25mol/ℓ になったとすると，土壌の水ポテンシャルは -0.720Mpa まで低下する。そのため，土壌が十分に水分を含んでいても植物は水を吸収することはできず，逆に植物から土壌へ水がでてしまう。どの範囲の水ポテンシャルの水分が土壌にあるかが，植物の生育を左右するのである。

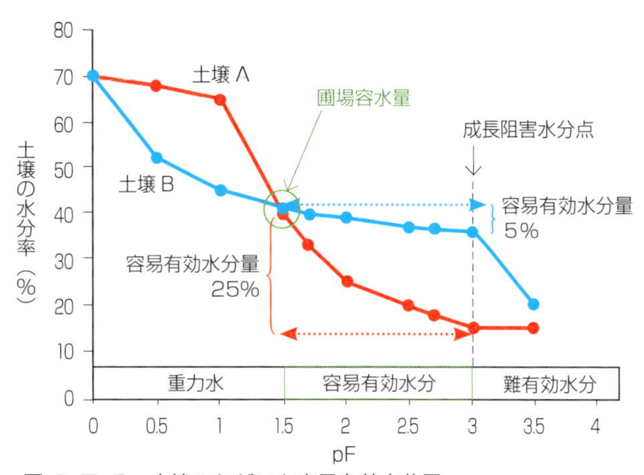

図 4-Ⅲ-2　土壌のちがいと容易有効水分量

2 土壌の物理性と化学性

1 土壌の三相構造

土壌は植物を支え，根から水や養分を供給し，根の呼吸に必要な酸素を送る重要な役割を担っている。

土壌は，固体，液体，気体で構成され，それぞれ固相，液相，気相といい，これを土壌の三相という。液相と気相の割合は，土壌に含まれる水の量によって大きく変化する。固相は無機物と有機物からなり，無機物は母材の岩石が風化されてできた細かい粒子で，有機物は動植物の残渣が分解されたものや土壌微生物などである。

固相の化学的性質は，pH，CEC（後出 3 -①②参照）など土壌の化学性に強く影響する。また，どの程度の大きさの土壌粒子がどんな割合で含まれているのかという粒径分布や，単粒構造か団粒構造（注 5）かなど，土壌粒子の状態によって，保水性と排水性が決まる。

〈注 5〉
土壌粒子がばらばらになっている状態を単粒構造，粒子同士がくっついて塊をつくり，それが多数集まっている状態を団粒構造という。

2 気相と液相の割合

根は土壌から水や養分を吸収する重要な器官であり，根自身も呼吸のため酸素を必要とする。そのため，イネのような湛水条件に適応した特別な植物を除いて，土壌の気相から十分な酸素が供給される必要がある。

土壌の三相のうち，土壌構造が変化しなければ固相率は変化しない。しかし，液相率と気相率は土壌の水分状態によって大きく変化する。気相率は，土壌が圃場容水量のときに 20 ～ 30 %であることが望ましい。とくに，鉢物栽培では鉢の底部に水分がたまりやすいので，気相率が低くなる培養土では根腐れを発生しやすい。

バーミキュライト：蛭石（ひるいし）を高温で加熱したものである。1つの粒のなかで何層もの薄い板が重なっており，軽量で通気性，透水性，保水性がよく保肥力も高い

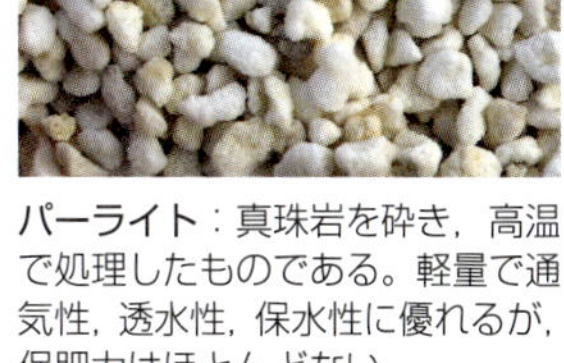
パーライト：真珠岩を砕き，高温で処理したものである。軽量で通気性，透水性，保水性に優れるが，保肥力はほとんどない

図 4-Ⅲ-3　土壌改良資材の例

表4-Ⅲ-2
土壌のpH（H_2O）と土壌反応の区分

pH（H_2O）	反応の区分
8.0以上	強アルカリ性
7.6～7.9	弱アルカリ性
7.3～7.5	微アルカリ性
6.6～7.2	中性
6.0～6.5	微酸性
5.5～5.9	弱酸性
5.0～5.4	明酸性
4.5～4.9	強酸性
4.4以下	ごく強酸性

〈注6〉
potential hydrogen, power of hydrogenの略で，ピーエイチ（英語読み）と読む。ペーハー（ドイツ語読み）とも読むが，日本ではJISでピーエイチと定められている。土壌のpHの測定は，風乾土10gに蒸留水25mℓ（1：2.5）を加えてよくかき混ぜ30分以上放置し，懸濁液にガラス電極を差し込み30秒以上静置してから値を読みとる。

〈注7〉
植物によってはpH5.5～6.2以外が適しているものもある。シュッコンカスミソウは石灰質土壌に自生しているので，酸性土壌をきらいpH6.5以上を好む。シャクナゲ，サツキ，ツツジ，アディアンタム，リンドウ，スズランなどは酸性土壌を好み，もっと低いpHでよく生育する。

〈注8〉
土壌粒子表面にH^+が多量に保持されると粘土からAl^{3+}があらわれ，H^+にかわってAl^{3+}が陽イオンの大部分をしめるようになる。このAl^{3+}が土壌溶液中に遊離すると水と反応してH^+を生じる。したがって，土壌のpHは土壌のH^+とAl^{3+}の量によって決まる。

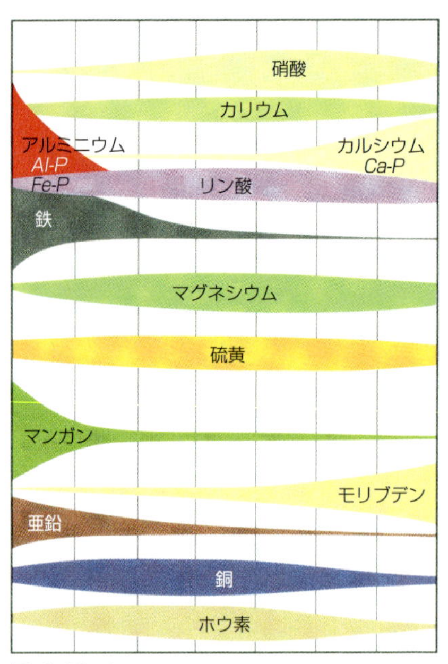

図4-Ⅲ-4
土壌pHの変化による各元素の可給度の変化
（鈴木ら，2012）
幅が広いほど土壌溶液に溶け，吸収されやすくなるので可給度が高い
Al-P, Fe-P, Ca-Pはリン酸がアルミニウム，鉄，カルシウムと結合して植物に吸収されないことを示す

それを防ぐため，バーミキュライト，パーライト（図4-Ⅲ-3），ピートモスなど，通気性と保水性に優れた資材を混合して物理性を改善し，排水性がよく，pF1.5～3.0の容易有効水を多く保持できる培養土がつくられている。

3 pHと土壌の酸性化

❶pHとは

pH（注6）は，水溶液の水素イオン濃度をあらわし（表4-Ⅲ-2），多くの植物ではpH5.5～6.2の弱酸性から微酸性が生育に適している（注7）。これより高かったり低いと，植物の根に障害を与えるだけでなく，土壌中の微量要素の溶解や吸収，土壌微生物の活動に影響を与え，植物の生育が悪くなる（図4-Ⅲ-4）。

❷土壌の酸性化

雨水や灌水には炭酸，硝酸，硫酸などの酸性物質が溶け込んでおり，これらの物質からH^+（水素イオン）が供給される。粘土や有機物からなる土壌粒子の表面はマイナスに荷電しており，陽イオンであるK^+（カリウムイオン），Ca^{2+}（カルシウムイオン）やMg^{2+}（マグネシウムイオン）などが電気的に保持されている（図4-Ⅲ-5のA）。しかし，雨水などから供給されたH^+はこれらの陽イオンと交換されH^+が土壌表面に吸着される（図4-Ⅲ-5のB）（注8）。なお，マイナス荷電の影響がおよばない範囲にある土壌溶液には，H^+が遊離して存在している。

この遊離のH^+は土壌に純水を加えることで測定でき，これを活酸性（pH（H_2O）であらわされる）という。植物の根は土壌溶液に溶けている養分を吸収するので，土壌溶液のpHである活酸性が植物の生育を大きく左右する。一方，土壌に吸着されていたH^+は土壌に塩化カリウム溶液を加えるとK^+と交換し，溶液中に溶出してくる。この方法で測定される酸性を潜酸性（pH（KCl）であらわされる）という。活酸性のもとになるH^+の量は，潜酸性のもとになるH^+よりはるかに少ないので，土壌の酸性は土壌粒子表面に吸着しているH^+の量に大きく左右される。したがって，土壌粒子表面のマイナス荷電をK^+，Ca^{2+}やMg^{2+}などの陽イオンで飽和すると，H^+の供給源がほとんどなくなるので，土壌が中性になる（図4-Ⅲ-5のA）。

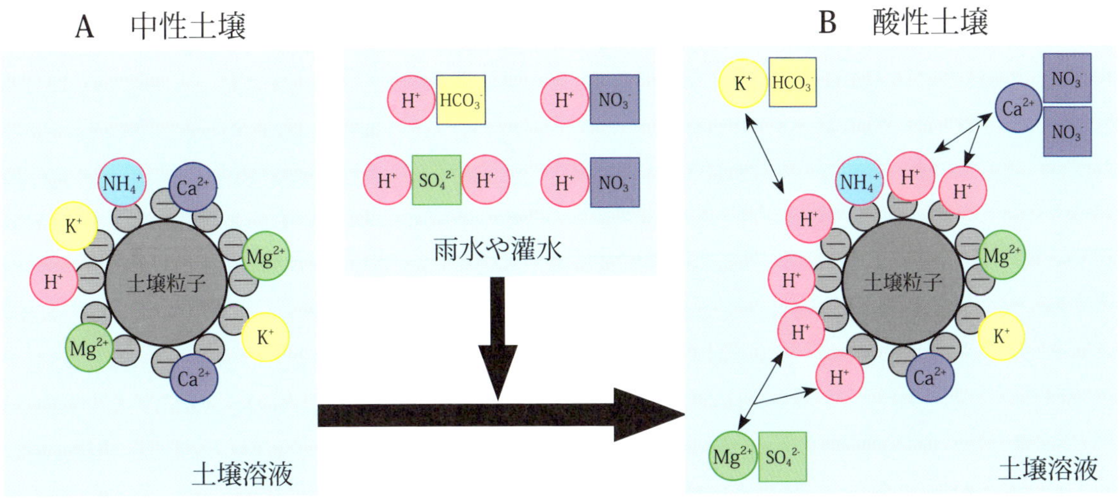

図4-Ⅲ-5　中性土壌，酸性土壌と土壌粒子の荷電

❸施肥による酸性化

土壌の酸性化は施肥によってもすすむ。無機質肥料は，土壌に施肥されると，水に溶け陽イオンと陰イオンに分かれる。たとえば，塩化カリウム（KCl）は K^+ と Cl^-（塩素イオン）に分かれて土壌溶液中に存在するが，植物は Cl^- よりも K^+ を好んで吸収するため，Cl^- が相対的に多くなる。そうなると，土壌溶液の電気的中性（注9）を保つため，土壌粒子表面に保持されていた Ca^{2+} などの陽イオンが土壌溶液へ放出され，Cl^- とともに下層へ流亡する。そして，これらの陽イオンのかわりに H^+ が土壌粒子表面に吸着され酸性化する。

〈注9〉
陽イオンの荷電の総量と陰イオンの荷電の総量は常につり合っており，その状態をいう。

このように，水溶液そのものは中性であるが，植物に肥料成分が吸収されたあとに残る物質によって土壌が酸性化する肥料を生理的酸性肥料といい，塩化カリウムのほかに，硫酸アンモニウム，塩化アンモニウム，硫酸カリウムがある。また，NH_4^+ が，硝酸化成作用によって NO_3^- へ酸化される過程でも土壌溶液中へ H^+ が放出されるため酸性化がおこる。

❹酸性の矯正

土壌の酸性を矯正するには，基本的に炭酸カルシウム（$CaCO_3$）などのアルカリ資材を施用する。あらかじめ，アルカリ資材の添加量と pH の関係を調べ，その土壌の中和石灰量曲線をつくり，必要な資材量を計算して施用する。

また，後述する塩基飽和度は pH とも高い関係があるので，低い場合は，

ピートモスと pH

鉢物栽培では，培養土にピートモスがよく混合される。ピートモスは寒冷地で堆積したミズゴケなどが徐々に分解されてできたもので，腐植酸を多く含み，pH4 前後の強酸性である。そのため，石灰を用いて中和するか，pH 調整済のピートモスを使う。多くの市販培養土にはピートモスが含まれているが，すでに pH が調整されている。

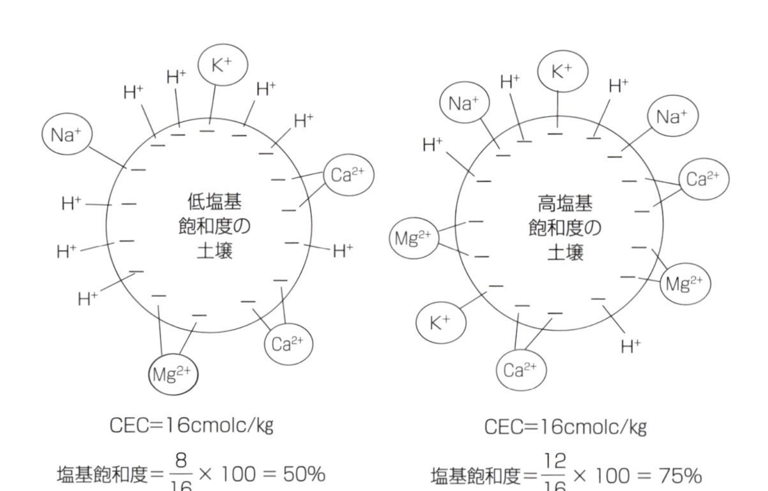

図４-Ⅲ-６　塩基飽和度の概念図（松中，2003）

作付け前に塩基飽和度が70～80％になるようにカルシウム，マグネシウム，カリウム資材を施用する。

❺塩類集積によるpHの変化

施設園芸土壌は雨水による養分の流亡がほとんどないため，カルシウムなどのアルカリ成分が土壌に蓄積しpHが高くなることがある。土壌からの水分の蒸発にともない，地下水から地表面へ塩類が移動し作土のpHが上がるためである。

しかし近年，カルシウムが適量や過剰でもpHが低いことがある。これは硫酸や硝酸などが多いためで，pHが極端に低い場合はアルカリ資材を施用するが，基本的には窒素の元肥を減らす。

4 CECとEC

❶CEC（陽イオン交換容量）と塩基飽和度

土壌粒子が陽イオンを吸着できる量を，CEC（cation exchange capacity，陽イオン交換容量）という（注10）。CECが大きい土壌ほど，多くの陽イオンを吸着することができ，保肥力が高い。

CECがどの程度の割合で陽イオンによって満たされているのかを示した値が，塩基飽和度である。作付け前に塩基飽和度を70～80％に調整する。高い土壌ほどpHが高く，低いほどpHが低くなる（図４-Ⅲ-６）。

〈注10〉
単位は，乾土1kg当たりのモル数（cmolc/kg）で示す。今までmeq/100gの単位が使われていたが，数値は変わらない。

❷EC（電気伝導度）

EC（electoric conductivity，電気伝導度）は，水溶液の電気の通りやすさを示したもので，イオン化している成分濃度が高いほど高くなる（注11）。土壌溶液では，NO_3^-との相関関係が最も高い。したがって，土壌の養分量の簡易的な把握や，ロックウールなどの養液濃度の管理，液肥濃度の確認などに頻繁に使われている。土壌のECは，風乾細土20gに水100mℓ（1：5）を加え1時間振とうし，電気伝導度計で測定する。

〈注11〉
単位はmS/m(ミリジーメンス/m)であらわすが，dS/m（デシジーメンス/m)やmS/㎝などの記載もある。1mS/m＝0.01dS/m＝0.01mS/㎝である。

3 植物の栄養と施肥

1 植物の必須元素

植物の必須元素は，表４-Ⅲ-３に示したように17種類ある。炭素（C）から硫黄（S）までの９元素は，植物体の構成や維持にかかわっており，要求量の多い多量元素である。塩素（Cl）からモリブデン（Mo）までの８元素は，要求量の少ない微量元素であるが，酵素の構成要素などに利用され重要な働きをしている。

C，水素（H），酸素（O）は水と大気から供給され，その他の成分は

表４-Ⅲ-３　元素のおもな働きと欠乏症，過剰症（篠原ら，2013を改変）

	元　素	おもな働き	欠乏症	過剰症
多量必須元素	炭素（C）	炭水化物，タンパク質などの有機物の骨格を構成。炭素と酸素は空気，水素は土壌中の水から供給される	－	－
	酸素（O）			
	水素（H）			
	窒素（N）	作物の生育・収量に大きく影響しており，要求量が多く，最も不足しやすい	葉色が薄くなり，黄色にかわる。症状は古い下位葉からはじまり，上位葉へ移行	葉色は暗緑色になる。軟弱になり，病害虫の被害を受けやすい
	リン（P）	タンパク質合成や遺伝情報を伝達する有機リン酸化合物の構成要素。エネルギー移動や光合成に重要な働き	生育が悪くなり，葉が濃緑色になる。下位葉は黄色や赤紫色になる	外観症状にあらわれることは非常に少ない
	カリウム（K）	pHの安定化，浸透圧の維持，酵素の活性化，気孔の開閉（浸透圧による）などに関与	葉の縁から黄化したり，褐色の斑点ができて，しだいに枯れる。症状は下位葉からあらわれる	過剰障害はでにくい。マグネシウム，カルシウムの吸収を阻害
	カルシウム（Ca）	細胞壁，細胞膜の構造維持と透過性に関与	新葉の先端が黄白色になり，しだいに枯れる	過剰障害はでにくい。マグネシウム，カリウムの吸収を阻害
	マグネシウム（Mg）	光合成色素（クロロフィル）の構成要素。タンパク質のリン酸化反応に関与する酵素の働きを助ける	葉脈間が黄白化や褐変。古い下位葉からでて，新しい上位葉へ移行	外観症状はでにくい
	硫黄（S）	メチオニン，活性酸素の解毒作用のあるグルタチオン，タンパク質などの構成要素	窒素欠乏のように黄化するが，わが国の土壌では欠乏しにくい	土壌が酸性になり，生育を阻害
微量必須元素	塩素（Cl）	浸透圧調節やイオンバランスの維持などに働く	欠乏症が問題になった例はない	過剰障害はでにくい
	鉄（Fe）	クロロフィルの合成などに関与。微量必須元素では最も多く含まれている	新葉から発生し，葉脈間が黄白化する。土壌のアルカリ化で発生しやすい	畑作では発生しない
	マンガン（Mn）	光合成での酸素の放出に関与。酸化還元反応での酵素の中心元素	葉脈を残して葉が淡緑色から黄白化する	新葉の黄化や紫黒色の斑点などがでる
	ホウ素（B）	細胞壁ペクチンの成分の構成要素。糖の移動や成長ホルモンの調節に関与	先端の葉が黄化や奇形化。肥大根の空洞化などの発生	黄化や褐変などが，下位葉から発生し，枯死する
	亜鉛（Zn）	タンパク質合成，核酸代謝などに関与	ロゼット化，葉の黄化，葉脈間に褐色の斑点を発生	工場排水などが原因で発生することがある
	銅（Cu）	光合成と呼吸に重要な働き。電子伝達に関与し，銅酵素の構成要素	葉脈間に黄白色の小斑点が発生。上～中位葉が淡くなり，垂れたり，湾曲	上位葉から淡緑化する。鉄欠乏症を誘発
	ニッケル（Ni）	ウレアーゼ（尿素をアンモニアと二酸化炭素に分解する酵素）の構成要素	欠乏症はほとんどでない	－
	モリブデン（Mo）	硝酸から亜硝酸への還元を触媒する硝酸還元酵素などの構成要素	古い葉に黄色から淡橙色の斑点ができ，湾曲	葉に灰白色の斑点ができ，しおれて落葉

土壌からの自然供給や肥料として供給される。なかでも，窒素（N），リン（P），カリウム（K）は要求量が多いので，肥料の三大要素として施用されている。

2 肥料の三大要素

❶窒素（N）

Nは，おもに，無機化された硝酸態窒素（NO_3－N）とアンモニア態窒素（NH_4－N）として植物に吸収される。吸収されたNはアミノ酸やタンパク質，クロロフィルに同化されるので，Nが十分に供給されないと植物のタンパク質合成がとどこおり，生育がいちじるしく悪くなる。植物の乾物当たりのN含有率は３％前後である。

畑土壌ではO_2が十分あり，活発に硝酸化成菌が働く。このため，施

表4-Ⅲ-4
花卉植物の生育に最適な硝酸態窒素とアンモニア態窒素の比率（吉羽・麻生，1985）

窒素形態の比率	適する花卉
NO_3-N 100% NH_4-N 0%	コスモス，ペチュニア，サルビア，ジニア，コリウス，アサガオ
NO_3-N 80～60% NH_4-N 20～40%	カーネーション，ベゴニア，パンジー，ガーベラ，ユリ
窒素形態に依存しない	グラジオラス

肥されたNH_4-Nや土壌粒子に保持されたNH_4^+は，NO_3^-へと酸化され土壌溶液中に放出される。したがって，無機態NはNO_3-Nの割合がとても多い（注12）。NO_3-Nは速効性であるが，灌水や雨水によって容易に流亡するので植物による利用率は低い。

NH_4-Nの量は少ないが，土壌粒子にNH_4^+として吸着されるため流亡しにくく比較的長く土壌にとどまり，根から直接吸収される。しかし，NH_4^+は生物に対して毒性をもつため，解毒回路をもつイネなど特別な植物を除いて，多くの植物はNH_4^+の量が多くなると生育が抑制されたり枯死する。

そのため，NO_3-N単独か，NH_4-Nが一定の割合で混合されて施肥されることが多い（表4-Ⅲ-4）。

〈注12〉
無機態窒素で最も酸化されたのがNO_3-N，最も還元化されたものがNH_4-Nである。湛水条件の水田では硝酸化成菌が働くことができないので，大部分がNH_4-Nとして存在する。

❷リン（P）

植物のPの含有率は，多量要素のなかで最も少なく約0.2%である。しかし，遺伝情報を担うDNAとRNA，細胞膜などの生体膜を構成するリン脂質，生体の化学エネルギーであるアデノシン三リン酸（ATP）やNADPH（第2章Ⅱ-1-1参照）などに含まれており，植物への供給量が不足すると生育がいちじるしく抑制される。

わが国では火山灰由来の土壌が多いが，これらの土壌に含まれているアルミ（Al）や鉄（Fe）などが酸性条件で活性化するとPと結びつくので，Pは植物に利用できなくなる。これをPの固定という。Pの固定の程度はリン酸吸収係数（注13）であらわされ，この数値が大きいほど施用されたPが固定され，植物が吸収できる有効態リン酸の量が少なくなる。

リン酸の施肥量は，リン酸吸収係数が低い土壌ではリン酸吸収係数の1%，高い土壌では5～10%が目安とされている。しかし，長年，多量のリン酸が施用されてきた畑では過剰に蓄積しており，有効態リン酸が100mg/100gをこえる場合は施用する必要はない。

〈注13〉
乾土25gに50mℓの2.5%リン酸アンモニウム液を加えて振とうし，24時間後に溶液のリン酸濃度を測定する。原液のリン酸濃度との差を求め，吸収されたリン酸を乾土100g当たりの量（mg）であらわすが，単位をつけないで表記する。リンの固定力は，リン酸吸収係数が700以下「ごく小」，700～1500「小」，1500～2000「中」，2000以上「大」に区分される。

❸カリウム（K）

Kの含有量は，植物の種類や栽培環境によって大きく変動するが，2.5%程度である。しかし，NやPとはちがい，生育に結びつかないが，あればあるだけ吸収する「ぜいたく吸収」を行ない，それによって含有率が高くなることがしばしばある。

また，他の元素とちがい，植物体内では他の成分と結びつかず，ほとんどがイオンで存在していると考えられている。細胞の浸透圧や細胞内のpHの調節，酵素の活性化にかかわっている。

近年，施設土壌を中心にKの蓄積がすすんでいる。これは肥料に加えて，堆肥や稲わらなどの有機物の多投入によるものである。Kそのものが，植物に過剰障害を与えることはほとんどないが，土壌にKが多くなると根からのCaやMgの吸収を拮抗的に抑制するため，これらの成分の欠乏症がでやすくなる。土壌診断にもとづいて施肥を行なうことが重要である。

3 肥料の種類と保証成分

❶肥料（fertilizer）とは

肥料は，肥料取締法で「植物の栄養に供すること」，または「植物の栽培に資するために土壌に化学的変化をもたらすことを目的として土地に施される物」および「植物の栄養に供されることを目的として植物に施されるもの」として定義されている。肥料は普通肥料と特殊肥料に分けられ，特殊肥料には農家が自家生産した米ぬか，堆肥などが含まれる。普通肥料はそれ以外の化学肥料，有機質肥料などであり，これらの肥料は含まれる主成分や有害成分の量が公定規格に適合しているか審査され，合格したものには肥料の種類，名称，保証成分量（%）などを表示した保証票が肥料袋に添付されている（図4-Ⅲ-7）。

窒素（N），リン酸（P_2O_5），カリ（K_2O）などを単独で含む肥料を単肥といい，それぞれ窒素質肥料，リン酸質肥料，カリ質肥料とよぶ。2つ以上の成分を含む肥料を複合肥料，2つ以上の単肥を配合して造粒や化学的操作でつくられ，2成分以上の合計が10%以上のものを化成肥料という（注14）。

❷保証成分と表示

肥料の保証成分はN，P_2O_5，K_2O，カルシウム（CaO），マグネシウム（MgO），マンガン（MnO），ケイ酸（SiO_2），ホウ素（B_2O_3）の8つで，窒素以外は酸化物として表示されている（注15）。

保証票には各成分の量だけでなく，Nはアンモニア性窒素（注16）と硝酸性窒素の割合，P_2O_5は水溶性リン酸，可溶性リン酸，く溶性リン酸の割合，K_2Oはく溶性カリと水溶性カリなどについても記載がある。

肥料は溶解性によって水溶性，可溶性，く溶性に分けられ，それぞれ水に溶けるもの，ペーテルマンクエン酸アンモニウム（アルカリ性）に溶けるもの，2%クエン酸（酸性）に溶けるものをいう。肥料の効き方は水溶性，可溶性，く溶性の順に遅くなり，く溶性成分は肥料の効きが最も緩やかである（注17）。なお，水溶性リン酸は施用するとすみやかに溶解するので，植物に吸収されやすいが，土壌のAlやFeと結合して植物が吸収できない形に固定されやすい（前出2-②参照）。

生産業者保証票

登録番号	生第　　　号	
肥料の種類	化成肥料	
肥料の名称		
保証成分量（%）	アンモニア性窒素	6.0
	く溶性りん酸	40.0
	内水溶性りん酸	5.0
	く溶性加里	6.0
	内水溶性加里	3.5
	く溶性苦土	15.0
	内水溶性苦土	1.0
材料の種類 名称及び使用量	(使用されている効果発現促進材) キレート鉄(DTPA-鉄)(鉄として)0.011%	
正味重量	20キログラム	

図4-Ⅲ-7　保証票の例

〈注14〉
30%以上のものを高度化成，それ以下を低度化成とよぶ。

〈注15〉
保証票には成分をカリは加里，カルシウムは石灰，マグネシウムは苦土と漢字で表記している。肥料成分は窒素－リン酸－カリの順番に表示され，たとえば，14-11-13と記載されていれば，肥料の重量に対して窒素－リン酸－カリが14%－11%－13%含まれていることを示す。

〈注16〉
アンモニア態窒素とアンモニア性窒素は同じものである。肥料成分として表示する場合，アンモニア性窒素という用語を使うことになっている。硝酸についても同様である。

〈注17〉
水溶性は，く溶性または可溶性に含まれる。

4 速効性肥料と緩効性肥料

❶速効性肥料

速効性肥料（注18）は，固体のものでも水溶性の成分を多く含み，肥料成分がすみやかに植物に吸収される。効果はすみやかにあらわれるが，土壌からの流亡も多いため肥効は長続きしない。そのため，生育の全期間に必要な量を1回に施用すると，濃度障害をおこすとともに生育後半に肥料が効かなくなるので，何回かに分けて施用する。これを分施という。

〈注18〉
硫化燐安，燐加安，燐硝安加里などの化成肥料や液体肥料が該当する。

❷緩効性肥料

緩効性肥料は難分解性のIB化成，CDU化成や，速効性の肥料を樹脂などで被覆して肥料成分の溶出を調節した，被覆肥料（コーティング肥料ともいう）などがある。このうち，被覆肥料は肥効調節型肥料ともよばれ，

肥料の計算方法

①施肥量の計算

10a(1000㎡)当たり窒素 10kgに相当する量を，14-11-13の化成肥料を使って5aの圃場に施用する場合の施肥量の計算方法を以下に示す。

$$\frac{\text{施用する窒素量（kg/10a）}}{\text{肥料の窒素含量（\%）/100}} \times \frac{\text{施肥する面積（a）}}{\text{10（a）}} = \text{施肥量（kg）}$$

$$\frac{\text{10（kg/10a）}}{\text{14（\%）/100}} \times \frac{\text{5（a）}}{\text{10（a）}} = \text{35.7（kg/5a）}$$

したがって，14-11-13の化成肥料の施肥量は35.7kg/5aとなる。なお，この肥料にはリン酸とカリが11%と13%含まれているので，それぞれ28.1kgと33.2kgが同時に施肥されることになる。

②液肥の希釈方法

養液栽培などでは，成分をppm（注）表示することが多い。液体肥料の肥料成分は%で表示されているので，まず%からppmへ単位を変換する。1%は10000ppmである。

5-10-5の液体肥料を希釈して，窒素が200ppmの液肥を50ℓつくるには以下のように計算する。5%はppmに換算すると50000ppmである。

$$\frac{\text{目的とする窒素濃度（ppm）}}{\text{液肥の原液の窒素濃度（ppm）}} \times \text{液肥調製量（ℓ）} = \text{肥料の原液量（ℓ）}$$

$$\frac{\text{200（ppm）}}{\text{50000（ppm）}} \times \text{50（ℓ）} = \text{0.2（ℓ）}$$

したがって，0.2ℓ（200mℓ）の液肥原液を，水で全量50ℓに希釈すると，窒素200ppmの液肥が調製できる。なお，この液肥原液にはリン酸10%とカリ5%が含まれているので，調整された液肥にはリン酸400ppmとカリ200ppmが含まれている。

なお，希釈倍率をまちがえると，肥料が効かなかったり，濃度障害を引きおこす。とくに濃度障害は植物へのダメージが大きく，とり返しがつかないことが多い。それを防ぐには，あらかじめ数段階の濃度の液肥を正しく調整し，各濃度のECを測定して，希釈倍率とEC値の関係をつかんでおき，調製するたびにECを測定して，希釈がまちがっていないか確認するとよい。

〈注〉ppmはpart per millionの略で，100万分の1という意味である。水1ℓ（1kg）当たり1mgの成分が溶けていれば1mg/kgである。単位をそろえて，分母をmgにすると1kgは1000000mgなので1mg/1000000mg，100万分の1，すなわち1ppmとなる。

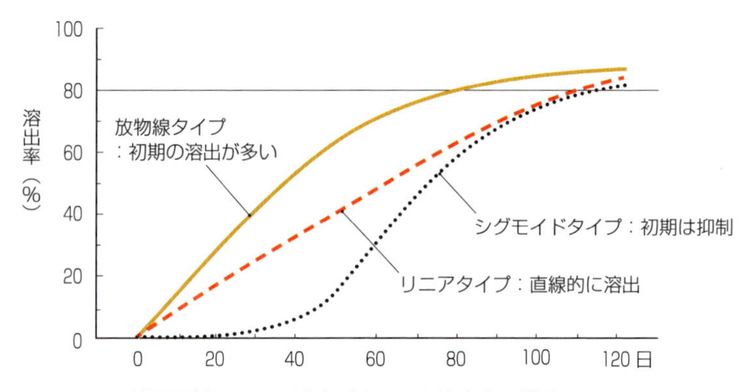

図4-Ⅲ-8　被覆肥料の3つの溶出パターンと溶出率の推移（塩崎ら，2008を改変）

被覆樹脂の種類や厚さをかえることによって溶出期間（注19）を調節でき，40～360日のものが販売されている（注20）。溶出パターンを作物の養分吸収パターンと一致させれば，元肥に全量施肥することが可能であり，施肥の省力化と，肥料成分の流亡が防げるので施肥量を減らすことができる。

花卉栽培では肥効調節型肥料を元肥として施用し，必要に応じて液肥などで調節する方法が主流になっている。

〈注19〉
25℃で水中や土中に静置して，窒素の溶出量が80%になる日数で示している。

〈注20〉
肥料成分の溶出にも図4-Ⅲ-8のように3つのタイプがあり，生育や養分の吸収に合わせて使い分けられている。

4 養水分管理技術

1 切り花生産の養水分管理（nutrient management）

切り花では，圃場の土壌（地床）に直接定植する栽培，土壌をいれた栽培槽で隔離して栽培するベンチ栽培（注 21），培地に土壌以外の無機物や有機物を利用した栽培（注 22），培地を利用しない水耕栽培などがある。

土壌を利用した栽培を土耕栽培（soil culture），水耕や人工培地で必要な養水分を液肥で与える栽培を養液栽培（soilless culture）という。

ここでは，従来の土耕栽培にかわる新しい栽培方法について紹介する。

❶養液土耕

○養液土耕の特徴と利点

土耕栽培は，定植する前に緩効性肥料主体の元肥を施用し，生育をみながら追肥を行なう。しかし，施設化と多肥による塩類集積，地下水の汚染や河川の富栄養化など環境問題の発生，さらに，栽培面積の拡大による灌水労力の増加などへの対応から，近年は養液土耕（drip fertigation）（注 23）という新しい栽培技術が導入されるようになってきた。

養液土耕は「作物の生育ステージに合わせ，作物が必要とする肥料，水を吸収可能な状態（液肥）で，リアルタイム栄養診断・土壌溶液診断を利用して過不足なく与える栽培方法」と定義されている（図 4 - Ⅲ - 9）。

養液土耕の利点は以下のとおりである。

①培地に緩衝能の高い土壌を使うため，養液栽培より pH，EC，肥料成分の変動がおだやかである。そのため，養水分の管理が容易で，多くの植物に利用できる。

②養水分管理の数値化とマニュアル化ができるとともに，大幅に省力化できる。

③灌水量と施肥量を植物の生育段階に合わせてコントロールできるので，生育調節が容易である。

④土壌診断や栄養診断によって施肥量を決めるので，植物の養分吸収量にみあった施肥ができる。

⑤塩類集積の危険がほとんどなく，環境汚染も防げる。

⑥ロックウール栽培より初期投資が少なくてすむ。

○養液土耕の概要

図 4 - Ⅲ - 10 に養液土耕の概要を示した（注 24）。点滴灌水（drip irrigation）をするため，土壌の毛管力によって養液は縦方向だけでなく横方向へも広がっていく（図 4 - Ⅲ - 11，12）。

土壌の物理性が悪く不均一であると養液の広がりも不均一になるので，毛管孔隙に富んだ団粒構造の発達した土壌が求められる。

〈注 21〉
限られた量の土壌で栽培するため，除塩や有機物資材の投入などが省力化できる，土壌消毒が効率的に行なえる，新しい土壌に簡単に交換できるなどの利点がある。カーネーションなどの栽培が多い。

〈注 22〉
ロックウールなど無機培地とピートモスなど有機培地を利用するものがある。ロックウールは輝緑岩（きりょくがん）や玄武岩を 1500℃で溶解し，数μmの繊維状にして成型したものである。繊維がお互いにからみあっており，軽量で孔隙が多い。

〈注 23〉
養液土耕はイスラエルなど乾燥地帯で古くから導入されていたが，わが国で本格的に研究がはじまったのは 1990 年代からである。

〈注 24〉
養液土耕のシステムには，給液ポンプ，フィルター，減圧弁，液肥混入機，液肥原液タンク，タイマーコントローラー，給液用配管，点滴チューブなどの設備が必要である。

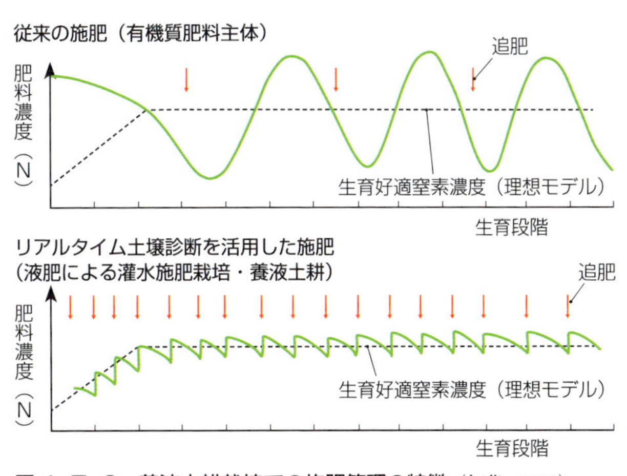

図 4 - Ⅲ - 9　養液土耕栽培での施肥管理の特徴（加藤，2000）

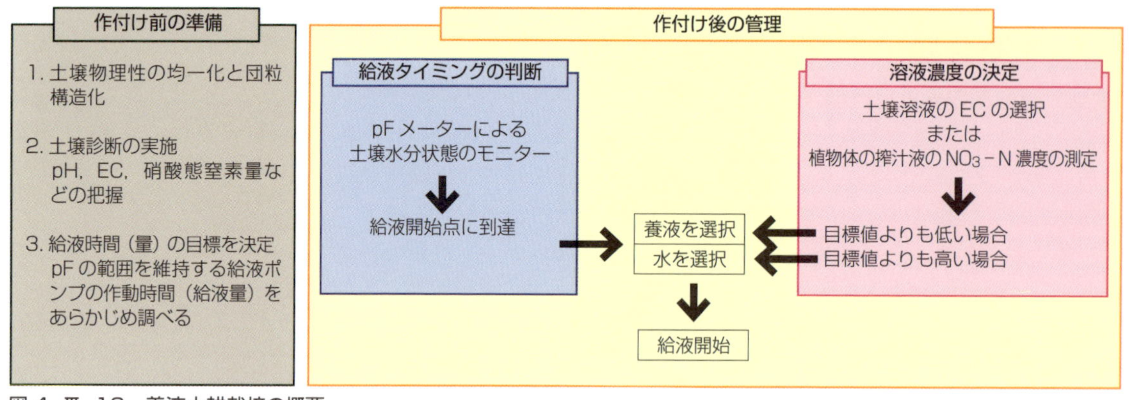

図 4-Ⅲ-10　養液土耕栽培の概要

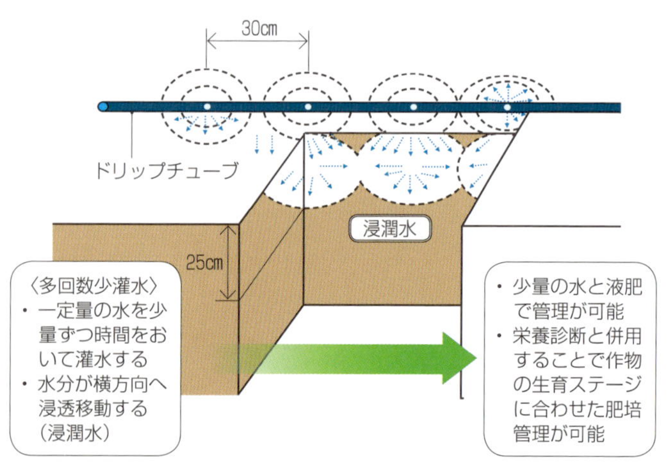

図 4-Ⅲ-11　養液土耕での点滴灌水の概念図（古口ら，2000）

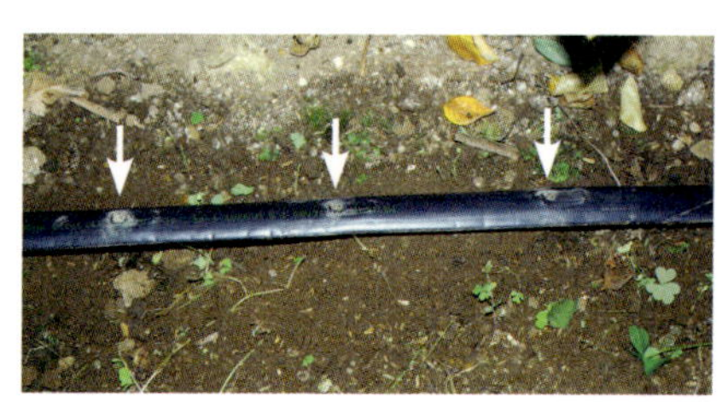

図 4-Ⅲ-12
養液土耕栽培に使われる点滴チューブ
矢印の部分に穴が開いており，ポンプの加圧によって水がゆっくりと供給される

〈注 25〉
土壌水分はカーネーション pF1.5 ～ 1.7，バラ pF1.6 ～ 1.8，土壌溶液の EC はカーネーション 100 ～ 200mS/m，バラ 180mS/m 前後が適正範囲である。

給液は，毎日 pF メーターで土壌の水分状態をモニターして，給液開始点になったら開始する。養液の濃度は，土壌溶液採取器で採取した土壌溶液の EC や植物体の搾汁液の硝酸態窒素（NO_3－N）濃度を測定して調整する（注 25）。養液の窒素濃度はほぼ 100 ～ 150ppm であるが，生育時期によって濃度を変更することもある。

また，栽培終了直前に濃度を下げて，植物に土壌中の肥料成分をほとんど吸収させ，後作に残らないようにする。

❷ロックウール栽培（rockwool culture）

ロックウールは品質が安定していてあつかいやすいが，土壌のような緩衝能がないため，養液の組成がくずれると生育にただちに影響があらわれる。そのため，養液の管理は養液土耕よりも厳密に行なわなければならない。

ロックウール栽培はバラ生産で広く普及しているので，バラの 2 条式栽培の概要を図 4-Ⅲ-13，14，15 に示した。

給液は，複数の液肥原液を定量ポンプ（図 4-Ⅲ-16）で希釈タンクに送って混合し，給水パイプを通して各ロックウールキューブに点滴で行なう。ロックウールからでてきた排液は，集水樋を通って排液タンクに一時

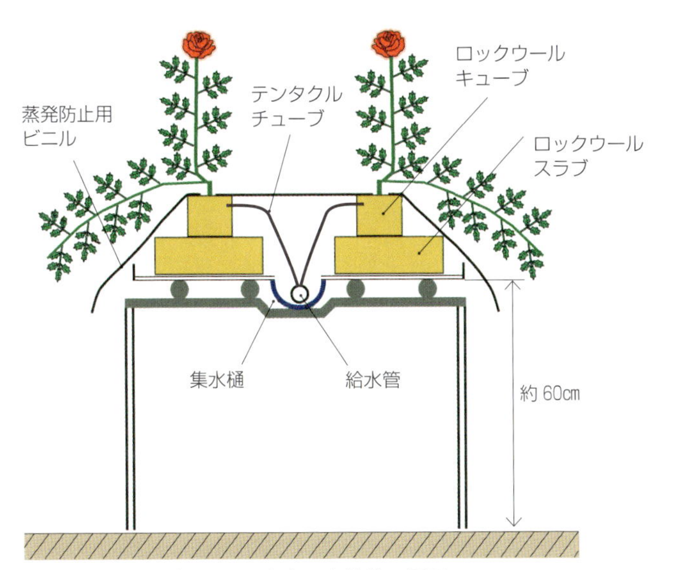

図４-Ⅲ-13　バラのロックウール栽培の概要
ベンチ上に防水シートを敷きロックウールスラブを設置し，その上にロックウールキューブで発根させた苗を一定間隔で置く。スラブとスラブのあいだの集水樋に，ロックウールからの廃液が集まり，排水タンクに回収される。集水樋には畝方向に給水管が通っていて，そこから何本もでているテンタクルチューブをロックウールキューブの上部側面にさし込み，給液する

図４-Ⅲ-14
バラのロックウール栽培の定植時のようす
ロックウールキューブ苗が置かれた状態で，テンタクルチューブはまださし込まれていない

的に集水され，その水位が一定レベルより下がると自動的に給液される。排液やロックウールキューブ内溶液の pH と EC を毎日記録し，数値に大きな変動があるときは，液肥組成のみなおしや濃度を調整する。

回収した排液を再利用する循環式と，廃棄するかけ流し式がある。循環式は排液を温室の外にださないので，肥料成分による環境汚染がほとんどない，水と肥料の消費量が少ないなどの利点がある。しかし，どうしても特定の成分が蓄積しやすいので，養液組成の管理がむずかしいことと病気が蔓延しやすい欠点がある。かけ流し式は排液による環境汚染が問題で，その有効利用が課題になっている。

図４-Ⅲ-15
バラのロックウール栽培での給液のようす
テンタクルチューブをロックウールキューブにさし込んで給液

2 鉢物の養水分管理

❶鉢土の特徴

鉢物生産では植物を鉢という限られた空間で栽培しているので，鉢ごとに灌水が必要である。しかも，鉢土内の水の動きは圃場の土壌とはかなりちがうので，切り花生産とは養水分管理が大きくちがう。そのため，鉢物の灌水や液肥の施用は栽培管理のなかでも重要な位置をしめている。

鉢内の土壌水分は，上部から底部に向かって多くなるので（図４-Ⅲ-17），底部にたまった水分によって根腐れなどが発生しやすい。また，鉢の移動が必要になるので，鉢土の重量も作業性に大きく影響する。そのため，物理性がよくて軽い資材を混合した，保水性と通気性に優れている市販の配合培養土が広く利用されている（本章Ⅲ－２－２参照）。

図４－Ⅲ－16
単肥（液肥）の４種混合装置
矢印が液肥原液の定量ポンプ。ここでは４液なので４つのポンプがある。一般的には３種類の単肥の混合に使い，残りの１セットは給液管の洗浄用などに使う

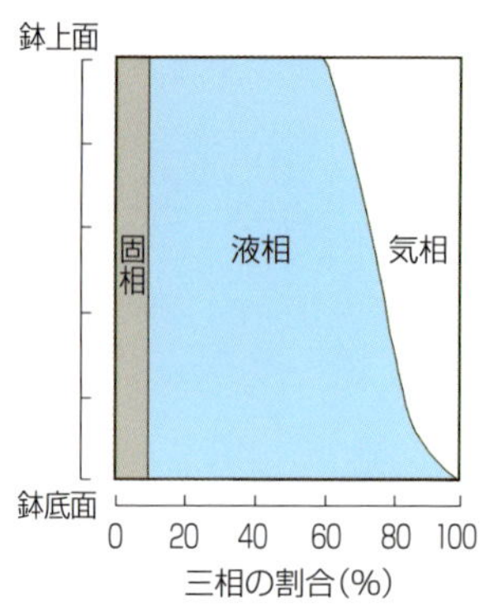

図 4 - Ⅲ - 17　鉢土の三相分布
（長村・卜部，1978 を一部改変）

❷鉢物の灌水方法

鉢物や苗物など鉢を利用する花卉生産では，全労働時間の 30 ～ 40%が灌水や液肥の施用にかかる。その労力を減らすためさまざまな灌水方式が開発されており，頭上灌水と底面給水に大別される。底面給水には，エブアンドフロー，ひも給水，マット給水などがある。

○頭上灌水（top watering）

植物の上部から灌水する方式で，従来からの手灌水に加え，スプリンクラーなどによる散水も含まれる。灌水された水は鉢土の上部から底部に流れ（図 4 - Ⅲ - 18 のA），余分な水は重力水として鉢底から排水されるが，一部の水が鉢底にとどまったままになる。

鉢底からの排水によって，鉢土に含まれていた肥料成分も同時に流れ去るため，肥効が低下しやすい。

○エブアンドフロー

栽培ベンチに設置したプールベンチ（給水槽）に鉢をならべ，鉢の底面から給水する方法がエブアンドフロー（ebb and flow）である。給水には培養液を使うことが多い。一定時間か土壌水分センサーの指示値が給水開始点をこえると，ポンプで貯水槽から給水槽に培養液を送り，一定の水深になったらポンプを止め，一定時間吸水させてから排液する（図 4 - Ⅲ - 18 のB，図 4 - Ⅲ - 19）。

循環式では，排液を貯水槽に回収し再び利用する。貯水槽の水量が一定になるように水を加えるが，EC を同時に測定し，下がったら液肥を追加して培養液が一定濃度に保たれるよう自動調節されている。病気の蔓延を防ぐため，培養液に殺菌剤を混合することもある。

鉢内土壌水分は，給水時は鉢の底部から上部へ移動する。排水時は頭上灌水と同じで，重力水として排水されるが，鉢底に一部の水分がとどまったままになる。

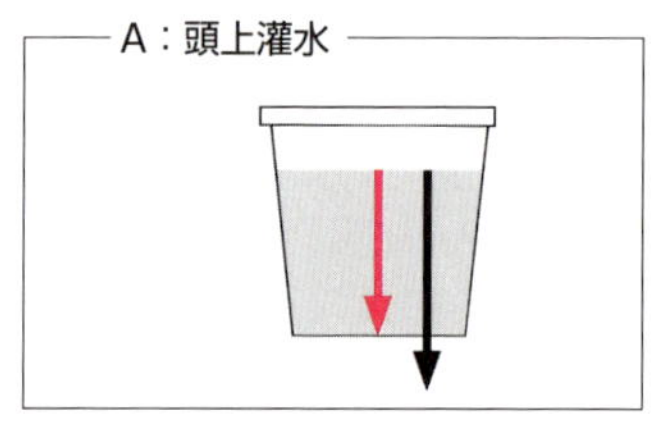

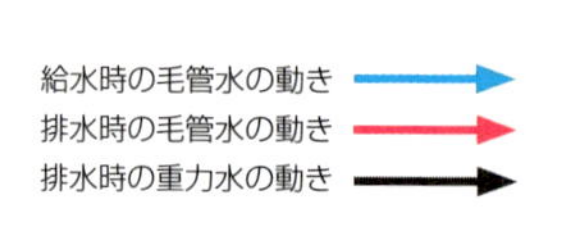

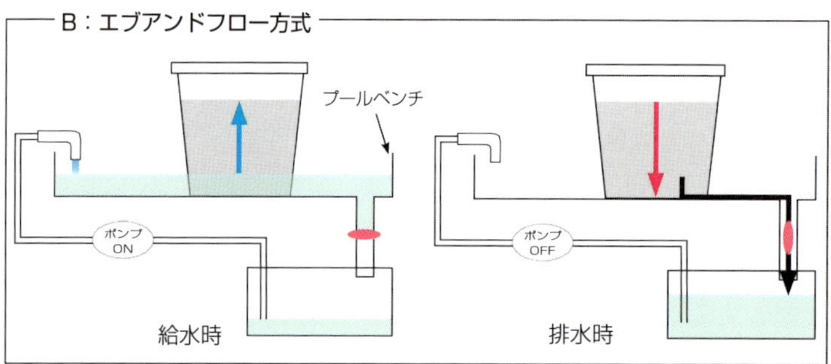

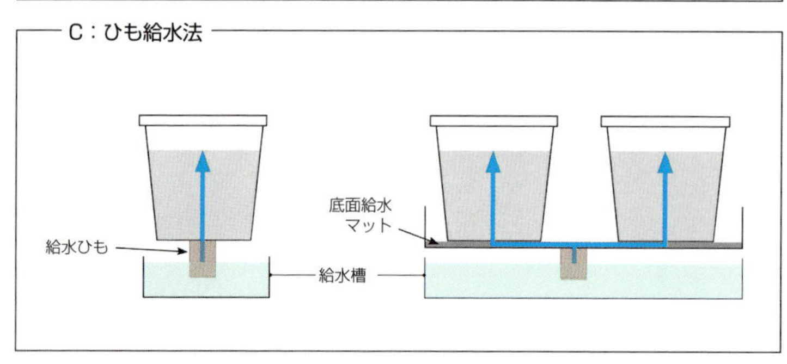

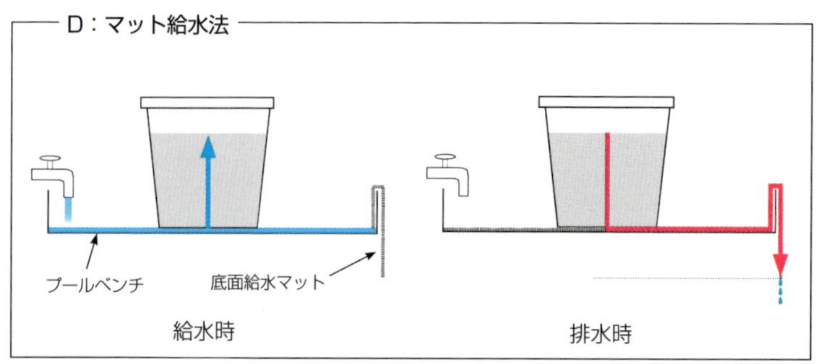

図 4 - Ⅲ - 18　灌水方法と鉢内の土壌水分の動き

図4-Ⅲ-19
エブアンドフロー方式による大規模栽培
矢印の給水管がプールベンチにそれぞれ1つずつ設置されている。灌水と液肥施用の大幅な省力化が可能である

図4-Ⅲ-20
シクラメンのひも給水の例
C形鋼の上にのせても倒れない専用の鉢が市販されている

図4-Ⅲ-21
マットを経由したひも給水の例
空気の循環を考慮して鉢を置くスペースにだけマットを敷いている例。マットは下部の給水樋からひもによって給水されている

○ひも給水

鉢底から不織布でできた給水ひもを給水槽（注26）にたらし，給水ひもの毛管現象によって給水させるのがひも給水（capillary wick watering）である（図4-Ⅲ-18のC，図4-Ⅲ-20）。

水は給水面からひもを経由して鉢土へとつながっている。鉢土が乾燥して水ポテンシャルが低くなると，給水ひもの吸引力が高まり，給水槽から水が供給される。鉢土が湿って水ポテンシャルが高くなると，給水ひもの吸引力が低くなり水の供給が少なくなる。鉢底と給水槽の水面との距離があるほど，大きな吸引力が必要になるため，水は鉢土に吸収されにくくなる。給水槽の水面と鉢底の距離を調節することによって，鉢内の水分状態を一定に保つことができる。鉢内の水分は，底部から上部へと移動する。

給水ひもでマットに給水し，その上に鉢を置いて給水させる方法もある（図4-Ⅲ-18のC右，図4-Ⅲ-21）。

○マット給水（capillary mat watering）

プールベンチの上に給水マットを敷き，マットの片端をプールベンチより低い位置にたらす。プールベンチに給水すると，マットから毛管力によって鉢土に吸水される（図4-Ⅲ-18のD）。

給水を停止し，プールベンチにたらしたマットの片端から排水がはじまると，鉢土の水分も毛管力によって排水されるため，鉢底部に水がたまることがほとんどない（注27）。

鉢から根が伸びて，給水マットにからみついてしまうため，給水マットの上に防根シートを敷く。

〈注26〉
シクラメン栽培ではC形鋼を給水槽として利用している（図4-Ⅲ-20）。C形鋼とはCの字形をした軽量溝形鋼で，リップ溝形鋼ともいう。

〈注27〉
給水マットをプールベンチから下にたらさなくても，長さ1mに対して2㎝程度の勾配をつけると，鉢内の余分な水分が容易に排水できる。

Ⅳ 環境調節と省エネルギー技術

1 温室の種類と内部構造

〈注 1〉
農林水産省では2007年以降,「花き生産出荷統計」を露地と施設に区別していないが,2006年の出荷本数は,切り花では施設生産約34億4千万本に対して露地生産約14億9千万本,鉢物では約2億8千万鉢に対して約2千万鉢であり,施設生産の比率は切り花で約70%,鉢物で90%以上である。

〈注 2〉
温室は南北の向きに建てる(南北棟)のが一般的である。南北棟は,冬は温度が上がりにくいが,温室内に均一に光がはいりやすく夏の光量が多い。

花卉生産では,切り花,鉢物ともに温室(greenhouse)を利用した施設化がすすんでいる(注1)。施設化は,風雨や環境変動から作物を保護するほかに,光,温度,二酸化炭素(CO_2),養水分など栽培環境を花卉の生育と開花に最適な条件に調節するという重要な目的がある。

1 温室の種類

花卉生産で使われる温室には,パイプハウス,両屋根型温室,フェンロー型温室などがある(図4-Ⅳ-1)(注2)。

❶パイプハウス(pipe frame greenhouse)

最も構造が簡単で安価である。地面にパイプをさし込んでかまぼこ形に組み立て,軟質のプラスチックフィルムで覆う。側面は換気できるように,フィルムを巻き上げる器具が取り付けられている。

軒が低いうえ,一般に天窓が設置されていないので,換気はよくない。基礎工事の必要がないので手軽に利用されているが,積雪や強風に弱く,パイプが曲がり建て替えをよぎなくされることも多い。

❷両屋根型温室(even-span greenhouse)

最も普及しており,鉄骨を組み立てて建設される。間口が広くとれ作業性に優れている。被覆資材は,プラスチックフィルムやガラスが使われ,ガラスを利用したものはガラス温室とよばれている。連棟にすると,となりの棟との接続部分に影ができる欠点がある。

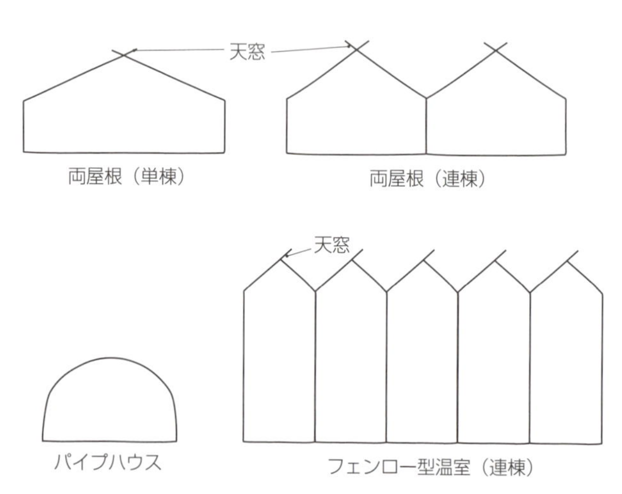

図4-Ⅳ-1 花卉生産に利用される温室の例

図4-Ⅳ-2
フェンロー型温室によるミニシクラメンの栽培
温室内部は非常に明るく,作業しやすい環境が実現されている

表4-Ⅳ-1　用途別園芸施設用被覆資材（篠原ら，2014を改変）

用途		被覆資材タイプ	適用被覆資材
外張り	ガラス温室	ガラス	普通板ガラス，型板ガラス，熱線吸収ガラス
	プラスチックハウス	軟質フィルム	農ビ，農ポリ，農酢ビ，農PO
		硬質フィルム	ポリエステルフィルム，フッ素フィルム
		硬質板	ポリエステル板，アクリル板，ポリカーボネート
	トンネル	軟質フィルム	農ビ，農ポリ，農酢ビ，農PO
		不織布	ポリエステル，ポリビニルアルコール，ポリプロピレン，綿
		寒冷紗	
内張り	固定	軟質フィルム	農ビ，農ポリ，農酢ビ，農PO
		硬質フィルム	ポリエステルフィルム，フッ素フィルム
	可動	軟質フィルム	農ビ，農ポリ，農酢ビ，農PO
		不織布	ポリエステル，ポリビニルアルコール，ポリプロピレン，綿
		反射フィルム	農ビ，農ポリ，農酢ビ，農PO
マルチ		軟質フィルム	農ビ，農ポリ，農酢ビ，農PO
		反射フィルム	
遮光		寒冷紗・ネット	ポリビニルアルコール，ポリエステル，ポリエチレン
		不織布	ポリエステルフィルム，フッ素フィルム
		軟質フィルム	農ビ，農ポリ，農酢ビ，農PO
		その他資材	ヨシズ

注）農ビ：農業用塩化ビニルフィルム　農ポリ：農業用ポリエチレンフィルム
農酢ビ：農業用エチレン酢酸ビニル共重合体樹脂フィルム
農PO：農業用ポリオレフィン系特殊フィルム

❸フェンロー型温室（Venlo type greenhouse）

オランダで開発された，大型のガラス温室である。細い構造部材を使い，柱の数が少ないため光環境が優れている（図4-Ⅳ-2）。連棟数を増やしやすく，大規模化に向いた温室である。軒が高く設計されており，栽培空間が大きく，環境制御装置が設置しやすく，換気効率もいいので高温になりにくい。

2 被覆資材（covering material）

❶外張り資材

両屋根型温室の外張りには，従来，光透過性と保温性に優れているガラスが使われてきたが，重く高価で，衝撃に弱く雹（ひょう）などで破損すると作物に破片が落下して被害が拡大しやすいこと，汚れがつきやすく数年に1回は洗浄が必要であるなどの欠点がある。

そのため，近年では硬質プラスチックフィルムの一種であるポリエステルフィルム（PET）やフッ素フィルム（ETFE）が多く使われるようになっている（表4-Ⅳ-1）。

PETは製品によって紫外線透過率がちがうので，植物のアントシアニン系色素の発色をよくするには，紫外線透過率70％以上のものを選ぶ。耐用年数は製品によって幅が広く4～10年である。

ETFEは，表面についたほこりなどが雨で流れ落ちやすく，汚れがつきにくい。可視光透過率，紫外線透過率ともに高く，耐用年数は10～20年と長い。燃焼するときわめて有毒なガスが発生するので，絶対に焼却してはならない。廃棄時はメーカーによって回収される。

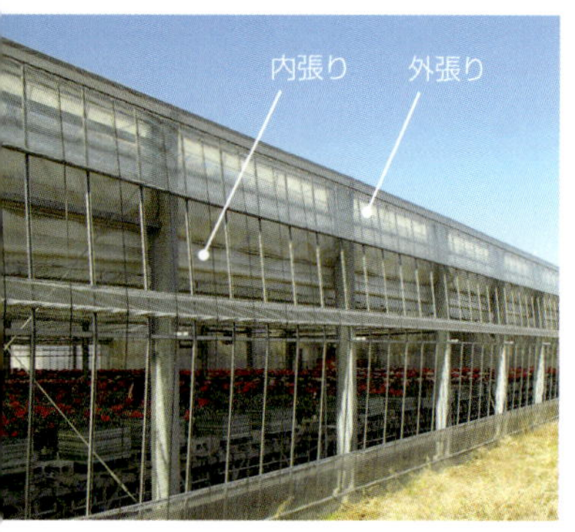

図４-Ⅳ-３
温室の外張りと内張り
天候や気温にあわせて，外張りと内張りを開閉し温度調節を行なう

図４-Ⅳ-４
遮光ネットによる温室内の光環境の調節
白色の保温シートを兼ねた遮光資材と，黒色の遮光ネットを組み合わせて調節している

図４-Ⅳ-５
バラの苗生産での補光
変圧器と一体になった400W高圧ナトリウムランプによる補光。点灯によりかなり発熱する

〈注３〉
日長反応性（光周性）植物では，補光による明期の延長は開花時期にも影響するので注意が必要である。

❷内張り資材

両屋根型温室では，ふつう透明のプラスチックフィルムで側面と天井に内張りをする（図４-Ⅳ-３）。内張りの目的は保温性と断熱性を高めるためで，外気の侵入を二重に防ぐことに加え，外張りと内張りのあいだに空気層をつくり断熱効果を高める。

内張りには硬質フィルムも利用されるが，開閉する場所には使うことはできない（表４-Ⅳ-１参照）。

二層構造になっていてフィルムとフィルムのあいだに空気層がある中空二重構造フィルムは，とくに保温性に優れている。

2 光環境の調節

1 遮光資材（shading material）

人工光型植物工場以外は，太陽光を利用して作物栽培が行なわれているが，温室内の気温が高くなりすぎたり，植物によっては太陽光が強すぎる場合もある。それを防ぐため，遮光ネットによる光強度の調節が行なわれている（図４-Ⅳ-４）。

方法は，遮光率のちがう遮光ネット（表４-Ⅳ-１参照）を二層に設置し，温室内の光環境が最適になるようにコンピュータで調整しながら自動開閉するものが多い。遮光率50％と75％の遮光ネットを用いた場合，選択できる遮光率の組み合わせは0％，50％，75％と，２枚同時に閉じたときの87.5％の４段階である。

2 補光ランプ（supplemental light）

高圧ナトリウムランプ（high pressure sodium lamp）などを用いた補光は，悪天候が続く場合や明期を延長して光合成量を増やす目的で行なわれる。日射量が少ないオランダなどでは，一般的に行なわれているが，わが国では少ない（図４-Ⅳ-５）（注３）。

現在，消費電力量が多い高圧ナトリウムランプにかわる，省エネルギー型の高輝度発光ダイオード（LED；light-emitting diode）利用の研究・開発がさかんに行なわれている。

LEDは熱の発生が非常に少ないので近接照明が可能で，完全人工光型植物工場では野菜の生産に用いられている。しかし，太陽光利用型の温室では装置が日陰をつくるので近接照明がむずかしいのと，高価で導入のメリットが少ないことなどからほとんど導入されていない。今後，改良がすすみ価格が下がれば，普及する可能性を秘めている。

3 日長調節（regulation of day length）

❶ランプによる光中断および日長の延長

日長調節に必要な光強度は，光合成に必要な光強度の1/1000程度で十分である。したがって，補光で用いられる高圧ナトリウムランプなどの高出力の照明は必要なく，これまで100Wの白熱電球が多用されてきた。

これは，花芽分化の抑制に有効な600～700nmの赤色光がほかの光源より圧倒的に多いうえ，入手しやすく安価なためである。

しかし，消費電力が多いので，地球温暖化防止対策のため，日本では2012年度以降一般照明用の白熱電球の製造・販売の自粛が要請され，事実上中止されている。したがって，白熱電球にかわる，省エネルギー型の赤色光LEDへの移行がはじまっている。

赤色光LEDのコストを白熱電球と比較すると，初期投資が高いため導入から5年目までは白熱電球より高いが，消費電力が少なくランニングコストが安いので，それ以降は低くなると試算されている（図4-Ⅳ-6）。

また，点灯と消灯を頻繁にくり返す間欠照明を行なっても，発光素子がほとんど劣化しないという優れた特性があるため，間欠照明によって消費電力をさらに減らす方法も検討されている。

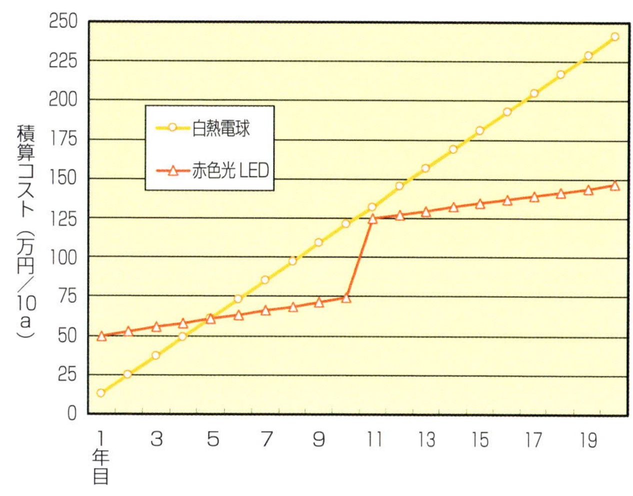

図4-Ⅳ-6
電照ギクの日長調節用赤色光LEDランプの導入コストの試算
（愛知県農業総合試験場，「LEDを利用したキクの開花調節マニュアル」より）

［コストの試算条件］
白熱電球：消費電力100W，ランプ単価100円，寿命17カ月
LED：消費電力9W，ランプ単価5000円，寿命10年
ランプ数：100球/10a，電照時間700時間/年，電気代：基本料金含む時間帯別電灯利用料，電照時間：1日4時間（22：00～2：00，1時間分をデイタイム料金，3時間分をナイトタイム料金

❷遮光フィルムによる短日処理

自然日長を短くして，短日処理を行なうためには植物を完全に遮光する必要がある。ネットや寒冷紗ではなくビニルやポリエチレン製のシルバーフィルム（遮光率99.9％以上）が使われている。

遮光は太陽光が当たっている時間帯に行なうので，内部の気温が高くなりやすく，高温による花芽分化の阻害や花の着色不良などの障害がおこりやすい。夜間はシルバーフィルムを開放して気温を下げるなどの，高温対策が必要である。

LED利用の注意点と省エネ効果

白熱電球は幅広い波長域をカバーできたため，波長を意識せず利用できた。しかし，LEDはピーク波長±20nm程度の光を放射する特性があり，波長範囲がきわめてせまい。また，赤色光LEDにはピーク波長がちがういくつかの製品があり，その波長が対象植物の花芽分化抑制に適合するかどうか確認しなければならない。

キクの花芽分化抑制に有効な赤色光波長域を調査した結果では，従来，抑制効果があるといわれていた660nmよりも短い波長域で効果が高く，最適な波長も品種によってちがうことが明らかになっている。なお，ピーク波長634nmの赤色光LEDは，白熱電球の代替光源として十分効果があることが確かめられている。このLEDの消費電力はわずか9Wと，白熱電球の1/10以下であり省エネルギー効果はきわめて高い。

図 4-Ⅳ-7
温水暖房方式の配管例（矢印）
炭素鋼管の周りにフィン（帯状の金属板）を巻きつけたエロフィンパイプを配管。炭素鋼管のみより放熱量が 3 倍増えるので，配管本数が少なくてすむ

表 4-Ⅳ-2　**暖房方式の種類**（林，1995 を改変）

暖房方式	概　要	暖房効果	適用対象
温風暖房	空気を直接加熱する	停止時の保温性に欠ける	温室全般
温水暖房	60 ～ 80℃の温水を循環する	使用温度が低いので温和な加熱ができる。余熱が多く停止後も保温性が高い	洋ランなど高級作物の温室，大規模施設
蒸気暖房	100 ～ 110℃の蒸気を循環する	余熱が少なく停止時の保温性に欠ける	大規模集団施設
電熱暖房	電気温床線や電気温風ヒーターで暖房する	停止時の保温性に欠ける	小型温室，育苗施設，地中加温
ヒートポンプ暖房	低温熱源から吸収した熱を高温熱源にかえて放出する。装置に投入するエネルギーの数倍の熱量を利用できる	停止時の保温性に欠ける	暖房と冷房の両方を必要とする温室

図 4-Ⅳ-8
蒸気暖房方式の配管例（矢印）
蒸気暖房方式では炭素鋼管を直接使用する。ベンチ下に往復するように配管している

3 施設内気温の調節

1 暖房（heating）

❶暖房方式と暖房装置

暖房方式には温風暖房，温水暖房，蒸気暖房，電熱暖房，ヒートポンプ暖房の 5 種類がある（表 4-Ⅳ-2）。

温風暖房は，重油などを燃焼して暖めた空気を，送風機でダクトを通して温室内に送る。

温水暖房は，60 ～ 80℃に加熱した温水を，温室内に配管したパイプを通し，配管からの放熱で間接的に温室を暖める（図 4-Ⅳ-7）。

蒸気暖房は，蒸気発生源から 100 ～ 110℃の蒸気を温室内に配管したパ

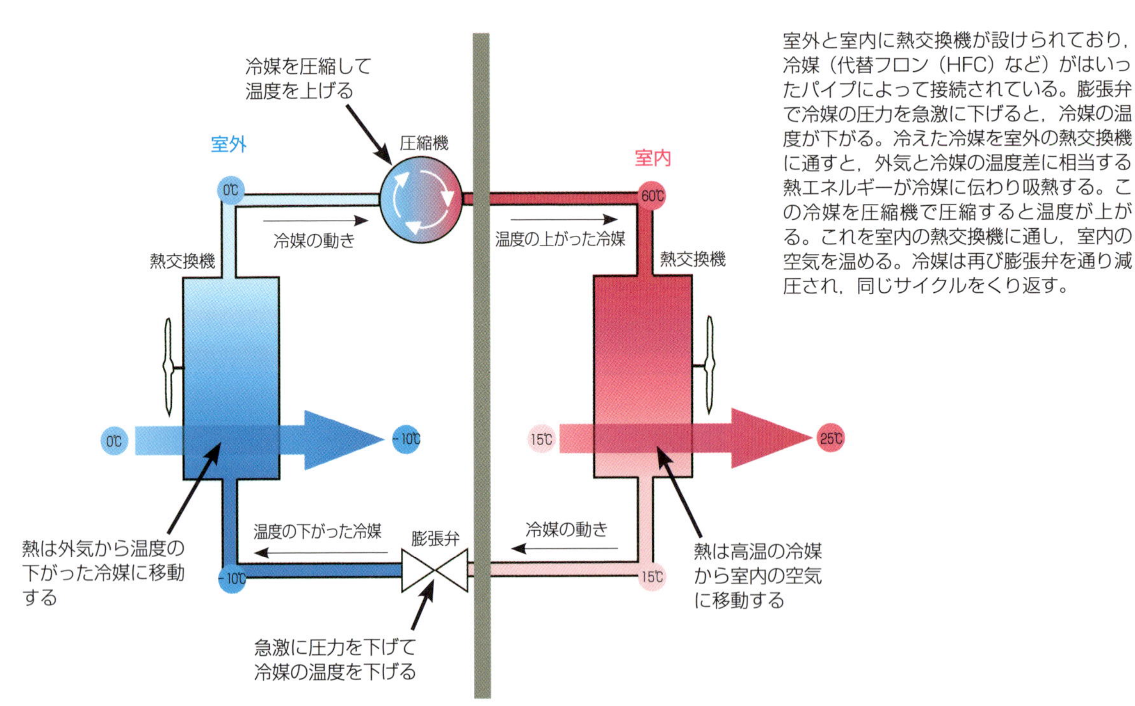

室外と室内に熱交換機が設けられており，冷媒（代替フロン（HFC）など）がはいったパイプによって接続されている。膨張弁で冷媒の圧力を急激に下げると，冷媒の温度が下がる。冷えた冷媒を室外の熱交換機に通すと，外気と冷媒の温度差に相当する熱エネルギーが冷媒に伝わり吸熱する。この冷媒を圧縮機で圧縮すると温度が上がる。これを室内の熱交換機に通し，室内の空気を温める。冷媒は再び膨張弁を通り減圧され，同じサイクルをくり返す。

図 4-Ⅳ-9　**ヒートポンプの仕組み**（（一社）ヒートポンプ・蓄熱センターホームページより作成）

イプに通して暖房を行なう。設備費が高いなどの欠点があり，わが国での導入例は少ない（図4-Ⅳ-8）。

電熱暖房は，電気温床線や電気温風ヒーターで行なう暖房である。育苗で利用されており，温室全体の暖房にはほとんど用いられていない。

ヒートポンプによる暖房は，省エネルギー性から近年急速に普及している。他の暖房方式は熱源として燃料や電気を利用するが，ヒートポンプの熱源は温室外の空気や地下水であり，根本的に仕組みがちがう。

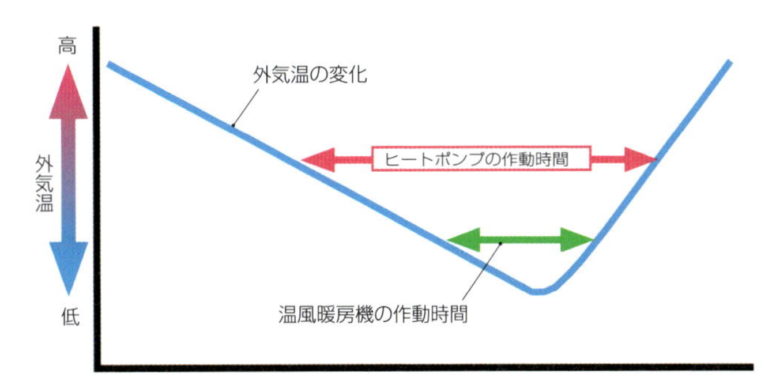

図4-Ⅳ-10　ヒートポンプと温風暖房機の併用による暖房
ヒートポンプは外気温が低下する時間帯は暖房効率が低下するので，その時間帯は温風暖房機を併用する
（(株) イーズヒートポンプカタログより作図）

❷ヒートポンプ（heat pump）

ヒートポンプは，熱を低いところから高いところへ移動して，暖房や冷房する空調装置であり（図4-Ⅳ-9），家庭用のエアコンや冷蔵庫などにも利用されている。熱源に空気や地下水を利用するが，空気利用の機種が多く，広く普及している。空気利用では，冬に外気温が下がると，COP（注4）が下がるとともに室外の熱交換機に霜がつき熱交換効率が大幅に低下する。これを回避するため，自動的に除霜運転を行ない一時的に暖房運転が停止する。このため，ヒートポンプのみで暖房することは少なく，多くは温風暖房機と併用されている（図4-Ⅳ-10）（注5）。

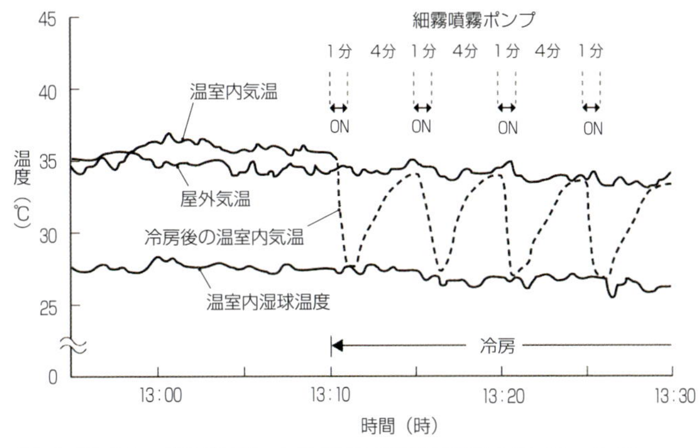

図4-Ⅳ-11　細霧冷房による温室の温湿度環境の例（林，1998）
13時10分から冷房開始。冷房中の細霧噴霧時間1分，噴霧停止時間4分

電気はヒートポンプを動かすのに必要な圧縮機や熱交換機のファンなどに使われ，直接熱エネルギーに変換されているのではない。

〈注4〉
ヒートポンプの消費電力に対して得られる熱量の比率（成績係数，COP；Coefficent of performance）は1をこえ，最新のものでは5.5（消費電力の約5.5倍の熱・冷熱量をつくりだす）になるものもある。

〈注5〉
温風暖房機のみの暖房にくらべ，燃油の節減効果が大きく30～50%の暖房費の削減効果がある。

2 冷房（cooling）

❶細霧冷房（mist and fog cooling）

水が蒸発するとき気化熱として物体から熱を奪うため，空気中で水が水蒸気になると気温が下がる。細霧冷房は100 μm以下の霧を温室内に噴霧し，空気中で蒸発させて気温を下げる。しかし，水は相対湿度が100%になると蒸発できないので温室内を換気して湿度を下げる必要があり，湿度が低いほど冷房効果は大きい（注6）。

細霧冷房にはいくつかの方式があるが，最も普及しているのは自然換気型細霧冷房(図4-Ⅳ-12)で，農薬散布や葉面散布にも利用できる。しかし，加湿になりやすく病害も発生しやすいので，改良型高圧細霧冷房が開発されている。ミストの粒径が14 μmと非常に小さく，霧からすみやかに水蒸気に移行するため温度低下効果が高く，水で濡れることがないので今後

〈注6〉
実施例では，外気温より7℃下げることができる（図4-Ⅳ-11）。

図4-Ⅳ-12
花苗生産での自然換気型細霧冷房

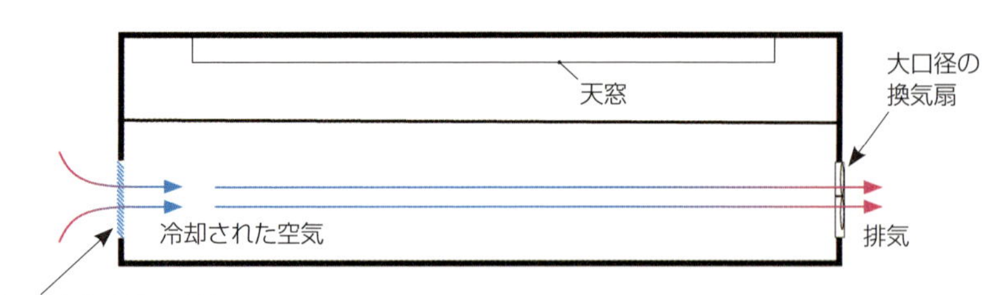

図4-Ⅳ-13　パッド・アンド・ファンによる温室の冷房の仕組み

の普及が期待されている。

❷パット・アンド・ファン (fan and pad evaporative cooling)

これも気化熱を利用した冷房である（図4-Ⅳ-13）。温室の一方の側面に常に水を染み込ませた紙製パッドを設置し，反対側の側面から大口径の換気扇で内部の空気を排気する。温室外の空気がパッドを通って温室内へはいってくるが，そのとき気化熱によって冷却され，温室内を通過して換気扇によって排気される。

冷却効率を高めるには温室を密閉し，常にパッドを通って温室内へ吸気するようにする。細霧冷房と同様，湿度によって効果はちがうが，温室内気温を2～5℃下げることができる。しかし，構造上どうしても換気扇側ほど温度が上がりやすく，温度ムラがでやすい欠点がある。

❸ヒートポンプ

ファレノプシスなどの洋ラン栽培では，開花調節のために夏の温室内気温を約20℃まで下げる必要がある。細霧冷房やパット・アンド・ファンではむずかしいので，ヒートポンプが導入されている。しかし，ヒートポンプによる夏の冷房はランニングコストが非常に高いため，その他の花卉ではほとんど利用されていない。

4 CO_2 施用

換気がほとんど行なわれていない温室内の日中の CO_2 濃度は，大気より大きく低下し，光合成が十分に行なわれず収量の減少につながる。これを防ぐため，CO_2 施用が行なわれる。灯油やLPガスを燃焼させて CO_2 を発生させる燃焼方法が一般的で，燃焼熱で加温もできる利点がある（図4-Ⅳ-14）。CO_2 施用濃度はおおむね500ppmに設定され，温室の天窓があいている日中でも連続的に施用されている。

図4-Ⅳ-14
灯油燃焼方式の CO_2 発生機の例
上部のダクトから CO_2 が温室に放出される。この装置にはダクトが2つあり，後側のダクトは右側に向いている。そのダクトの先の送風機から吸入された CO_2 は下部のビニルダクトを通ってバラの光合成専用枝に届けられる

大気よりも CO_2 濃度をいちじるしく高めて成長を促進させるという考え方もある。この場合，施用濃度は1000～2000ppmと高いが，天窓が開くと外気へ CO_2 が逃げるので，施用時期は天窓が開く前の早朝に限られる。

CO_2 を施用すると生育が促進されるため，養分吸収量も多くなる。このため，通常の施肥量では不足する場合もあり，施肥量の調節も CO_2 施用の効果を上げる重要な要因である。

V 病害虫防除

1 病害

1 花卉病害の特徴

花卉は種類・品種が多く，作付け時期や栽培方法も多様なので発生する病害はきわめて多い。

また，新しい種類・品種が次々と開発・導入されるので，既知の病原体（病原微生物）であっても種類・品種ごとに病徴や標徴（注1）のちがうことが多く，診断がむずかしい。なお，花卉病害は野菜病害と共通のものも多いので，花卉だけでなく周辺の野菜や作物の病害発生にも気を配る必要がある。

花卉では，花（図4-V-1）はもちろん葉も観賞の対象になるので，病害の防除レベルは高く設定される。

2 病原体とおもな病気

病原体は，糸状菌類（カビ）(filamentous fungi)，細菌類（bacteria），ウイルス・ウイロイド（virus, viroid）（注2）などに分けられる。花卉類で共通に発生する主要病害を表4-V-1に示した。

糸状菌（図4-V-2）に感染すると，植物の全身または一部が水分を失って萎凋・枯死したり，葉・花などに特有の形と色の斑点をつくり，病原菌の進展・増殖にともなう腐敗，生育不良などを引きおこす。

細菌は，気孔などの開口部や傷口などから侵入・感染する。植物の全身または一部が水分を失って萎凋・枯死，腐敗・軟腐，小さな斑点や水浸状の病斑をつくる，変色などを引きおこす。

ウイルス・ウイロイドは，昆虫に媒介されたり（図4-V-3），接触で伝搬されるものが多い。萎縮・わい化，葉色の変化，生育異常・奇形，壊死などを引きおこす。

表4-V-1　花卉類に発生する病害の例

	糸状菌による病害	細菌による病害	ウイルスによる病害
地上部から感染する病害	灰色かび病，うどんこ病，べと病，黒斑病，斑点病	斑点細菌病	モザイク病，ウイルス病，えそ病，黄化えそ病
		軟腐病	
土壌病害	萎凋病，半身萎凋病，疫病，立枯病，	青枯病	

3 診断・予察

的確な防除対策を立てるには正しい診断が不可欠である。診断をまちがうと，どんなに高価な薬剤を使っても防除することはできない。診断は，植物全体を，さらには圃場全体をみて行なう。

たとえば，褐変したカーネーションの葉1枚では，正しい診断はむずか

〈注1〉
病徴は，病気によって葉や花が変色したり枯れるなど，植物の細胞や組織，器官にあらわれる外部形態の異常。標徴は，植物の表面に病原体そのものがあらわれることによる異常（うどんこ病の白い粉（分生子），菌核病の菌核など）。

図4-V-1
トルコギキョウの花弁に発生した炭疽病の病斑

〈注2〉
糸状菌類：細胞が糸のようにつながって菌糸をつくる菌類。一般にカビとよばれる。
細菌類：1細胞が1個体として生活している菌類。
ウイルス・ウイロイド：ウイルスは核酸（DNA，RNA）とそれを包むタンパク質の殻（外皮）からなり，エネルギー生産や代謝活動を行なわず生物の細胞内に侵入して受動的に自己増殖する。ウイロイドは核酸のみでタンパク質の殻をもたない。

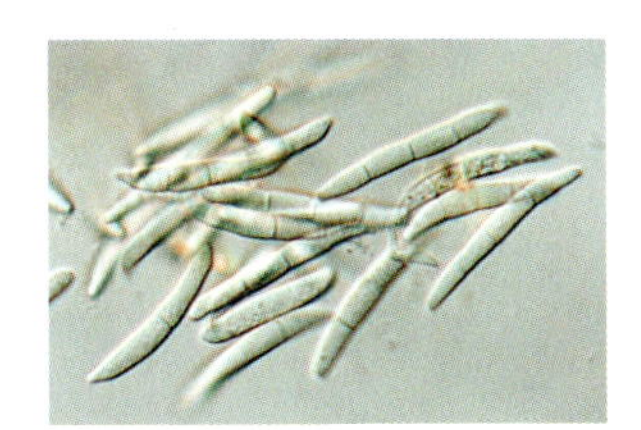

図4-V-2
糸状菌（トルコギキョウ立枯病菌）の分生子
病斑部では，この病原菌の特徴である三日月型の分生子が観察される

図４-Ｖ-３
ウイルスを媒介する昆虫の１種（アブラムシ）
感染植物を吸汁して保毒し，次の植物を吸汁することによって伝搬する

しい。葉そのものに問題があるのか，茎や根に問題があるため葉に症状がでているのか判断できない。病気以外に，薬害や栽培環境による生理障害などさまざまな要因によっても葉は褐変するので，株全体をみて総合的に判断しなければならない。

診断は病害防除の出発点であり，病名の特定だけでなく，その病気が発生した原因を知ることができ，次作の防除対策にも役立つ。

また，適切な診断や防除を目的に，農水省や病害虫防除所などの公的機関から，病害虫の発生の程度や推移を予測した発生予察情報がだされている。

4 防除方法

❶おもな防除方法

低コスト，多収，省資源，安全に配慮しながら，経済的に実施可能な手段を総合して，被害を経済的許容水準におさえようとする総合防除（integrated control）の考え方が，病害防除の基本として重視されている。それには，表４-Ｖ-２に示した４つの防除法を組み合わせたシステムを考えていく必要がある。

なかでも耕種的防除は病害防除の基本技術である。また，化学農薬は最も効果的で重要な防除方法であるが，省資源，農業生態系の保全，低コスト化，安全重視のため，適正かつ効率的な使用（注３）に努めることが重要である（表４-Ｖ-３）。

〈注３〉
薬剤防除を効果的に行なうには，農薬は記載された使用方法にしたがって使う。農薬取締法には，農薬の使用者は登録のある農薬のみを，使用基準を守り適正に使うよう定められている。使用基準には，適用作物，対象病害虫，使用倍数・量，使用時期，回数，使用方法などが示されている。

表４-Ｖ-２　病害のおもな防除方法

防除法	防除方法の内容
耕種的防除	抵抗性品種や抵抗性台木の利用，輪作，田畑輪換，施肥改善，基盤整備，土壌改良，作期の移動，栽培法の改善など
物理的防除	温湯浸漬や乾熱処理による種子消毒，太陽や温湯，蒸気などの熱を利用した土壌消毒，土壌還元消毒（注１）（図４-Ｖ-４），紫外線カットフィルムによる病原菌の胞子形成阻害，シルバーマルチによるウイルス媒介虫の忌避，雨よけ栽培，ハウス内の除湿や気温の制御，被害残渣の処理など
化学的防除	主体は化学農薬による防除。耐性菌の発生を防ぐため作用機構の同じ薬剤の連用はさける（表４-Ｖ-３）
生物的防除	拮抗微生物の利用（注２），非病原性菌株の利用（注３），弱毒ウイルスの利用（注４）など

注）１．多くの土壌病害虫は酸素を必要とするので，土壌にフスマや米ぬか，糖蜜など糖質の有機物を施用した後，灌水，被覆し，微生物を増殖させて土壌を還元状態（酸素のない状態）にして病原菌を死滅させる
２．病原微生物に対して拮抗的に働く微生物を利用して，病原菌の数を減らしたり活性を低下させる
３．植物に病原性のない菌を利用して，病原性をもつ菌の活動抑制，侵入阻害，抵抗性の誘導などで抑制する
４．あらかじめ無害化したり病原性を低下させたウイルスを接種し，病原性ウイルスの感染を抑制する

図４-Ｖ-４
土壌還元消毒のための被覆処理
被覆することによって土壌を還元状態にし，病原菌を死滅させる

表４-Ⅴ-３　殺菌剤の種類

作用機構	グループ名	代表的な有効成分名
核酸合成	ＰＡ殺菌剤（フェニルアミド）	メタラキシル
	カルボン酸	オキソリニック酸
有糸分裂	MBC 殺菌剤（メチルベンゾイミダゾールカーバメート）	ベノミル，チオファネートメチル
呼吸	SDHI（コハク酸脱水素酵素阻害剤）	フルトラニル，ボスカリド
	QoI- 殺菌剤（Qo 阻害剤）	アゾキシストロビン，オリザストロビン
	QiI- 殺菌剤（Qi 阻害剤）	シアゾファミド
アミノ酸およびタンパク質合成	AP 殺菌剤（アニリノピリミジン）	メパニピリム
シグナル伝達	PP 殺菌剤（フェニルピロール）	フルジオキソニル
	ジカルボキシイミド	イプロジオン，プロシミドン
脂質および細胞膜合成	ホスホロチオレート系	EDDP（エディフェンホス）
細胞壁生合成	ポリオキシン	ポリオキシン
	CAA 殺菌剤（カルボン酸アミド）	ジメトモルフ
細胞膜のステロール合成	DMI- 殺菌剤（脱メチル化阻害剤）	トリフルミゾール，ヘキサコナゾール
細胞壁のメラニン合成	MBI-R	トリシクラゾール，ピロキロン
	MBI-D	カルプロパミド，フェノキサニル
植物の抵抗性誘導	ベンゾイソチアゾール	プロベナゾール
	チアジアゾールカルボキサミド	チアジニル
多作用点接触	無機化合物	銅，硫黄
	ジチオカーバメート	チウラム，マンゼブ，マンネブ
	クロロニトリル（フタロニトリル）	ＴＰＮ
不明	シアノアセトアミド - オキシム	シモキサニル

（Japan Fungicide Resistance Action Committee（FRAC）による FRAC コード表より抜粋）

❷病害のタイプと防除法

○土壌病害

土壌病害（soil-borne disease）（注４）が原因の場合には，土壌消毒が有効な防除方法になる。発生してからの防除は困難なので，植付け前の防除が基本であり，農薬や熱による土壌消毒が行なわれる。これに，土壌改良，抵抗性品種の利用などの耕種的防除を組み合わせるとより有効に防除できる。

〈注４〉
土壌伝染性の病害のことで，土壌中に生息する細菌や糸状菌などの病原菌が，根や地下茎などから感染して被害を与える。

○地上部から感染する病害

地上部から感染する病害（air-borne disease）が原因の場合は，診断によって病原体が明らかであればそれに対応した農薬が使える。耕種的防除，物理的防除，生物的防除を組み合わせることが有効である。

○ウイルス・ウイロイド

ウイルス・ウイロイドが原因の場合は，ウイルス・ウイロイドそのものには農薬が効かないので，病株の抜き取り，媒介虫の侵入防止や有効な農薬（殺虫剤）の使用，農機具の消毒･洗浄，生物的防除などが有効である。

5 代表的な病害と防除

花卉の代表的な病害の症状の特徴と防除方法を，表４-Ⅴ-４～８に示した（注５）。

〈注５〉
農薬名の記載は省略した。最新情報は農林水産省消費安全技術センターのホームページ（http://www.acis.famic.go.jp/）などから入手できる。また，症状や防除方法についても，さまざまなホームページで紹介されている。

図４-Ⅴ-５　キク白さび病（葉裏に盛り上がった白い斑点）

図４-Ⅴ-６　キク半身萎凋病（葉の黄化・しおれ）

図４-Ⅴ-７　カーネーション萎凋細菌病（地上部の萎凋）

図４-Ⅴ-８　カーネーションウイルス病（葉のかすれ症状）

表４-Ⅴ-４　キクのおもな病害と防除

病　名	症状の特徴	防除方法
白さび病（糸状菌・地上部病害）(Rust)	葉，茎，総苞に発生する。葉では乳白色の小斑点が黄色味を増しながら直径２～３㎜になる。葉裏には盛り上がった粉状の小斑点をつくる（図４-Ⅴ-５）	保菌苗での持ち込みが多いため，発病していない親株から採穂する。罹病葉は早めに摘み取る。ハウス栽培では過湿にならないように注意する
褐斑病（糸状菌・地上部病害）(Leaf blight, Leaf blotch)	葉に発生する。はじめ下葉に茶褐色の小斑点ができ，しだいに大きくなり，黄褐～褐色で円～楕円～不整形などの病斑になる。古い病斑上には小黒点がつくられる	密植をさけ，発病葉は早めに摘み取る
半身萎凋病（糸状菌・土壌病害）(Wilt)	生育後期に下位葉のしおれ，黄化が顕著になる。黄化は徐々に上位葉にすすみ，下位葉は枯死する。茎の片側の葉のみが黄化，萎凋することもある（図４-Ⅴ-６）	土壌伝染するため，連作をさける。発病株からは挿し穂をとらない。発病株は発見しだい抜き取る。土壌消毒を行なう
立枯病（糸状菌・土壌病害）(Root and stem rot)	生育不良や晴天時の萎凋症状としてあらわれはじめ，重症の場合は株全体が萎凋・枯死する。定植まもない苗や直挿しなど，小さいときに被害が大きい	発病株は早期に抜き取る。暗渠排水や高畝などで多湿にならないようにする。土壌消毒を行なう。発病株からは挿し穂をとらない。連作をさける
えそ病（ウイルス）(Necrosis)	葉に退緑斑紋ができる。はじめ葉脈にそって黄化症状があらわれ，後に拡大し，葉が黄化・枯死する。高温で症状がはっきりとあらわれる	発病していない親株を導入する。ウイルスを媒介するミカンキイロアザミウマを防除する
わい化病（ウイロイド）(Chrysanthemum stunt*)	葉の退緑・小型化，節間の短縮がおもな症状である。開花期に背丈が正常株の半分程度にしかならない	採花・刈り込み時に，手指やハサミを通して伝染する可能性があるので，注意する。発病していない親株から採穂する

注）＊：日本では正式な英名はついていない

表４-Ⅴ-５　カーネーションのおもな病害と防除

病　名	症状の特徴	防除方法
黒点病（糸状菌・地上部病害）(Leaf spot)	葉，蕾，茎に発生する。葉では，はじめ円～楕円形で淡褐色の病斑をつくり，やがて周縁部が黒褐色，中央部が淡褐色になり黒点が観察される。茎では細長い楕円形の病斑となる	被害株残渣中の菌糸塊が伝染源になるので，残渣は取り除く。水滴，灌水で広がるため注意する
萎凋病（糸状菌・土壌病害）(Wilt)	維管束が侵され，株全体が生気を失い萎凋し，下葉から枯れ上がる。根や維管束は褐変し，根幹部が腐敗することもある。萎凋細菌病とならぶカーネーション最大の土壌病害である。生育期全般にわたって発生する	土壌消毒を行なう。抵抗性品種との併用が効果的である
萎凋細菌病（細菌・土壌病害）(Bacterial wilt)	地上部が急速に萎凋し数日のうちに枯死することが多い。根部が褐変し，根量も減る。罹病部を切断して水につけると，白い菌泥が切断面からにじみでる。定植後まもなく暑い夏をむかえる作型で発生しやすい（図４-Ⅴ-７）	汚染されていない土壌を用いる。土壌消毒を行なう。現在流通しているほとんどの品種は本病への抵抗性はないが，最近，抵抗性品種が育成された
ウイルス病（ウイルス）(Carnation mottle*, Carnation vein mottle* etc.)	単独のウイルス感染では，葉身にわずかに不定形斑紋またはかすれ症状をおこすか無病徴のことが多い。花に斑入りができる品種もある。５種類のウイルスが関与するとされ，いずれのウイルスもアブラムシ伝搬する（図４-Ⅴ-８）	健全株を親株とする。発病株は抜き取り，焼却または埋設する

注）＊：日本では正式な英名はついていない

図4-V-9
バラうどんこ病（葉にできた粉状の白斑）

図4-V-10
バラ黒星病（葉にできた黒色のしみ状の斑点）

図4-V-11
バラ根頭がんしゅ病（地ぎわ部にできたこぶ）

表4-V-6　バラのおもな病害と防除

病　名	症状の特徴	防除方法
うどんこ病 （糸状菌・地上部病害） (Powdery mildew)	茎，葉，つぼみに発生する。うどんこをふりかけたように白い斑点ができる。若いやわらかい組織で発生しやすいが，激発すると株全体に広がる。若い葉では葉縁が巻いたり，花首が曲がる（図4-V-9）	施設では夜間の暖房と昼間の換気を徹底する。発病は品種間差異が大きい。被害茎葉はすみやかに取り除く
黒星病 （糸状菌・地上部病害） (Black spot)	葉に，はじめは淡褐色から紫黒色の小さなしみ状の斑点があらわれ，徐々に拡大する。しばしば不規則に融合して大型や不整形の病斑になる。露地栽培で多発生しやすい。展開中の若葉が侵されやすい（図4-V-10）	萌芽から枝の伸長期に薬剤防除を行なう
べと病 （糸状菌・地上部病害） (Downy mildew)	葉，茎，花梗に発生する。葉に不整形，灰褐色のしみ状の病斑ができる。湿度が高いと，葉の裏側に白い霜状のカビができる。罹病葉は落葉しやすい。空気伝染するほか，灌水などで広がる	冷涼な天候で，施設内が過湿になると発生するため，強制的に暖房して湿度を下げる
さび病 （糸状菌・地上部病害） (Rust)	葉に発生する。葉の裏側に赤橙色の盛り上がった粉状の小斑点ができる。おもに夏に発生し，秋には黒色の冬胞子塊をつくる。着生している葉や枝上で越冬し，翌春に空気伝染する	発病部は切り取り，落葉を集めて処分する
根頭がんしゅ病 （細菌・土壌病害） (Crown gall)	根，茎の地ぎわ部，接ぎ木部に，表面がごつごつした大小さまざまなこぶをつくる。発病株は生育が若干劣り，しだいに枯死する。土壌伝染・接触伝染する。病原菌は傷口から侵入する（図4-V-11）	発病株は，接ぎ木用の母木に用いない。発病株に触れた道具に病原菌が付着して，次々に汚染するため，発病株は抜き取る

表 4-V-7　トルコギキョウのおもな病害と防除

病　名	症状の特徴	防除方法
炭疽病 （糸状菌・地上部病害） (Anthracnose)	茎葉に発生する。茎の葉の分岐部では淡褐色のややへこんだ楕円形，葉では類円形の病斑になり，やがて病斑上に黒点ができる。病斑が茎をとり囲むとそれより上部は萎凋・枯死する	灌水や結露水などで病気が広がるため，施設内を過湿にしない。頭上灌水をひかえる
根腐病 （糸状菌・土壌病害） (Root rot, Pythium rot)	育苗中では，はじめ数株が生気を失って萎凋し，しだいに周辺へと広がる。症状が激しいと葉が白色になって立ち枯れる。定植後では，日中に株全体が急激に生気を失って青枯れ症状になり，萎凋・枯死する。細根は先端部から淡褐色に腐敗する（図4-V-12）	定植前に土壌消毒を行なう。発病株は早期に除去する
立枯病 （糸状菌・土壌病害） (Root rot)	根，茎に発生し，定植後から開花期まで症状がみられる。生育が劣り，葉が黄化・萎凋し，重症の場合は枯死する。病勢が急な場合，青枯れ状態になることがある。維管束が褐変し，根は腐敗する（図4-V-13）	定植前に土壌消毒する
青かび根腐病 （糸状菌・土壌病害） (Penicillium rot, Blue mold root rot)	生育不良，下葉の黄化，しおれなどの症状を示す。生育初期では生育不良になり短茎で開花，または萎凋・枯死する。後期では，下葉の黄化やしおれ，ボリューム不足になり，重症の場合は枯死する	発病には品種間差がある。多肥で発生しやすいため，適正な肥培管理を行なう。土壌消毒を行なう
青枯病 （細菌・土壌病害） (Bacterial wilt)	株全体に症状があらわれる。病徴が軽微な場合は下位葉が萎凋する程度であるが，重症になると株全体が萎凋，茎葉が褐変・枯死する	土壌消毒を行なう。発病株は早期に除去する。排水をよくし，圃場内を多湿にしない。連作をさける
えそ斑紋病 （ウイルス） (Necrotic spot)	葉に淡緑色のモザイク症状があらわれ，やがて淡褐色で輪紋状の円形病斑ができる。成長点を中心に症状があらわれ，生育初期に発病すると生育が抑制される	発病株は早期に除去する。ウイルスを媒介するアザミウマ類を防除する。施設の開口部に目の細かい防虫ネットを張り，媒介虫の侵入を防ぐ。圃場周辺の雑草を除去する

図 4-V-12
トルコギキョウ根腐病（生気を失って萎凋した苗）

図 4-V-13
トルコギキョウ立枯病（青枯れ状態）

表 4-V-8　シクラメンのおもな病害と防除

病　名	症状の特徴	防除方法
灰色かび病 （糸状菌・地上部病害） (Gray mold)	葉身，葉柄，花弁，花梗に発生する。花弁でははじめ水浸状の小斑点ができ，やがて淡褐色に軟化・腐敗する。葉柄，花梗には暗紫色のくぼんだ病斑ができ，葉身に暗緑色の水浸状の病斑が拡大する。多湿の場合は罹病部に淡灰褐色のカビをつくる。花卉類のほか，多くの野菜・果樹に感染する（図4-V-14）	多湿で発生しやすいため，過繁茂にならないようにし，換気で湿度を下げる。残渣などは圃場外にもちだす
萎凋病 （糸状菌・土壌病害） (Fusarium wilt)	はじめ株の片側の葉が葉身の下部から黄化し，やがて株全体に症状があらわれる。軽症株では一部の葉だけが枯死し，葉数の少ない貧弱な株になる（図4-V-15）	土壌伝染するため，健全な用土を用いる。発病株は早期に処分する
軟腐病 （細菌・土壌病害） (Bacterial soft rot)	葉柄や花梗の基部が水浸状に軟化する。株全体が罹病すると萎凋・枯死する。球根が罹病すると軟化腐敗し，割ると軟腐病特有の腐敗臭がする。高温時に発生が多くなる	排水のよい土壌で栽培する。発病株は早期に処分する

図 4-V-14
シクラメン灰色かび病（中央部に淡灰褐色のカビ）

図 4-V-15
シクラメン萎凋病（葉の黄化）

2 虫害

1 花卉虫害の特徴

❶種類数が多い

花卉は種類，品種が多く，作付け時期，栽培方法が多様なので，害虫（insect pest）の種類はたいへん多い。たとえば，『農林有害動物・害虫名鑑 2006』には，キク 90 種，バラ類 119 種，サクラ類 211 種，ツバキ類 67 種が記載されており，今後研究がすすめばさらに増えるものと思われる。

図 4-V-16
オンシツコナジラミ
1974 年に日本に侵入，アメリカ原産

❷経済的被害許容水準が低い

花卉では花はもちろん葉や茎も観賞の対象になるので，被害に対する考え方がほかの作物とちがう。ほかの作物では収穫部位が限られるため，収穫部位以外への加害は，減収をもたらさない密度以下では問題にされない。しかし，花卉では生育に影響しない密度でも，加害痕や害虫の存在自体が価値を低下させるので，経済的被害許容水準（economic injury level）（注 6）はきわめて低く設定される。

〈注 6〉
病害虫の被害が小さい場合は，防除を行なっても防除コスト以上の利益は得られない。防除を行なった場合の利益が，防除コストを上回る水準をいう。

❸侵入害虫が多い

花卉は新しい植物や品種の海外からの導入がさかんであり，切り花などの輸入も急増している。植物の輸入には，植物検疫によって害虫の侵入を阻止する措置がとられているが，検疫をかいくぐりはいってきた侵入害虫（alien insect pest）も多い（注 7）。これらのなかには，薬剤抵抗性を発達させている系統も多い。

〈注 7〉
近年侵入して花卉の重要害虫となったものに，オンシツコナジラミ（図 4-Ⅴ-16），ミナミキイロアザミウマ（図 4-Ⅴ-17），タバココナジラミ（バイオタイプB，Q），マメハモグリバエ，ミカンキイロアザミウマ，トマトハモグリバエなどがある。なお，タバココナジラミのバイオタイプB，Qは殺虫剤に対する抵抗性がいちじるしく高い新系統である。

❹栽培の多様化による害虫の増加と発生相の複雑化

花卉栽培の周年化によって栽培型は多様化し，施設栽培が増えている。これにともない，害虫の発生様相も複雑化し，発生期間が長期化，周年化している。

たとえば，モモアカアブラムシは，本来，冬はバラ科植物の芽などで卵で越冬するが，施設内を中心に冬でも繁殖を行なっている。また，海外からの侵入害虫の多くは非休眠性で，施設内では冬も繁殖している。

❺薬剤抵抗性の発達

害虫の発生の増加，周年化，被害許容水準が低いなどで薬剤散布回数が増えることで，ハダニ類，コナジラミ類，アザミウマ類，アブラムシ類，ハモグリバエ類など，多くの花卉害虫で薬剤抵抗性（pesticide resistance）が発達し防除が困難になっていることも近年の特徴である。

2 おもな花卉害虫

花卉のおもな害虫を表 4-Ⅴ-9 示したが，かなり広範囲に分類される。昆虫綱では，カメムシ目，チョウ目，コウチュウ目，アザミウマ目の害虫が多いが，それ以外の目の害虫もみられる。また，昆虫綱以外ではティレンクス目（センチュウ類），有肛目（ナメクジ類，カタツムリ類），ダニ目（ダニ類），等脚目（ダンゴムシ類）などに重要害虫がいる。

図 4-V-17
ミナミキイロアザミウマ
1976 年に日本に侵入，東南アジア原産

表 4-V-9　おもな花卉害虫

分類群			おもな害虫
線形動物門	幻器綱	ティレンクス目	サツマイモネコブセンチュウ，ハガレセンチュウ，イモグサレセンチュウ，マツノザイセンチュウ
軟体動物門	腹足綱	有胚目	ノハラナメクジ，ウスカワマイマイ
節足動物門	クモ綱	ダニ目	カンザワハダニ，ナミハダニ，キクモンサビダニ，チャノホコリダニ
	軟甲綱	等脚目	オカダンゴムシ
	昆虫綱	バッタ目	オンブバッタ
		アザミウマ目	ミナミキイロアザミウマ，ミカンキイロアザミウマ，ネギアザミウマ，クロゲハナアザミウマ，グラジオラスアザミウマ
		カメムシ目	モモアカアブラムシ，ワタアブラムシ，オンシツコナジラミ，タバココナジラミ，アオバハゴロモ，ツノロウムシ，カメノコロウムシ，サルスベリフクロカイガラムシ，ツツジグンバイ，トベラキジラミ
		コウチュウ目	キクスイカミキリ，ドウガネブイブイ，マメコガネ，ゴマダラカミキリ，クロケシツブチョッキリ，サンゴジュハムシ
		ハエ目	マメハモグリバエ，トマトハモグリバエ，キクヒメタマバエ，ハコベハナバエ
		チョウ目	ベニモンアオリンガ，ハスモンヨトウ，フキノメイガ，ヨトウガ，コウモリガ，ゴマフボクトウ，チャハマキ，オオスカシバ，ヒロヘリアオイラガ，チャドクガ，ミノウスバ，アメリカシロヒトリ
		ハチ目	チュウレンジハバチ

3 花卉害虫による被害

❶吸汁による被害

害虫が植物組織に口針を挿入して，汁液を吸汁することで加害される（注8）。植物の生育を抑制し，いちじるしい場合は枯死することもある。茎葉の変形・変色や萎縮させることもある（図 4-V-18，19）。汁液の吸汁とともに，多量の排泄物をだす。排泄物には糖が多く含まれ，葉に付着するとすす病菌が繁殖して黒くなり，「すす病」とよばれる。外観を悪くするとともに，光合成が阻害され生育が抑制される。

吸汁性害虫は，小型のものが多いが，増殖力が大きく，集団で加害するため被害が大きい。茎葉部を吸汁するものが多いが，ネダニ類など根部を吸汁する種類もある。

〈注 8〉
このような加害をする害虫を吸汁性害虫とよび，アブラムシ類，カイガラムシ類，コナジラミ類，キジラミ類，グンバイムシ類などのカメムシ目害虫，ハダニ類，ホコリダニ類，サビダニ類，ネダニ類などのダニ目害虫などがある。

❷食害による被害

咀嚼（そしゃく）性の口器をもつ害虫が，植物のいろいろな部位を食べることによる被害である（注9）。多くは葉を加害するが，ハマキガ類のように葉をつづり合わせて食害する種類，ネキリムシ類のように地ぎわ部を食害する種類，

〈注 9〉
こうした加害をする害虫には，ヨトウガ類，オオタバコガなどのチョウ目害虫，コガネムシ類，ハムシ類などのコウチュウ目害虫，ハバチ類などのハチ目害虫，バッタ目害虫などがある。

図 4-V-18
ツツジグンバイによるツツジの被害
吸汁痕が白色になり，激しいと枯死する

図 4-V-19
モンゼンイスアブラムシによるイスノキの被害
虫えいの大きさは 10cm以上

図 4-V-20
ベニモンアオリンガ成虫
幼虫が芽を食害する。花芽が食害されると花数が減る

コガネムシ類の幼虫のように根を食害する種類，コウモリガ，ゴマフボクトウ，カミキリムシ類のように茎内に食入して加害する種類など，加害部位や方法は多様である。

ベニモンアオリンガ（図4-V-20）のように芽を食害する害虫は，花芽に発生すると，開花数が大幅に減る。また，チャドクガ（図4-V-21），ミノウスバなど多くのチョウ目害虫は幼虫が集団で食害するため，被害が大きい。

図4-V-21
チャドクガの幼虫集団（ツバキ）

❸舐食（ししょく）による被害

吸汁と食害の中間的な摂食方法で，植物の表面組織を口器で傷つけ，そこから分泌される汁液をなめる。アザミウマ目の害虫がこの方法で摂食する。加害部は白化し，後に褐変する（図4-V-22）。多くは茎葉を加害するが，ユリクダアザミウマのように球根を加害する種類もある。

図4-V-22
グラジオラスアザミウマによるグラジオラスの被害

❹産卵による被害

他の作物では大きな被害になることが少ないが，花卉では大きな被害になる種類がある。キクスイカミキリはキクの新芽の茎に産卵し，それより上部は成長が止まる。バラクキバチはバラの新しく伸びた枝に産卵し，それより上部は枯死する。チュウレンジハバチはバラなどの幹や枝の組織内に産卵し，幹や枝が成長すると産卵痕が割れる。

❺ウイルス病の媒介

アブラムシ類は，CMV（キュウリモザイクウイルス），WMV（カボチャモザイクウイルス），BBWV（ソラマメウイルトウイルス），TBV（チューリップモザイクウイルス）など，多くのウイルス病を伝搬する。アブラムシ伝搬のウイルス病は非永続的に伝搬（注10）され，花卉に寄生しない種でも伝搬できる。

また，TSWV（トマト黄化えそウイルス）はミカンキイロアザミウマなど，IYSV（アイリスイエロースポットウイルス）はネギアザミウマなどのアザミウマ類により永続的に伝搬される。

〈注10〉
非永続伝搬とは保毒期間が数時間と短い伝播で，アブラムシなどによって行なわれ，口針についたウイルスがほかの植物に伝搬するため，きわめて短時間の吸汁で媒介される。永続伝搬とは，ウンカ，ヨコバイなどで行なわれ，虫体内で増殖したウイルスがほかの植物に伝搬される。ウイルスの獲得には長時間必要だが，長期間にわたって伝搬できる。

❻外観上の被害

花卉では生育に影響のない程度の寄生であっても，カイガラムシ類などの虫体や食害痕が問題となることが多い（図4-V-23）。また，イラガ類，チャドクガのように，体などに触れると痛みやかゆみを感じる害虫は，いること自体が問題になる。

図4-V-23
ヒモワタカイガラムシ雌成虫
白色の部分はろう状の分泌物

4 防除方法

❶化学農薬による防除

花卉害虫の防除は，化学農薬に依存する傾向が強く，被害許容水準が低いことから，今後も中心的手段と考えられる。殺虫剤の種類は多く，特徴も系統によってちがう（表4-V-10）。

化学農薬が有効な害虫の種類が多く，防除が栽培体系に影響されないなどの利点があるが，抵抗性の発達，他の生物への影響などの問題点も多く，適切に使わなければならない。定められた農薬使用基準にしたがって使うことは当然であるが，薬剤抵抗性の発達を遅らせるため，同一薬剤の連用

表4-V-10　おもな殺虫剤の特徴

殺虫剤の系統	特　徴	天敵への影響
有機リン酸	リンを含む有機化合物で，神経機能を阻害する。1950 年代に実用化	×
カーバメート剤	リン，塩素を含まない化合物で，神経機能を阻害する。1960 年代に実用化	×
ネライストキシン剤	海産動物イソメに含まれるネライストキシンの類縁化合物で，神経機能を阻害する。1960 年代に実用化	×
合成ピレスロイド剤	シロバナムシヨケギクの花に含まれるピレトリンの類縁化合物で，神経機能を阻害する。1970 年代に実用化	×
ネオニコチノイド剤	タバコに含まれるニコチンの類縁化合物で，神経機能を阻害する。1990 年代に実用化	△～×
昆虫成長抑制剤	昆虫の脱皮・変態を撹乱する。1980 年代に実用化	○～△
ジアミド剤	筋肉細胞のカルシウムイオンの異常をもたらす。2000 年代に実用化。対象害虫以外への影響が小さい	○
気門封鎖剤	油などで昆虫の気門を物理的に封鎖する。対象害虫以外への影響が小さい	○～△
微生物剤	昆虫病原性の微生物を製剤化したもの。対象害虫以外への影響が小さい	○

注）天敵への影響は，×：影響大，△：影響中，○：影響少。なお，影響は天敵や農薬の種類によってちがう

をさけることも重要である。

❷薬剤以外による防除

天敵農薬（注11）のチリカブリダニやミヤコカブリダニ，フェロモン剤（注12）は花卉類・観葉植物にも登録されているので利用できる。前者はハダニ類の防除，後者はコナガ，オオタバコガなどのチョウ目害虫の防除に効果的である。

太陽熱利用による土壌消毒はセンチュウ類や土壌害虫の防除に，色彩粘着トラップ（注13）による大量誘殺はコナジラミ類やアザミウマ類の防除に効果がある。黄色蛍光灯の施設内の夜間点灯は，ヤガ類などの行動を抑制し，防除効果がある。また，施設の開放部への防虫ネットの設置は，多種の害虫の侵入防止に有効である。

周辺の雑草の除去など，栽培環境の改善も害虫防除に有効である。

❸総合的害虫管理

農薬に依存した防除への反省から総合的害虫管理（ＩＰＭ；integrated pest management）がすすめられている。これは，特定の防除手段に依存するのではなく，複数の防除手段を組み合わせて，害虫を経済的被害許容水準以下の密度に保つシステムである。近年，花卉害虫に対しても利用が開始された。

〈注11〉
生物農薬として登録されている天敵で，害虫に寄生・捕食して防除する。農薬として登録されていないが，有効な土着天敵も多い。

〈注12〉
合成フェロモンで，昆虫が微量の性フェロモンで行なう雌雄のあいだの交信を妨害（交信撹乱という）して交尾を抑制し，次世代の個体数を減らす。

〈注13〉
昆虫は特定の色に誘引される性質があり，対象害虫にあわせて黄色や青色などの粘着トラップが利用されている。

第5章 品質と利用

I 色と香り

1 花の色

1 花の色素

植物の花の色は多様であり，黄，赤，紫，青，緑および白色などに分類できる。植物の代表的な色素（pigment）の種類と，それらがになっている色を図5-I-1に示す（注1）。

多くの植物の花の色を担っているのは，カロテノイドとアントシアニンである。

❶カロテノイドとクロロフィル

カロテノイド（carotenoid）は黄，橙，赤の色素である。クロロフィル（chlorophyll）は青緑の色素である。カロテノイドとクロロフィルは，ともに水に溶けにくい脂溶性の色素で，細胞のなかでは色素体（plastid）（注2）に存在する。葉緑体（chloroplast）はクロロフィルとカロテノイドを共に含む色素体である。カロテノイドとクロロフィルは，すべての植物に含まれている。

❷フラボノイドとアントシアニン

フラボノイド（flavonoid）は淡い黄の色素である。広義のフラボノイドに分類されるアントシアニン（anthocyanin）は，赤，紫，青の色素である。フラボノイドとアントシアニンはグルコースなどの糖，さらにマロン酸やカフェ酸などの有機酸と結合している。フラボノイドとアントシアニンは水に溶けやすい水溶性の色素であり，細胞のなかでは液胞（vacuole）に存在している。アントシアニンは多くの植物に含まれている。

❸ベタレイン

ベタレイン（betalain）は紫と黄の水溶性色素である。ベタレインは一部の植物にのみ含まれている。

〈注1〉
それぞれの色素の名前は，基本的な化学構造を共有する物質群を意味する。

〈注2〉
光合成など同化作用，糖や脂肪などの貯蔵，さまざまな化合物の合成などをになう細胞小器官の総称である。色素体の代表は葉緑体であるが，カロテノイドのみを含む有色体（chromoplast），色素をもたない白色体もある。

図５-Ⅰ-１　花色と色素の関係

各色素が担う発色の分布を，下に示された色と対比させて矢印で示し，それぞれの色素によって発色している代表的な花を掲載
（写真提供：築尾嘉章氏（キク，赤いバラ，ハナショウブ，マツバギク），山岸真澄氏（スカシユリ））

❹色素群のなかでの色調のちがい

それぞれの色素群のなかでは，部分的な化学構造のちがいが色調のちがいの原因になる。カロテノイドのなかで，炭素と水素のみでできているカロテン（carotene）類は赤から橙の色素であるが，それに酸素が加わったキサントフィル（xanthophyll）類は黄の色素である。ベタレインも，構造のちがいによって紫のベタシアニン（betacyanine）と黄のベタキサンチン（betaxanthin）に分類される。

アントシアニンは，Ｂ環とよばれる６つの炭素からなる芳香環の水酸基の数が増えることで，赤から紫に変化していく（図５-Ⅰ-２）。

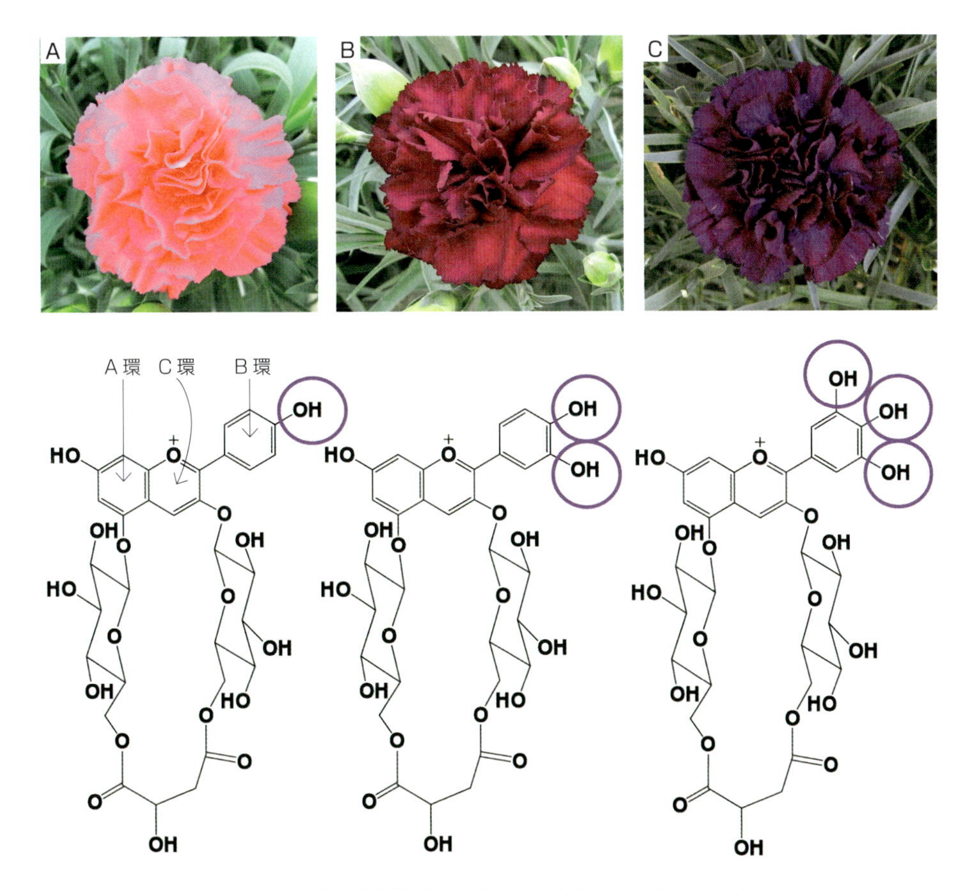

図5-Ⅰ-2　アントシアニン色素の化学構造の変化と色の変化（カーネーション）
6員環部分の水酸基（紫色の円）が，A：1個の色素をもつ花，B：2個の色素をもつ花，C：3個の色素をもつ花（遺伝子組換え技術で作成）。水酸基が増えるほど青みが増してくる
（写真提供：岡村正愛氏，資料提供：田中良和氏）

2 カロテノイド，フラボノイドとアントシアニンの生合成

❶カロテノイドの生合成

カロテノイドのおもな生合成経路は，グルコース（glucose）の解糖系の代謝物であるグリセルアルデヒド3-リン酸（glyceraldehyde 3-phosphate）とピルビン酸（pyruvic acid）が結合し，イソペンテニルピロリン酸（isopentenylpyrophosphate）という5個の炭素をもつ化合物に代謝されることからはじまる（図5-Ⅰ-3A）。

8個分のイソペンテニルピロリン酸が結合して，まず40個の炭素をもった無色のフィトエン（phytoene）が合成される。フィトエンが脱水素化してリコペン（lycopene）という赤色のカロテノイドが合成される。その後，末端部位が環化（注3）してβ-カロテン（β-carotene）に代表される橙色のカロテン類が合成される。さらに酸素が結合することでゼアキサンチン（zeaxanthin）に代表される黄色のキサントフィル類が合成される。

〈注3〉
いくつかの元素がつながって分子の中に環をつくること。

❷フラボノイド，アントシアニンの生合成

フラボノイドとアントシアニンはアミノ酸（amino acid）であるフェニルアラニン（phenylalanine）から合成される（図5-Ⅰ-3B）。フェ

A　カロテノイド

CHO
CHOH
$CH_2OPO_3H_2$
グリセルアルデヒド
3-リン酸
+
CO_2H
CO
CH_3
ピルビン酸
$CH_2OPO_3HPO_3H_2$
イソペンテニル
ピロリン酸
×8
リコペン（赤色）
β-カロテン（橙色）
OH
HO
ゼアキサンチン（黄色）

B　フラボノイドとアントシアニン

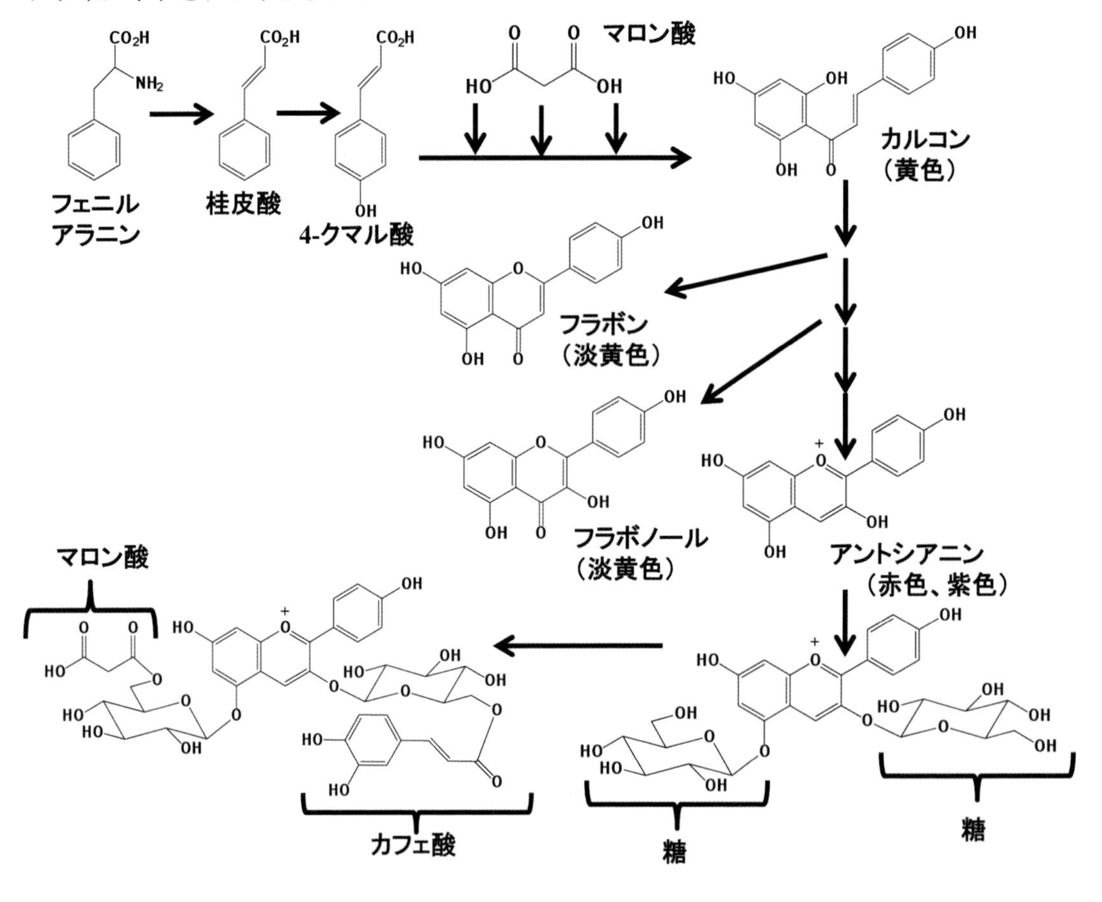

図5-Ⅰ-3　植物色素の生合成経路

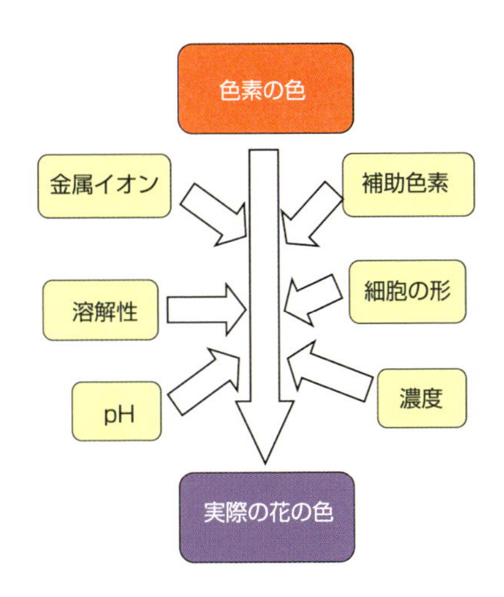

図５-Ⅰ-４　アントシアニン色素の発色に影響を与える要素

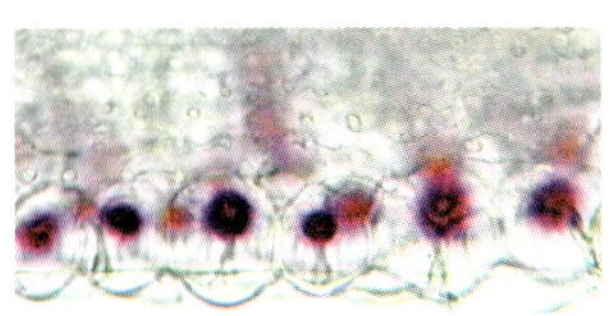

図５-Ⅰ-５
同じ種類のアントシアニンをもつカーネーションの花色（上）と液胞内のアントシアニン色素の状態（下）
溶解性が低く固まったアントシアニンの割合が高い右側の品種のほうがより青みが強い（写真提供：岡村正愛氏）

ニルアラニンが桂皮酸（cinnamic acid）から4-クマル酸（4-coumaric acid）に代謝された後，３分子のマロン酸（malonic acid）と結合することで，フラボノイドの基本構造の構成に必要な15個の炭素をもつカルコン（chalcone）が合成される。その後，さまざまな酸化・還元反応を受けることで，フラボン（flavone）やフラボノール（flavonol）といった淡黄色のフラボノイドや，赤色や紫色のアントシアニンが合成される。

これらのフラボノイドやアントシアニンには，グルコースなどの糖が結合している。さらにこれらの糖に，カフェ酸（caffeic acid）やマロン酸などの有機酸が結合する場合も多い。

3 花色と色素

❶色素と花の発色

色素の色は花色に反映される。それぞれの色素によって発色している代表的な花を図５-Ⅰ-１に示した。バラやキクをはじめとする大部分の濃黄色の花はカロテノイド，カーネーションやキンギョソウ，ダリアなどの淡黄色の花はフラボノイド，バラをはじめとする大部分の赤色の花はアントシアニンによって発色している。その他，アジサイやハナショウブをはじめとする大部分の紫色と青色の花はアントシアニン，ユリなどの一部の赤色の花はカロテノイド，サボテンやポーチュラカ，オシロイバナ，ケイトウなど一部の植物の黄，赤，紫色の花はベタレインによる発色である。

❷色素の共存による発色

また，さまざまな色素が共存することで，多様な色彩が発色している。葉を含む植物の緑は，黄のカロテノイドと青緑のクロロフィルの共存による発色である。ベタレインによる赤は，紫のベタシアニンと黄のベタキサンチンの共存によって発色する。黄のカロテノイドと赤のアントシアニン

図５-Ⅰ-６
パンジーの花の円錐形の表皮細胞

図5-Ⅰ-7　代表的な花の模様

A：外縁白色型の覆輪模様（ペチュニア），B：外縁有色型の覆輪模様（ペチュニア），C：星形模様（ペチュニア），D：扇形模様（アサガオ），E：刷毛目絞り模様（スイートピー），F：鹿の子模様（アルストロメリア）
（写真提供：森田裕将氏（アサガオ），柳下良美氏（スイートピー））

が共存すると橙が発色する。しかし，アントシアニンとベタレインを共にもつ植物は知られていない。

❸遺伝子組換えによる新しい花色の作出

遺伝子の組換え技術を用いて色素の構造をかえることで，その植物が本来持たない花色を発色させる試みが行なわれている。近年では，アントシアニンの水酸基を遺伝子組換えによって増やし，新しい青紫の花色のカーネーション（図5-Ⅰ-2のC），バラ，キク（第3章図3-Ⅰ-13参照）などの作出に成功している。

4 発色に影響を与える要素

アントシアニンは赤を安定して発色する色素であるが，図5-Ⅰ-4に示すようなさまざまな要素が作用すると，紫や青を発色する。

アジサイの青色は，金属イオン，とくにアルミニウムイオンがアントシアニンに作用することで発色する。ツバキの仲間には，アルミニウムとフラボノイドの作用によって濃い黄を発色する種類もある。

また，補助色素（copigment）という，それ自体はほぼ無色であるにもかかわらず，アントシアニンの発色を濃色化や紫色化する化合物がかかわって発色している花もある。多くの場合，紫や青の花色は，補助色素や金属イオンあるいは両者がかかわって発色していると考えられている。

アントシアニンの溶解性が発色に影響していることもある。多くの植物ではアントシアニンは液胞液に均一に溶けているが，トルコギキョウやデルフィニウムの花のようにアントシアニンが固まった状態で含まれているものもある。図5-Ⅰ-5にアントシアニンの溶解性のちがいによって花色が変化する例を示した。

そのほか，液胞のpHもアントシアニンの色を変化させる。

他の色素では，黄色いカロテノイドが高い濃度で含まれている花は橙にみえる例が知られている。また，すべての色素の濃度が低い場合は，白色になる。

細胞の形も発色に影響している。花弁の表皮細胞（epidermal cell）は，図5-Ⅰ-6に示すように円錐形をしていることが多い。この円錐が高く尖った色の濃い細胞は，自らの影によってビロード状の印象を与えることが知られている。

5 花の模様

花にはさまざまな模様（variegation, color pattern）がある。代表的な模様には，花の外縁部と内部の色がちがうリング状の覆輪模様，花の葉脈に沿って色がちがう星形模様，中心部と外縁部を結ぶ組織が扇状の模様をつくる扇型模様，細かい斑が無数に点在する刷毛目絞り模様，比較的少数の小さな斑によってつくられる鹿の子模様などがある（図5-Ⅰ-7）。

模様は色素の生合成が不均一に行なわれることによってできる。多くの花で，模様の形成にかかわる色素はアントシアニンであるが，扇型模様はベタシアニンをもつオシロイバナやスベリヒユなどの花でもよくみられる。

扇型模様の形成には動く遺伝子であるトランスポゾン（transposon）が，覆輪模様の形成には遺伝子の分解機構の1つである転写後抑制（post-transcriptional gene silencing）が，関与していることが多い。

6 花色の表現法

色を表現するための要素には，色相（hue），明度（lightness, brightness），彩度（chroma, saturation）がある。色相は色調（coloration）ともいわれる赤，黄，緑，青の区別である。明度は白，灰色，黒の区分，彩度は色の強さや鮮やかさの区分である。

色のあらわし方には，RGB表色系（RGB chromaticity scale），XYZ表色系（XYZ chromaticity scale），L*a*b*表色系（L*a*b* chromaticity scale）（注4）などがある。また色相を赤（R），橙（YR），黄（Y），黄緑（YG），緑（G），青緑（BG），青（B），青紫（PB），紫（P），赤紫（RP）をはじめ100種類に分類し，さらに明度と彩度についてそれぞれの強さに応じた数字をつけて，ある赤系の色を色相/明度/彩度の順に5R 4/7（注5）のように表現するマンセル表色系（Munsell scale）がある。

標準色を提示したカラーチャート（color chart）から色を選んで表現する場合もある。カラーチャートとしては，イギリスのR. H. S.（王立園芸協会，The Royal Horticultural Society）カラーチャートとともに，日本の農林水産省が編集した日本園芸植物標準色票が広く用いられている。

〈注4〉
赤（R），緑（G），青（B）の光を混ぜ合わせることで色を表現する方法をRGB表色系という。R，G，Bの光の混ぜ合わせではつくれない色もあるので，X，Y，Zという仮想的な色の光の混ぜ合わせによって色を表現する方法をXYZ表色系という。+a*方向を赤，-a*方向を緑，+b*方向を黄，-b*方向を青として，a*b*平面上の位相を色相，a*b*平面上の原点からの距離を彩度，Lの値を明度として表現する方法をL*a*b*表色系という。

〈注5〉
Rについている数字は赤色の色相の種類をあらわす。明度は数字が大きいほど明るく，彩度は数字が大きいほど鮮やかであることを示す。

2 花の香り

1 花の香りとは

❶香りと香気成分

バラ，スイセン，クチナシ，キンモクセイなど，その芳香をイメージできる花は多いが，バラの香りやスイセンの香りという単一の成分があるわけではない。香り（scent）は，ヒトの嗅覚器ににおいとして感知される分子（香気成分，scent compound）の混合物である（図5-I-8）（注6）。

花の香りのなかには多種類の香気成分が含まれており，たとえば香料採取に用いられているバラの香りは，100種類以上の香気成分で構成されている。

❷バラエティ豊かな香りは香気成分の濃さとブレンドから

香気成分の組成は同じでも，含まれる割合によって香りの質は大きくかわる。成分そのものがよいにおいのものもあれば，濃ければ悪臭，ごく薄ければ芳香となるものもある。

また，ほかの成分と混ざることで香りの質を高めるものもある。たとえばバラの香気成分である2-フェニルエタノールは，いわゆるバラ様のよいにおいである。

ジャスミンに含まれるインドールは，濃いと悪臭がするが，薄めるとジャスミン様のにおいになる。キンモクセイの香りを特徴づけるβ-イオノンは，ほかの成分と混ざることによって香りに広がりを与える。このよう

〈注6〉
香気成分は，炭素（C），水素（H），酸素（O），ときには窒素（N），硫黄（S）を構成元素とする炭素数約20，分子量約350以下の有機化合物である。常温で揮発しやすい性質や，ヒトの嗅覚器の粘液や膜脂質に溶け込むために水や油に溶けやすい性質をもっている。

にいろいろな香気成分がブレンドされることで，バラエティ豊かな花の香りがうまれている。

2 香る花，香らない花

花には香るものと香らないものがある。ガーベラやトルコギキョウなど，どの品種も香らないものもあれば，バラのように品種によって香りの質や強さがちがうものもある。バラの香りは，よいイメージをもたれている花の香りの1つであり，化粧品や芳香剤に多用されている。しかし，切り花のバラは香りの弱い品種が多い。このような品種は，花に含まれる香気成分の量が少ないか，閾値（いきち）（注7）が高い香気成分のみをつくっている。

〈注7〉
香気成分がにおいとして感じられるための最低濃度のこと。閾値が低い化合物は微量でもにおいが感じられる。

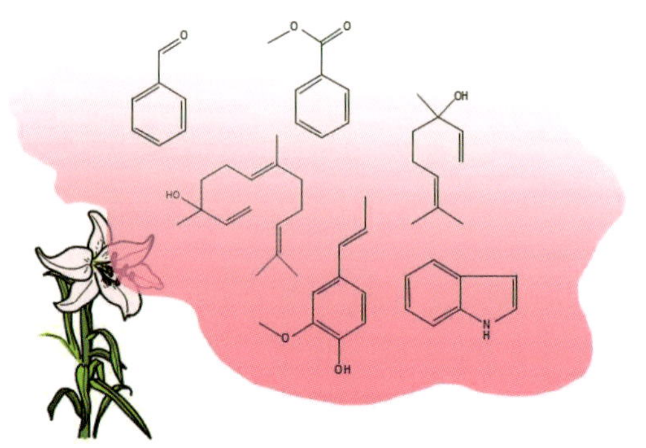

図5-Ⅰ-8　花の香りはヒトの感覚器ににおいとして感知される分子の混合物である

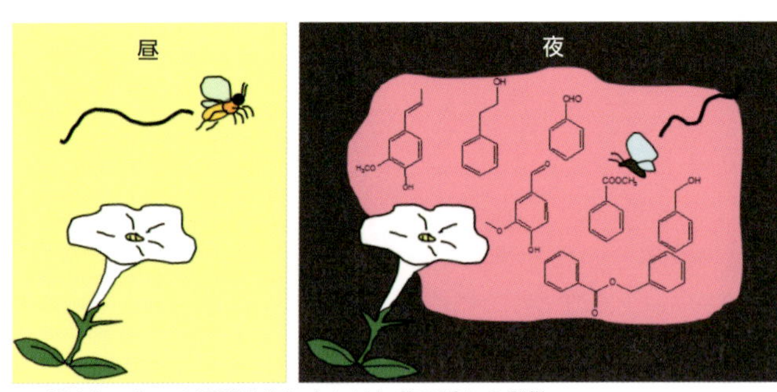

a. ポリネーターの活動時間に合わせた花の香りの発散
ペチュニアは夜に発散する香りでガを引き寄せている

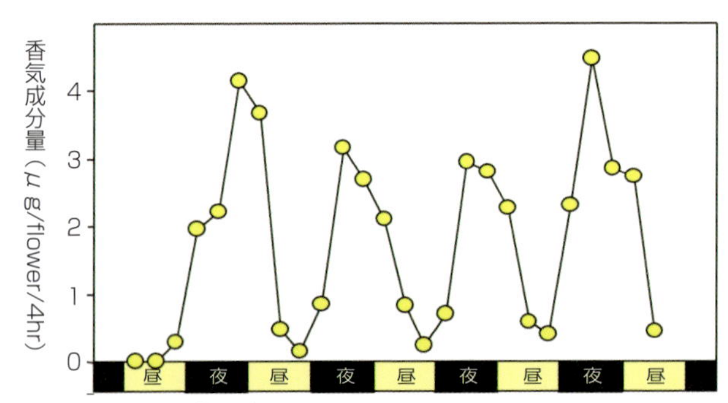

b. 花の香気成分発散リズム
ペチュニアの香気成分を経時的に採取すると，香気成分量は夜に増え昼に減るリズムを示した

図5-Ⅰ-9　花の香気成分発散の日周変化（例・ペチュニア）

3 花の香りの日周変化

花の香りの強弱は日周変化（diurnal change）することが多い。花の香りの代表的な役割は，昆虫などの生物を引き寄せて，他の花へ自分の花粉を運ばせることである。

この花粉を運ぶ生物をポリネーター（pollinator）とよぶ。ポリネーターにはチョウ，ハチ，ガなどがあるが，それらの活動時間にあわせて花は香りを発散させる（図5-Ⅰ-9a）。ポリネーターが活動していない時間には，花は香りをつくらない。

昼香る花にはカーネーション，キンギョソウ，バラ，夜香る花にはオシロイバナ，テッポウユリ，ペチュニアなどがあげられる。このように香りは昼夜で変化するので，花の香りの強さを判断するには，時間を追ってにおいをかぐ必要がある。

ペチュニアの野生種の1つであるペチュニア・アキシラリスは，ポリネーターが夜行性のスズメガであり，夜間にさわやかな甘い芳香を発散させる。おもな香気成分は，安息香酸メチル，イソオイゲノールなどの芳香族化合物であり，昼夜での増減がくり返される発散リズム（emission rhythm）がある（図5-Ⅰ-9b）。このような明確な発散リズムを示すのは，野生種の花に多い。

4 香気成分の分類

❶分子骨格による分類

香気成分は，その分子骨格からテルペノイド（terpenoid），芳香族化合物（phenylpropanoid），脂肪族化合物（aliphatic compound），含窒素化合物（nitrogen-containing compound），含硫黄化合物（sulfur-containing compound）に分類される。

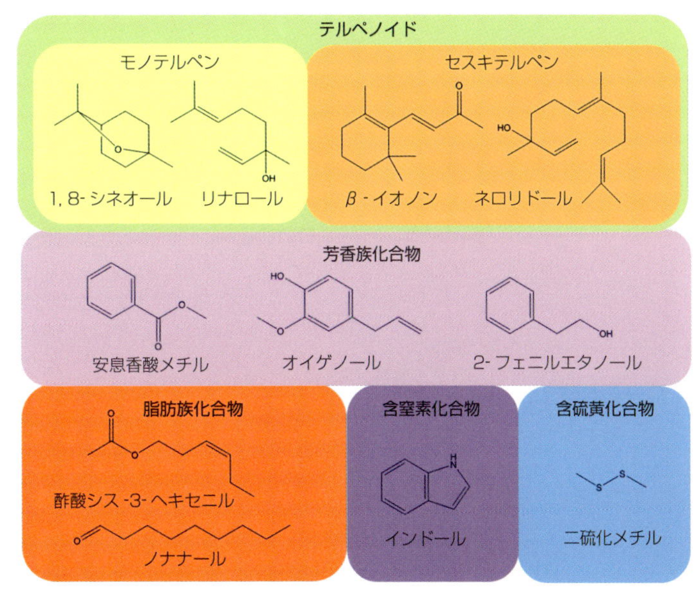

図 5 - I - 10　花の香気成分の分子骨格による分類

テルペノイドは5の倍数の炭素原子を含む化合物群で，香気成分としては炭素数10のモノテルペン（monoterpene）と，炭素数15のセスキテルペン（sesquiterpene）が重要である。芳香族化合物はベンゼン環を含む化合物群であり，香気成分としては側鎖として炭素数が1から3伸びた形の化合物が重要である。脂肪族化合物は，おもに脂肪酸からつくられる直鎖状の化合物（脂肪酸誘導体，fatty acid derivative）群であり，含窒素化合物は構造に窒素原子，含硫黄化合物は硫黄原子を含む化合物群である（図 5 - I - 10）。

花に主要成分として含まれているのはテルペノイドと芳香族化合物であることが多く，他の化合物はほとんどが微量成分として含まれている。

〈注 8〉
官能基とは，分子中で同じようなふるまいをする原子の集まりのことであり，その分子の性質を決める。同じ官能基をもつ化合物は，分子骨格がちがっても似たような性質をもつことが多い。たとえば，ヒドロキシ基をもつ化合物はアルデヒド基をもつ化合物より水に溶けやすく，香気成分がヒトの嗅覚器に溶け込むのに大きな影響を与えている。

❷官能基による分類

香気成分は，官能基（functional group）（注 8）によっても分類される。たとえば官能基として−OH 基（ヒドロキシ基，hydroxy group）をもつ成分はアルコール，−CHO 基（アルデヒド基，aldehyde group）をもつ成分はアルデヒド，$-COCH_3$ 基（アセチル基，acetyl group）をもつ成分は酢酸エステルである（図 5 - I - 11）。官能基としてはほかに，エーテル結合，カルボキシ基，カルボニル基，アミノ基などがある。

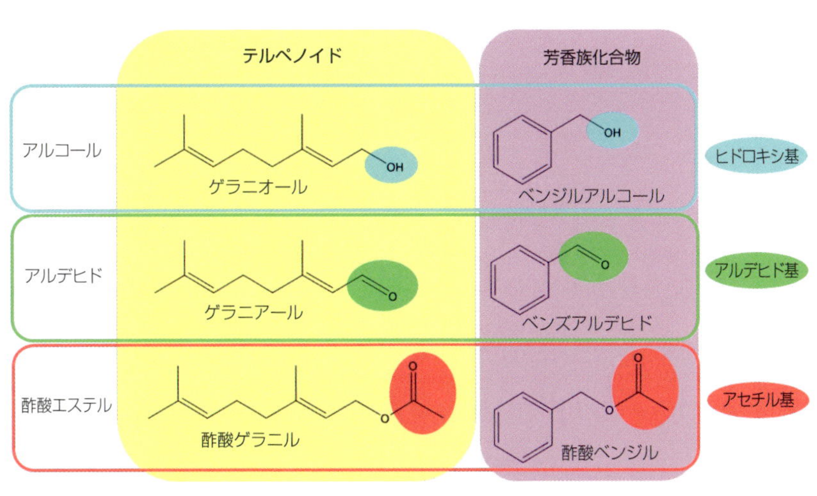

図 5 - I - 11　花の香気成分の官能基による分類の例

5 花が香る仕組み

花が香るには，3つの段階が必要である（図 5 - I - 12）。1つは香気成分をつくる段階（合成，synthesis），2つめは香気成分を発散する段階

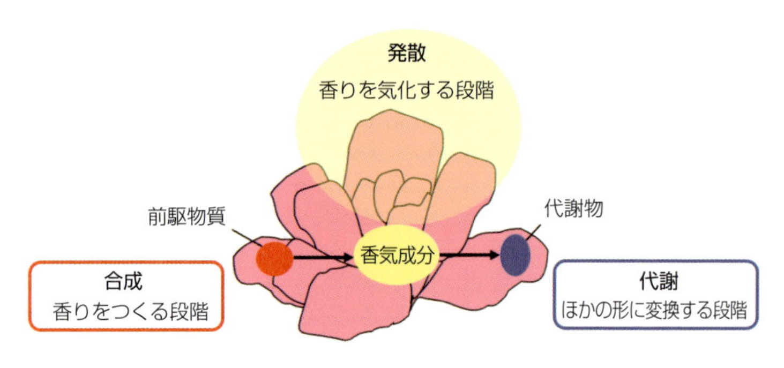

図5-I-12　花が香る仕組み
花が香るには，香気成分の合成，発散，代謝の3つの段階が必要である

（発散，emission），3つめは発散しきれなかった香りを他の形に変換する段階（代謝，metabolism）である。

❶合成

香気成分はおもに花弁の表皮細胞のなかで，アミノ酸などの一次代謝産物から合成される（図5-I-13）。テルペノイドはゲラニル二リン酸（geranylpyrophosphate, GPP），芳香族化合物はアミノ酸のフェニルアラニン（phenylalanine），脂肪族化合物は，おもにα-リノレン酸（α-linolenic acid）などの脂肪酸，含窒素化合物はアントラニル酸（anthranilic acid），含硫黄化合物はメチオニン（methionine）など，硫黄を含むアミノ酸の前駆物質（precursor）から合成される。

テルペノイドには，炭素数20以上の無臭のテルペノイドが分解して生成する香気成分もある。たとえばβ-イオノン（β-ionone）は，黄色の色素であるβ-カロチン（β-carotene）の分解産物である。

花の香気成分は，花弁の表皮細胞（本章Iの図5-I-6参照）でつくられる。より外に近い部分で合成するほうが，香気成分を発散させやすいからである。

❷発散

花弁の表皮細胞で合成された香気成分は，細胞膜や細胞壁を通って発散する。香気成分の発散しやすさは，その成分の蒸気圧（注9）に左右される。沸点が低い香気成分（分子）ほど蒸気圧が高いので発散されやすいが，沸点が高い香気成分は蒸気圧が低いので発散されにくく，においをもたないことが多い。

〈注9〉
蒸気圧とは，分子が一定の温度で液体と気体の平衡状態にあるときの蒸気の圧力のことであり，気体になりやすさの尺度である。

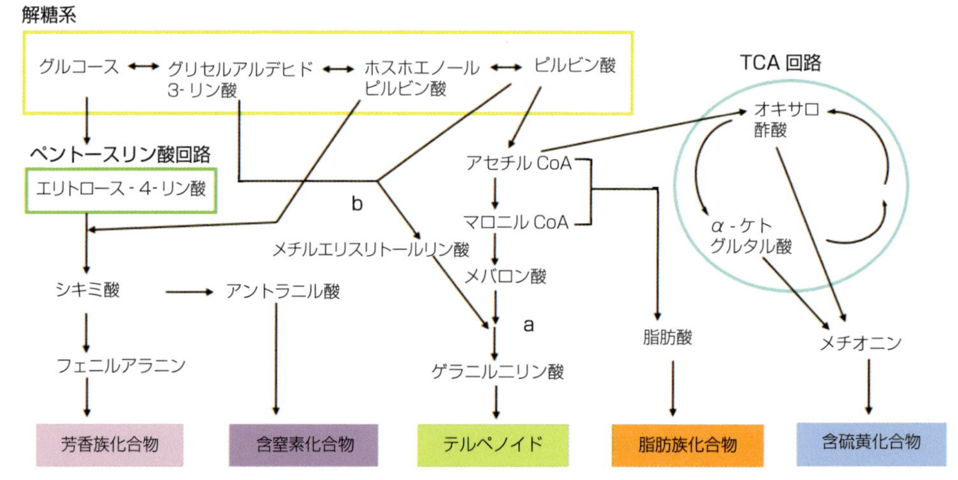

図5-I-13　花の香気成分の生合成経路（概略）
花の香気成分は糖，脂質，アミノ酸などの一次代謝産物から合成される
テルペノイドの合成は，a：メバロン酸経路，b：メチルエリスリトールリン酸経路の2つの経路が考えられる

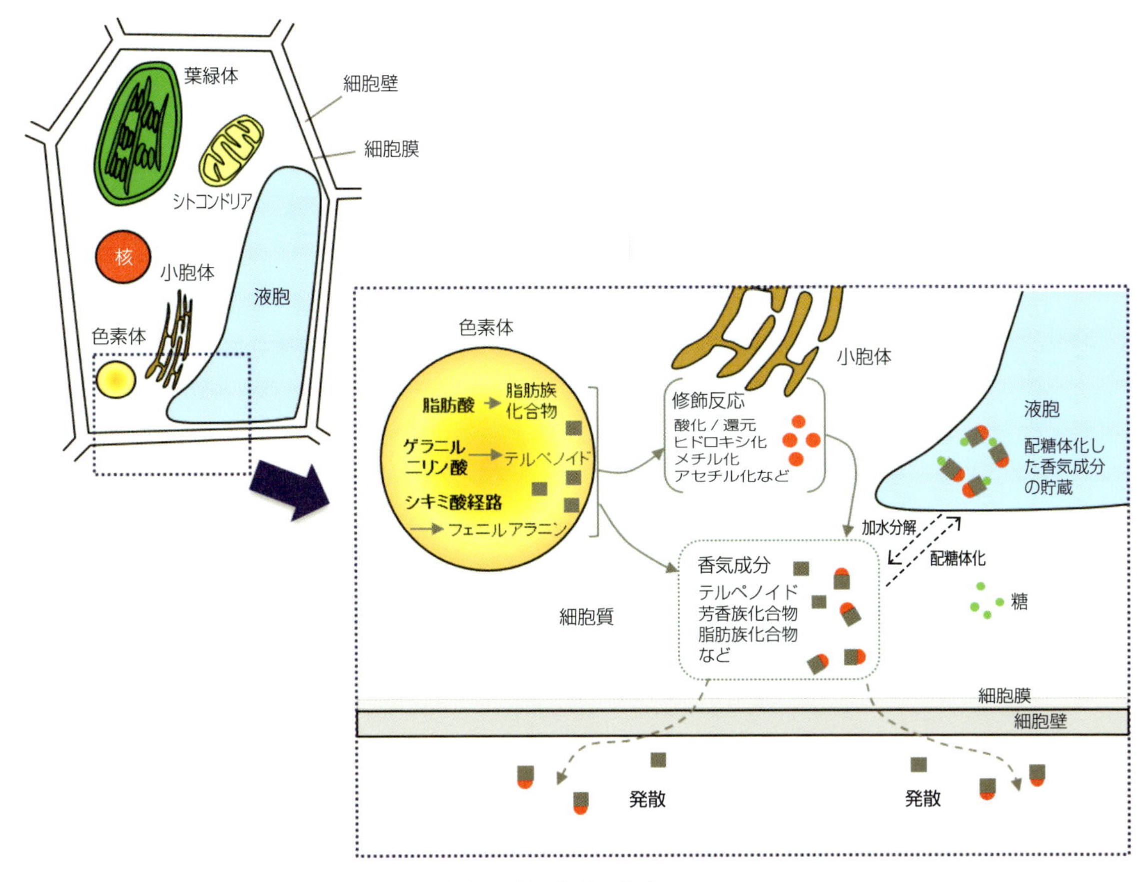

図５-Ⅰ-14　植物細胞内における香気成分の合成，発散，代謝の模式図

❸代謝

過剰な香気成分は，グルコースなどの糖を付加した配糖体（glycoside）などに代謝される。配糖体化された香気成分は揮発せず，細胞のなかの液胞に貯蔵される。

6 植物細胞内での香気成分の合成・発散・代謝の流れ

テルペノイド，脂肪族化合物，芳香族化合物の前駆物質であるゲラニルニリン酸，脂肪酸，フェニルアラニンまでは表皮細胞内の色素体（本章Ⅰ-１の注２参照）で合成され，小胞体で修飾反応（modification reaction）（注10）を受けて香気成分に合成される。成分によっては細胞質などで香気成分に合成されるものもある。

合成された香気成分は，細胞質から細胞膜，細胞壁を通って細胞外へ発散される。発散しきれなかった香気成分のなかには，配糖体に代謝されて液胞に貯蔵されるものもある。貯蔵された香気成分配糖体は，必要に応じて加水分解され香気成分となり，発散される（図５-Ⅰ-14）。

〈注10〉
化合物の官能基や構造を酵素で化学的に変化させる反応のことで，アルコール香気成分になるヒドロキシ化や，エステル香気成分になるアセチル化などがある。

Ⅱ 品質保持

1 切り花の品質と収穫後の生理

1 切り花が観賞価値を失う原因

切り花が観賞価値（ornamental value）を失う最大の原因は，老化（senescence）である。老化は花弁やがく片（花被）の萎凋（しおれ）や脱離としてあらわれるが，不開花や葉の黄化としてあらわれることもある。種類によって，萎凋するタイプと脱離するタイプがあるが，脱離と萎凋が並行してすすむものもあり，厳密に区別することがむずかしい花卉も少なくない（後出5-②参照）。

不開花は，ストックやキンギョソウのように，つぼみが多数ついている切り花にみられる。花が老化する前に，葉が黄化するものもある。

組織の老化以外に，きびしい水分ストレスによるしおれや，茎が軟弱な場合には茎の曲がりや折れ，灰色かび病（gray mold）によって花弁にしみができる，などで観賞価値を失う場合もある。

図5-Ⅱ-1　コチョウランの老化と受粉の影響
左：未受粉，右：受粉，受粉後4日目の状態

2 花の老化の要因

花の寿命（longevity）は，それぞれの種類である程度決まっているので，切り花の日持ち（vase life）は花本来の寿命とほぼ一致することが多い。しかし，エチレンや糖質の不足によって短くなることも少なくない。

切り花の老化は，空気中のエチレン（ethylene）濃度が高いと促進される。また，ラン類やトルコギキョウなどでは，受粉（pollination）によってエチレン生成が増え，老化が促進される（図5-Ⅱ-1）。

糖質は呼吸基質として，生体の維持に不可欠である。しかし，切り花は光合成で糖質を合成することがほとんどできないので，呼吸によって糖質を消費して老化がすすみ，日持ちが短くなることがある。

3 葉の黄化の要因

葉の黄化が観賞価値を失う原因になっている代表的な切り花はアルストロメリアとキクである。

アルストロメリアの切り花の葉は，老化にともなって活性型のジベレリン（gibberellin）含量が減る。また，ジベレリン処理すると葉の黄化が抑制される。そのため，葉の黄化はジベレリンの不足によっておこると推定されている。スイセンとユリの切り花でも，ジベレリン処理によって葉の黄化を抑制できる。

キクの葉の黄化は，エチレンによって引きおこされる。エチレンの作用を阻害するSTS剤（後出2-2参照）で処理すると，葉の黄化が抑制される。

図５-Ⅱ-２
グラジオラスの老化へのシクロヘキシミドの影響
左：無処理，右：シクロヘキシミド処理，処理開始後３日目の状態

図５-Ⅱ-３　ペチュニア花弁の老化による核の断片化
９日目に核の断片化がおこっている（写真提供：山田哲也氏）

4 プログラム細胞死と花弁の老化による生化学的変化

❶プログラム細胞死

前述したように，花の寿命はそれぞれの花卉で遺伝的にある程度決まっている。カーネーションやグラジオラスなど多くの花では，タンパク質合成阻害剤であるシクロヘキシミド処理によって老化が遅延することが確認されている（図５-Ⅱ-２）。したがって，花の老化はプログラム細胞死（programmed cell death；PCD）（注１）によって制御されていると考えられている。

花弁が老化する過程で，DNA と核の断片化がおこる（図５-Ⅱ-３）が，これは PCD の典型的な特徴である。これ以外にも，花弁が老化する過程で特異的に発現する遺伝子や活性が変動する酵素があるが，これも PCD によるものとみられている。

❷花弁の老化による生化学的変化

花弁が老化する過程で，システインプロテイナーゼ，アスパラギン酸プロテイナーゼなど，タンパク質分解にかかわる酵素をコード（規定）する遺伝子や，リン脂質分解に関与する遺伝子の発現が高まる。また，タンパク質，デンプンおよび RNA などの高分子化合物含量は減少する。それにともない，リボヌクレアーゼ，デオキシリボヌクレアーゼおよび β-グルコシダーゼなどの加水分解酵素活性が高まり，細胞の破壊を助長する。

また，老化にともない生体膜（注２）の組成が変化し，脂質構成脂肪酸（注３）の飽和度が増える。これによって膜の流動性が低下し，相転移温度（注４）が上がるので，膜の機能が損なわれ細胞の破壊がすすむ。

〈注１〉
遺伝子に組み込まれたプログラムにしたがって細胞が破壊される現象。

〈注２〉
細胞を包む原形質膜に加えて，液胞膜などオルガネラ（細胞内小器官）を包む膜などをいう。

〈注３〉
脂質を構成する脂肪酸であり，二重結合をもたない飽和脂肪酸ともつ不飽和脂肪酸に大別される。飽和脂肪酸にはパルミチン酸，ステアリン酸など，不飽和脂肪酸にはオレイン酸，リノレン酸などがある。

〈注４〉
生体膜を構成する脂質が液晶状態からゲル状態，またはその逆に変化するときの温度をいう。

5 エチレンと切り花の老化

❶老化とエチレン

エチレンは植物ホルモンの１つであり，常温では気体で存在し，植物の成熟と老化に関与している。多くの花卉で，エチレンは花弁の萎凋や脱離を促進する（図５-Ⅱ-４）。

エチレンへの感受性は遺伝的に制御されており，花卉の種類によっていちじるしい差がある（表５-Ⅱ-１）。ナデシコ科，ラン科，キンポウゲ科，マメ科は感受性が高く，キク科，アヤメ科，ユリ科は感受性が低い。

図5-Ⅱ-4
キンギョソウの老化へのエチレンの影響
左：無処理，右：エチレン処理（10 μL/L のエチレンを2日間処理）。右では花弁が落下している

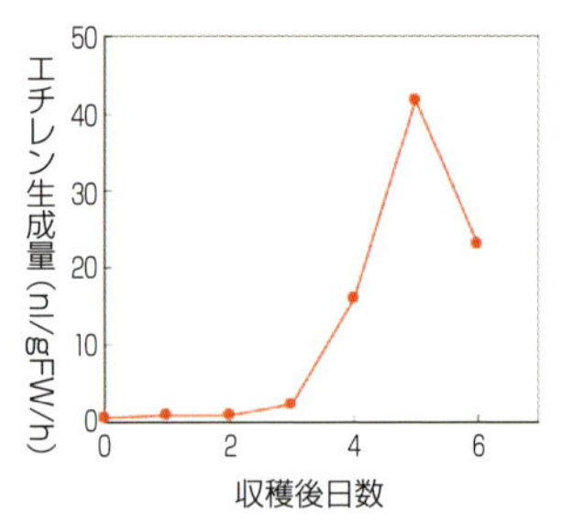

図5-Ⅱ-5
カーネーション切り花の収穫後日数（老化）とエチレン生成量の変動

表5-Ⅱ-1　切り花のエチレンへの感受性

感受性	品　目
非常に高い	カーネーション
高い	シュッコンカスミソウ，スイートピー，デルフィニウム，デンドロビウム，ペチュニア
やや高い	カンパニュラ，キンギョソウ，ストック，トルコギキョウ，バラ，ブルースター
やや低い	アルストロメリア，スイセン
低い	キク，グラジオラス，チューリップ，ユリ類

❷花卉のエチレンへの反応

〇萎凋タイプと脱離タイプ

エチレンに感受性の高い花卉の反応に，花弁が萎凋するタイプと，花弁やがく片が脱離するタイプがある。前者にはカーネーション，スイートピー，トルコギキョウ，ペチュニア，ラン類など，後者にはデルフィニウム，サクラなどがある。

萎凋するタイプか脱離するタイプかは，萎凋と脱離のどちらが最初におこるかで決められる。そのため，スイートピーのように花弁が萎凋した後，花弁あるいは花そのものが脱離する花卉も多いが，これは萎凋タイプに分類される。

〇萎凋タイプとエチレン生成

花弁が萎凋して寿命が終わるタイプの花卉では，花弁のエチレン生成量は老化するにしたがって増えることが多い（図5-Ⅱ-5）。したがって，花弁の萎凋には，花弁から生成するエチレンが直接的に関与していると考えられている。

エチレンが自らの生合成を促進することを，自己触媒的エチレン生成という。カーネーションなどの切り花で，花弁の老化にともない急激にエチレン生成が増えるのは，自己触媒的なエチレン生成による。

〇脱離タイプとエチレン生成

花弁やがく片が脱離するタイプは，老化する過程で花弁やがく片からのエチレン生成が増えることはない。このタイプでは，エチレンを生成する主要な器官は雌ずいと花托である。これらの器官では老化にともないエチレン生成量が急増するので，花弁やがく片の脱離には雌ずいと花托から生成されるエチレンが重要な役割をはたしていると考えられている。

❸エチレン生合成経路

エチレンはタンパク質を構成するアミノの1つであるメチオニンからS-アデノシルメチオニンおよび1-アミノシクロプロパン-1-カルボン酸（1-aminocyclopropane-1-carboxylic acid，ACC）を経て合成される。エチレンの生合成に重要な酵素は，エチレンの前駆物質ACCの合成にかかわるACC合成酵素（ACC synthase）と生合成の最終段階を触媒するACC酸化酵素（ACC oxidase）である。

カーネーションなど，花弁が萎凋するタイプの花が老化する過程では，花弁でのACC合成酵素とACC酸化酵素の活性が高まるので，エチレン生合成には両者が重要であることが示唆されている。カーネーションの花弁の，ACC合成酵素とACC酸化酵素の活性の変動は遺伝子発現の変動とほぼ一致し，いずれの酵素活性もおもに転写段階で制御（注5）されている。

〈注5〉
遺伝子の最終産物である酵素の活性と，遺伝子の発現量（mRNAの転写量）が比例する場合を転写段階での制御という。

❹エチレンの受容とシグナル伝達

エチレンの受容とシグナル伝達の経路はほぼ確立されている。エチレンはエチレンの受容体によって受容された後，シグナル伝達タンパク質であるCTR1，EIN2，EIN3を経て伝達される。

ペチュニアをはじめとしたエチレンに感受性の高い花卉では，遺伝子組換えによって*EIN2*と*EIN3*遺伝子の発現を制御すると老化が遅延できる。

〈注6〉
糖質を水に溶かし，切り口から吸収させる。

6 切り花の品質保持と糖質の役割

❶糖質と花の老化

糖質は呼吸基質として消費されるだけでなく，浸透圧調節物質（osmoticum）として花弁細胞の膨圧（turgor pressure）の維持に重要な役割をはたしている。切り花は暗いところに置かれることもあり，光合成で糖質をつくることはほとんどできないので，呼吸によって糖質を消費して（図5-Ⅱ-6）老化が促進される。とくに花弁が展開する過程では，呼吸や浸透圧の調節に多量の糖質が必要である（図5-Ⅱ-7）。

しかし，収穫時点で貯蔵されている糖質は限られているので不足しやすく，開花が不完全になりやすい。とくにストックやキンギョソウのように，つぼみが多くついている切り花では，糖質の不足が不開花を引きおこす。切り花に糖質を処理（注6）すると，開花が促進され，老化も遅延する。

呼吸量は温度が高くなるほど多くなるので，気温が高いほど貯蔵糖質量が多く消費され老化が早まる。

❷花弁に蓄積する糖質

植物に含まれている低分子の糖質にはさまざまな種類があり，種類により含まれる糖質はちがっている。しかし，グルコース（glucose），フルクトース（fructose），スクロース（sucrose）は，多くの植物の花弁をはじめどの器官にも普遍的に含まれており，相互に容易に転換する。いずれも呼吸基質や浸透圧調節物質として機能している。

しかし，これら以外の特異的な糖質を蓄積する植物もある。一部の花卉では糖アルコール（sugar alcohol）がおもな糖質になっており，デルフィニウムではマンニトールが花弁中のおもな糖質である。また，リンドウの花弁では，二糖類であるゲン

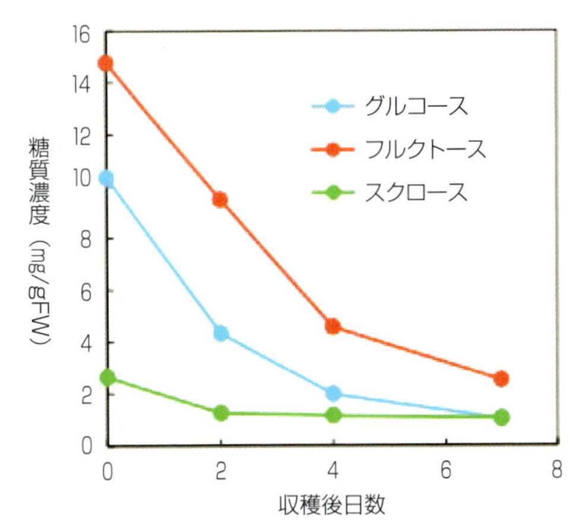

図5-Ⅱ-6
カーネーション切り花の花弁の糖質濃度の変動

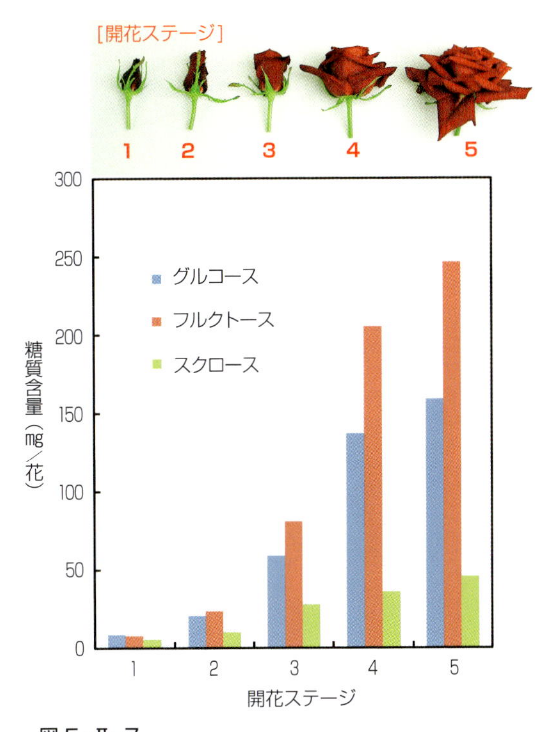

図5-Ⅱ-7
収穫前のバラの開花による花弁中の糖質含量の変動

チオビオースがおもな糖質になっている。

しかし，なぜ特異的な糖質が含まれているかはよくわかっていない。

❸糖質とエチレンの相互の関係

エチレンと糖質は切り花の品質保持に，相互に密接にかかわりあっていることが多い。エチレンに感受性の高いカーネーションとスイートピーの切り花では，老化にともない，花弁の糖質濃度が低下するとともにエチレン生成量が増える。しかし，スクロースを処理すると，花弁の糖質濃度が高まり，エチレン生成量が減り，老化は遅延する。

また，糖質処理によって，エチレンへの感受性が低下することもある。

7 切り花の水分生理

❶切り花の品質保持と水分状態

切り花の水分状態は，品質保持に影響する重大な要因である。切り花の水分状態は，吸水量と蒸散量の差し引きにより決まる。水分状態が悪化すると切り花が萎凋するが，直接的な原因は吸水量より蒸散量が多いためである（図５-Ⅱ-８）。

吸水の原動力は蒸発散による蒸散流であり，吸水が抑制される直接的な原因は導管（xylem）の閉塞である。導管閉塞（vascular occlusion）によって水通導性（hydraulic conductance）が低下し，吸水が抑制される。そして，蒸発散による水の損失が吸収を上回ると，水分状態が悪化する。

❷導管閉塞の原因

導管閉塞の原因は，微生物の繁殖，気泡，傷害反応である。

○微生物と導管閉塞

導管閉塞の最も重大な原因と考えられているのが，細菌（bacteria）をはじめとする微生物の増殖である。切り花を生けた水や導管に細菌などの微生物が増殖すると導管閉塞がすすみ，水通導性が低下する（図５-Ⅱ-９）（注７）。

〈注７〉
実験的に，切り花を生けた水に細菌を添加すると導管閉塞が促進され，抗菌剤処理して細菌密度を低下させると導管閉塞が抑制される。

ただし，細菌への感受性は切り花の種類によってちがう。バラとガーベラは感受性が高く，10^6 CFU（colony forming unit）/mℓ以上の密度で日持ちが短くなるが，カーネーションは比較的低く，その濃度では日持ちに

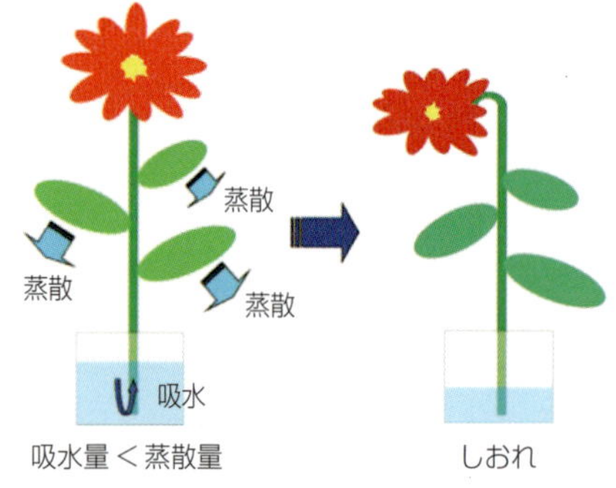

図５-Ⅱ-８　切り花の吸水と水分状態の悪化
吸水量より蒸散量が多いと（左），水分状態が悪くなりしおれる

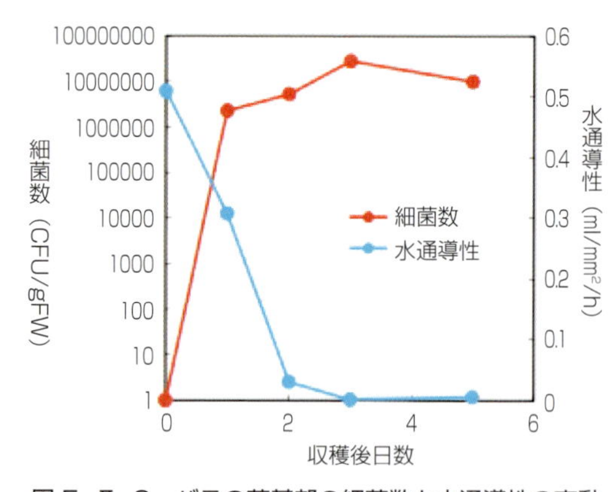

図５-Ⅱ-９　バラの茎基部の細菌数と水通導性の変動

影響しない。

○切り口にはいった空気とキャビテーションによる導管閉塞

切り口を空気にさらすと，空気が導管にはいり込んで導管閉塞になり，水の吸収を抑制する。さらに，キャビテーション（cavitation）とよばれる，茎の内部にできる気泡も水の移動を阻害し，吸水を抑制する。

○傷害により誘導される生理的要因

植物の茎が切断されると傷口を治癒するため，スベリンやリグニンをはじめ，表皮を保護する物質の合成と蓄積がおこる。キクとアスチルベの切り花では，収穫時の茎の切断傷害によって誘導される生理的な反応が，導管閉塞の原因になっている。

ブルースターやポインセチアでは，茎が切断されると汁液を溢泌（いっぴつ）し，これが固まって導管が閉塞するので，傷害による導管閉塞を肉眼で観察できる（図5-Ⅱ-10）。

図5-Ⅱ-10
ブルースターの切り口から溢泌する白色の汁液
この汁液が固まって導管が閉塞される

2 品質保持技術

1 品質保持の考え方

切り花の品質を保持するための最も基本的な方法は，低温で管理することである。また，水分状態を悪化させないため，輸送中も水分を供給することが望ましい。しかし，こうした方法では品質保持期間を積極的に延長することはできない。

エチレン阻害剤など品質保持剤の利用によって，花本来の寿命よりも日持ちを長くできるので，多くの切り花で最も重要な品質保持技術になっている。

2 品質保持剤

品質保持剤（preservative）は鮮度保持剤ともよばれる。品質保持剤にはエチレン阻害剤（ethylene inhibitor），糖質，抗菌剤，植物成長調節物質（plant growth regulator），界面活性剤，無機塩などが含まれている。市販の品質保持剤はこれらの各種薬剤の混合したもので，使う段階によって前処理剤（pretreatment preservative）と後処理剤（vase preservative）に分類されている（注8）。

〈注8〉
前処理剤は生産者が出荷前に短期間処理する薬剤であり，後処理剤は消費者が用いる薬剤である。使用目的がちがうので，含まれる成分もちがう。

❶品質保持剤のおもな成分

○エチレン阻害剤

エチレンの作用や生合成を阻害する薬剤である。代表的なものはチオ硫酸銀錯体（silver thiosulfate complex：STS）で，エチレンの作用を阻害する。硝酸銀とチオ硫酸ナトリウムを混合し，銀（注9）を陰イオン性錯体にかえて導管内を移動しやすくしたものである。

〈注9〉
銀はエチレンの受容体と結合して，受容体とエチレンの結合を妨げ，エチレンの活性と生成を抑制する。切り花は陽イオンの銀を十分に吸収しないので，陰イオン性錯体にかえて吸収しやすくしたのがSTSである。

カーネーション，スイートピー，デルフィニウムなど，エチレンに感受性の高い切り花の品質保持効果は非常に高く（図5-Ⅱ-11），これらの品質保持剤の主成分なっている。ほかにエチレンの作用を阻害する，1-メチルシクロプロペン（1-MCP）も実用化されている。

図5-Ⅱ-11
STS処理とカーネーション切り花の品質保持（処理後20日）
左：蒸留水（対照），右：STS処理

表5-Ⅱ-2　品質保持剤の種類

区　分	種　類
前処理剤	・最も汎用されているのは，STS を主成分とする薬剤である。STS はエチレンに感受性の高い切り花の品質保持に効果が高い ・シュッコンカスミソウやトルコギキョウ用の前処理剤は STS に加え，つぼみの開花を促進するために糖質が含まれている ・バラおよびガーベラ用の前処理剤は抗菌剤が主成分となっている
後処理剤	・後処理剤は消費者が連続的に処理するものであり，糖質と抗菌剤が主要な成分である。糖質ではグルコースあるいはフルクトースなどが含まれている
上記以外の品質保持剤	・湿式輸送に用いる輸送用保持剤，小売用保持剤などがある（図5-Ⅱ-12）。輸送用保持剤の主成分は抗菌剤であるが，糖質を含む製品もある。小売用保持剤は小売店が使用するもので，主成分は抗菌剤と低濃度の糖質である ・ほかに界面活性剤を主成分とし，水揚げの促進を目的とした品質保持剤もある

○糖質

糖質は切り花の日持ちを延長するだけでなく，つぼみの開花を促進する。また，花色の発現もよくする。糖質としてスクロース，グルコース，フルクトースが用いられている。

○抗菌剤

バラのように細菌によって日持ちが短くなりやすい切り花では，抗菌剤処理で日持ちが長くなる。抗菌剤には，硝酸銀や硫酸アルミニウムのような金属化合物，8-ヒドロキシキノリン硫酸塩，塩素系化合物，4級アンモニウム塩系化合物などがある。

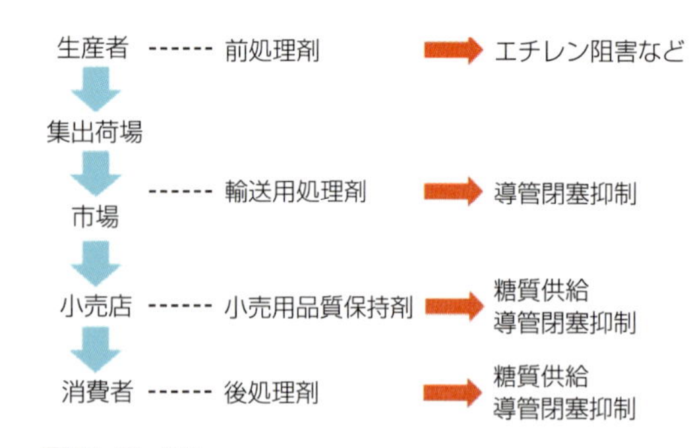

図5-Ⅱ-12
切り花の流通経路と品質保持剤の利用と効果

○植物成長調節物質

植物成長調節物質は植物ホルモン（phytohormone）など微量で植物の成長を調節することができる物質の総称であり，品質保持には補助的に使われる。ジベレリンは，アルストロメリアなどの切り花の葉の黄化抑制に効果がある。

○他の成分

界面活性剤は吸水の促進に，無機塩は浸透圧の調節にそれぞれ用いられる。いずれも補助的なものと位置づけられている。

❷品質保持剤の種類

品質保持剤の種類は表5-Ⅱ-2に示した。

❸品質保持剤の効果

切り花の種類により，品質保持剤の効果はちがう。カーネーションやデルフィニウムなど，エチレン感受性の高い切り花は，エチレン阻害剤を主成分とする前処理剤の品質保持効果が高い。バラやトルコギキョウでは，後処理剤の効果が高い（図5-Ⅱ-13）。

図5-Ⅱ-13
グルコースと抗菌剤の連続処理によるバラ切り花の品質保持効果（処理開始後15日目）
左：蒸留水（対照），右：グルコースと抗菌剤

チューリップのように，前処理剤と後処理剤ともに品質保持効果の高いものもある。一方，スターチス・シヌアータやユリのようにどちらの効果もほとんどない切り花もある。

表5-Ⅱ-3に主要花卉の品質保持剤の効果と，常温でのおよその品質保持期間を示した。

3 保管

❶保管方法

切り花は出荷前に1日から数日程度保管されることが多い。保管方法には乾式保管と湿式保管（注10）がある。バラのように水分状態が悪化しやすい切り花では，湿式保管が適している。

乾式保管には，段ボール箱に横づめして出荷前に短期間保管する場合と，つぼみ段階で収穫した切り花をポリエチレンフィルムのような包装資材で包装し，長期間保管する場合がある。

❷包装資材を利用した保管技術

収穫時期や出荷時期がかぎられている切り花では，保管が重要である。保管期間を延長するため，包装資材を利用した保管技術が開発されている。この技術は，国内より流通期間の長い輸出にも有効である。

MA（modified atmosphere）包装は，切り花をプラスチックフイルム袋で密閉する方法である。呼吸によってフィルム内の酸素濃度は下がり二酸化炭素濃度が上がるので，切り花の呼吸量が抑制されて糖質の消耗が遅れるので，老化を遅らせることができる。

表5-Ⅱ-3　品質保持剤の効果と日持ち日数

品目	前処理剤と品質保持効果		後処理剤の効果	日持ち日数*
	前処理剤	効果		
アルストロメリア	STS+GA	○	○	10
カーネーション	STS	◎	○	10
ガーベラ	抗菌剤	△	○	7
キク類	STS	○	○	14
キンギョソウ	STS	○	◎	10
グラジオラス	無	−	△	5
シャクヤク	STS	△	△	5
シュッコンカスミソウ	STS+糖質	◎	◎	10
スイートピー	STS	◎	△	7
スターチス・シヌアータ	無	−	−	14
ストック	STS	○	○	5
ダリア	BA	○	◎	5
チューリップ	BA+エテホン	◎	○	5
デルフィニウム	STS	◎	○	7
トルコギキョウ	STS+糖質	○	◎	10
バラ	糖質＋抗菌剤	○	◎	7
ヒマワリ	無	−	○	7
ユリ類	無	−	△	7
ラナンキュラス	STS	○	○	5
ラン類	STS	○	○	10
リンドウ	STS	○	○	10

◎：無処理より日持ちを1.5倍以上延長，○：1.2～1.5倍延長，
△：やや延長，−：効果なし
注）＊品質保持剤を適切に処理した切り花の常温での標準的な日持ち日数

〈注10〉
乾式保管：水を供給せずに保管すること。湿式保管：水を供給しながら保管すること。

4 予冷

❶予冷

収穫後や出荷前に，すみやかに品温を下げることを予冷（precooling）という。収穫された切り花は，呼吸熱によって品温が上がり，鮮度が低下する。これを防ぐには，品温をすみやかに下げることが必要であるが，冷蔵庫にいれただけでは品温の低下は緩慢なので，予冷が必要になる。

❷予冷の方法

切り花に利用できる予冷方式には，真空冷却（vacuum cooling），強制通風冷却（room cooling）とそれを改良した差圧通風冷却（static-pressure air-cooling）がある。

真空冷却は，周りの圧力を下げて切り花からの水分の蒸発を促進させ，そのとき奪われる蒸発潜熱によって温度を下げる方法である。切り花では水分損失が大きく，障害をおこしやすいことが短所である。

強制通風冷却は，送風機によって予冷庫内の冷気を強制的に容器や切り花に直接吹きつけ，冷却する方法であるが，品温ムラが発生しやすい。

強制通風冷却の短所を補うために開発されたのが差圧通風冷却である。

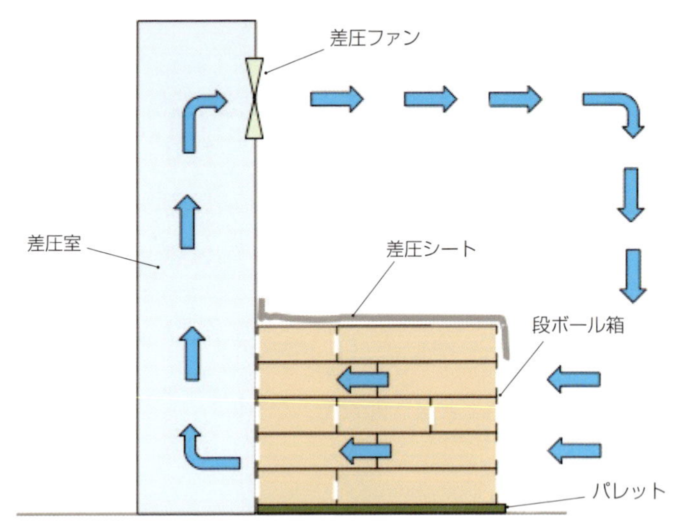

図5-Ⅱ-14　差圧通風予冷方式の仕組み

段ボール箱の相対する側面に通気孔をつくり，そこから冷気を段ボール箱内に強制的にいれて冷却する方法である（図5-Ⅱ-14）。

切り花の予冷には最も適当であるとされているが，建設費が高いこともあり，国内では差圧通風冷却の施設はほとんどない。

❸予冷の品質保持効果

予冷した切り花を低温で輸送することにより，鮮度の低下を抑制できる。しかし，常温で輸送すると品温が急激に上昇し，予冷の効果はなくなる。

5 輸送方法

輸送方法は，切り花を段ボール箱につめ，水を供給しない状態で輸送する乾式輸送（dry transport）と，縦箱を用いて水を供給しながら輸送する湿式輸送（wet transport）に大別できる（図5-Ⅱ-15）。湿式輸送で，出荷容器に回収・再利用可能なバケットを用いる方法をバケット輸送とよぶ。

湿式輸送の最大の長所は，鮮度が高い状態で保持されることである。また，切りもどしをする必要性が低い。欠点は，乾式輸送に比較して積載効率が劣ることである

水揚げが問題となる切り花では湿式輸送が望ましく，バラやシュッコンカスミソウの切り花では，乾式より湿式で輸送したほうが日持ちは長くなる。

図5-Ⅱ-15　乾式輸送（左）と湿式輸送（右）で出荷された切り花

花卉園芸の新しい利用

1 ガーデニングと緑化

1 緑化とは

緑化（greening）とは，一定の空間を植物で緑被すること，あるいは植栽行為そのものをさし，自然実生やつるの侵入などによる自然遷移的な緑化も含まれる。

対象空間によって街路緑化，法面緑化，治山緑化，砂防緑化，防風緑化，海岸緑化，都市緑化，生態系保全緑化，砂漠緑化などに分類される（表5-Ⅲ-1）。

緑化の目的は対象空間によってちがい，景観の向上，土砂流亡の防止，防風，生物多様性の場の創造などの効果が期待できる。また，地球温暖化を抑制する手段の1つとしても重要性が認識されている。

2011年3月11日に発生した東日本大震災による津波の被害は甚大なものであったが，海岸の植栽が津波被害の軽減に有効であったことは周知の事実である。

ここでは，おもに生活空間の緑化について紹介する。

2 ガーデニング

近年，イングリッシュガーデン（178ページのコラム参照）が流行している。こうした，植物を栽培したり，庭をつくることをガーデニング（gardening）といい，幅広い年代層から支持されている（図5-Ⅲ-1）。

ガーデニングに使われる植物は，一年生の草本から宿根草や多年草，つる植物，樹木と多様で，それらの素材を自分で育成したり買い求め，植栽することが多い（注1）。

一方，海外から導入された新規植物がわが国の生態に影響を与えた事例

①矮性コニファーを組み合わせたガーデン（オランダ）

②バラを中心にしたガーデニング（写真提供：渡辺とも子氏）

図5-Ⅲ-1　ガーデニングの例

〈注1〉
ホームセンターやガーデンセンターなどで希望する植物や資材が容易に入手可能となったことも，ガーデニングの普及の一助になっている。

表5-Ⅲ-1　緑化の種類

緑化の種類	目　的	内　容
街路緑化	景観形成，緑陰の提供	街路に沿った歩道，中央分離帯などに植栽し，景観形成や緑陰を提供
法面緑化	傾斜地の緑化	河川，水田，造成地などの斜面を緑化し，景観形成や土砂の流乏を防ぐ
治山緑化	はげ山，荒廃地の復旧	山腹工事，崩壊斜面の土留，治山ダムなどの人為的な構造物周辺への植栽
砂防緑化	土砂災害の防止	渓流，扇状地などの土石流や土砂の移動を防ぐため，構造物周辺を緑化し，環境保全や景観形成をはかる
防風緑化	強風の緩和	生活に影響する強風を防ぐため，高木主体に緑化する
海岸緑化	景観形成，防風，飛砂防止	海岸らしい景観の形成，防風，飛砂防止などのため，海岸線に沿って緑化する
都市緑化	景観形成，ヒートアイランド現象の防止	都市景観の形成，憩いの場の提供，ヒートアイランド現象の緩和などのため，都市内，とくに屋上，壁面などの緑化
生態系保全緑化	生態系の保全，回復	植林などによって生態系の回復や自然保護をはかる
砂漠緑化	緑地の形成，飛砂防止，居住・生産場所の形成	砂漠に人が生活可能な緑地をつくる

イングリッシュガーデン

イギリスで18世紀中ごろにはじまった非整形式自然風景式庭園をイングリッシュガーデンという。

フランスのベルサイユ宮殿の庭園は壮大で幾何学的，シンメトリックで，整形式庭園のきわみといわれている。この整形式庭園が一世を風靡し，イギリスでもハンプトン・コート宮殿などに整形式庭園がつくられた。しかし，1713年にイギリスの詩人アレキサンダー・ポープ（A. Pope）が人為的な樹木の刈り込みを批判し，庭づくりは風景画の描写と同じだと説いた。この影響は大きく，イギリスの造園家ウイリアム・ケント（W. Kent, 1685～1748年）以降自然風景派のガーデンデザイナーが続々誕生し，18世紀にはいり自然風景をとりいれた庭づくり，すなわちイングリッシュガーデンが主流となっていった。

も散見され，今後は生態と園芸の住み分けを論議する必要がある（注2）。

〈注2〉
オオキンケイギクは，ワイルドフラワーとして導入され法面緑化などに多用されたが，現在では特定外来生物に指定され輸入や販売が禁止されている。しかし，いまだに播種されている例もみられる。

3 都市緑化（urban greening）

❶都市緑化の目的

わが国は東京，大阪，名古屋の3大都市圏に総人口の3分の2が住み，物流や製造業も集中している。都市の地表面はアスファルトで覆われ，高層ビルが高密度に林立し，太陽光による熱の蓄積場所になっている。さらに工場や自動車などからの廃熱が加わり，都市部が高温化するヒートアイランド現象が問題になっている。

これを防ぐには，エネルギーの消費量を抑制するほかに，緑地の確保も重要である。緑地の植物は，葉から水を蒸散して大気を冷やす冷却機能をもち，建物を植物で遮蔽することで熱の進入・蓄積も阻止する。また，コンクリートの無機的世界を，緑鮮やかな有機的な世界にかえてくれる。

都市緑化は緑化場所によって下記の4つに分類される。

❷屋上緑化

屋根や屋上で植物を栽培することを屋上緑化（roof planting）といい，ヒートアイランド現象の緩和，遮熱，建物の保護や耐久性の向上，防音，保水性の向上，大気汚染物質の吸収・吸着，景観の向上，などを目的に行なわれている（図5-Ⅲ-2）。草花や樹木だけでなく，野菜を栽培している例もある。しかし，屋上は植栽用につくられていないので，緑化の施工には，防水や防根対策，灌水技術，土壌の軽量化などが必要になる。とくに，土壌の軽量化は必須で，建築基準法の積載荷重をこえない範囲での施工が求められる。パーライトやピートモスなどの軽量資材を混ぜて，土壌を軽

図5-Ⅲ-2
宿根草をあしらった屋上緑化（東京都新宿区／三越伊勢丹新宿店）

図5-Ⅲ-3
マット植物などを利用した薄層緑化（東京都中央区／東京交通会館）

図5-Ⅲ-4
タマリュウをベースにゼフィランサスを組み合わせたマット植物による屋根緑化（千葉市／千葉県農林総合研究センター）

図5-Ⅲ-5
ツルマサキのマット植物

図 5-Ⅲ-6
パネル工法による壁面緑化（千葉県浦安市 / 新浦安マーレ）

図 5-Ⅲ-7
プランター工法による壁面緑化（下からチュウゴクヤブコウジ，ハツユキカズラ，ヘデラ）（東京都中央区丸の内）

図 5-Ⅲ-8
テイカカズラなどの長尺植物による壁面緑化（東京都目黒区 / 東急大岡山病院）

量化するとか，マット植物（注３）の利用など土壌を薄く（薄層化）して絶対量を少なくするなどの方法がある（図５-Ⅲ-３，４）。なお，軽量土壌の利用や薄層化した場合，灌水が必須である（注４）。

❸壁面緑化

建築物の外壁を緑化することを壁面緑化（wall greening）といい，屋上緑化と同じねらいで行なわれている。最近は，植物を植付けたパネルを壁面に装着するパネル工法（図５-Ⅲ-６）や，プランターを垂直方向に複数設置するプランター工法（図５-Ⅲ-７），コケが生えた資材を張り付けるなどの工法が開発されている。しかし，古くから行なわれている方法は，つる性植物による被覆である（図５-Ⅲ-８）。つる性植物は表５-Ⅲ-２に示したように，ほかのものに巻き付いて登攀する巻き付き登攀型，巻きひげや葉柄などがほかのものに絡まって登攀する巻きひげ登攀型，壁などに吸盤や吸着根で付着して登攀する吸着登攀型の３タイプに大きく分類される。

それぞれに得失があり，巻き付き登攀型や巻きひげ登攀型は，ワイヤーやパイプなどの巻き付く支持体が必要なので，建物にあらかじめ設置するなどの計画性が求められる。しかし，巻き付いた植物は強風でも脱落しにくい。吸着登攀型は，壁面を自力で登攀するので薄い緑化壁面をつくることができるが，強風などで脱落しやすい。したがって，植物の特性を十分つかんで，緑化場所にあったものを選ぶ必要がある。

❹室内緑化

景観の向上やテクノストレスの解消，大気の浄化などを目的に，建物内部を緑化することを室内緑化（interior planting）という。オフィスやリビングに置かれた植物は，生活の場に安らぎと潤いをもたらし，コンピュータの使いすぎによるテクノストレスの緩和に効果的である。しかし，屋内の環境は暗く，場合によっては人工照明下にあり，植物の栽培環境としては劣悪なので，屋外以上の対策が求められる。

植物の生育にとって都合の悪い環境要因を環境圧とよぶが，環境圧が大きくなるほど栽培可能な植物は少なくなり，生育や開花も悪くなる。健全に栽培するためには，人工光の設置や通風の改善などの対策が求められる。近年は，LED（発光ダイオード）ライトを利用した人工光栽培技術が急速にすすんでいる（注５）。さらに，耐陰性の高い植物や，人間に快適な空

〈注３〉
根域を薄く（数センチ）した緑化植物のことで，互いに根が絡み合いマット状になっている（図５-Ⅲ-５）。

〈注４〉
風が強い屋上では，スプリンクラーでは水が飛散するため，点滴灌水がよい。

〈注５〉
室内で観賞性を高めるためには複数の LED を組み合わせ，白色に近い光の照射が効果的である。野菜工場などでは赤色光と青色光の組み合わせが一般的であるが，観賞性は劣る。

表5-Ⅲ-2　登攀タイプ別壁面緑化用つる性植物

登攀タイプ	常・落葉	樹　種	特　徴
吸着登攀	常緑	オオイタビ	吸着根を出して壁面をはい上がる。小葉の幼葉と大葉の成葉からなり，イチジクのような果実をつける。ほかのものにも容易に張り付き登攀する
		ヘデラ類	吸着根をだして壁面をはい上がる。ボリューム豊かな壁面になる。生育旺盛なため，定期的につるの整理が必要である。多くの品種がある
		ツルマサキ	生育は遅い。小葉が密生し，緻密な壁面緑化が可能。白斑，黄斑などの品種がある
		テイカカズラ	強健で生育旺盛である。吸着根で張り付き登攀するが，茎も巻く。斑入り品種がある
	落葉	ノウゼンカズラ	オレンジ色でロート状の花が次々と咲く，夏を代表するつる植物である。花筒部分が少し長いアメリカノウゼンカズラもある
		ツルアジサイ	吸着根をだしてほかの樹や岩などに張り付き登攀する。夏前に白い花をつける。生育は遅い
		ナツヅタ	生育旺盛で，10m以上もはい上がる。秋の紅葉は美しい。甲子園球場の外壁は有名である
巻き付き登攀	常緑	ハゴロモジャスミン	つるが巻き付き登攀する。春に甘い香りを放つ白花をつける。生育旺盛で，毎年つるの整理が必要
		カロライナジャスミン	つるが巻き付き登攀する。春にラッパ形の黄色い小花をつける。生育旺盛で，毎年つるの整理が必要
		ムベ	トキワアケビともよばれる。掌状複葉は3，5，7枚からなり，七五三にたとえておめでたい植物とされる。果実は秋に紫紅色に熟し，甘い
	落葉	スイカズラ	ニンドウとかハニーサックルとよばれ，初夏に甘い芳香を放つクリーム白色の花をつける
		ナツユキカズラ	生育旺盛で，夏から秋にかけて芳香のある白い小花を密生する。つるの整理が不可欠である
		フジ	生育旺盛で，10数メートルも登攀する。初夏に藤色の花が下垂する。白花や芳香を放つ品種もある
巻きひげ（巻き葉柄）登攀	常緑	ビグノニア	ツリガネカズラともよばれる。生育旺盛で，夏に橙色でロート状の花を房状につける
		トケイソウ	巻きひげで登攀する。時計の文字盤のような花をつけ，種類によっては食べられる果実がなる。房総半島以西では越冬可能
	落葉	ブドウ	多くの品種があるが，デラウエアなどの古い品種が緑化に向く。毎年つるの整理が必要である
		クレマチス	わが国に自生するテッセンの仲間で，多くの品種がある。葉柄がからみつき登攀する。品種によって樹勢がちがうため，確認してから選ぶ

表5-Ⅲ-3　室内緑化植物と環境適応

最低室温	光環境		
	直達光	間接光	自然光なし（人工光）
幅広い温度と光に適応	アフリカマキ，ストレリチア，ザミア，シェフレラ，トックリラン，ドラセナ，イヌマキ，カクレミノ，コノテガシワ，シダ類，シマナンヨウスギ，ヤツデ，シマトネリコ，アオキ，リュウゼツラン，ヘデラ		
5～10℃	ハナキリン		
	アカリファ，ゲッケイジュ，ゴム類，シュロチク，モントレーイトスギ		—
	アスパラガス，オリーブ，ハイビスカス，ブーゲンビリア	スパティフィラム，フィロデンドロン，ポトス	
11～15℃	アナナス類，コルディリネ，ペペロミア		
	アンスリウム，テーブルヤシ，パキラ，ヤツデ，リュウゼツラン		—
16～20℃	コーヒー，アローカシア，サンセベリア		—
	アレカヤシ，クロトン，コリウス，ポリシャス	アグラオネマ，セントポーリア，ディフェンバキア	

表５-Ⅲ-４　おもな街路樹

常緑・落葉	灌木・低木	中・高木
常　緑	マサキ，ピラカンサ，セイヨウカナメモチ，キョウチクトウ，オリーブ，キンモクセイ，トウジュロ，ニオイシュロラン，ビャクシン類，トキワマンサク，キンシバイ，シャリンバイ，イヌツゲ	アラカシ，シラカシ，ニオイヒバ，ホルトノキ，モチノキ，ツバキ類，クスノキ，タブノキ，スダジイ，ヤマモモ，カナリーヤシ，ビャクシン類，ヒノキ，コウヤマキ，スギ，ヒマラヤスギ，モミ，トウヒ，クロマツ，イヌマキ
落　葉	サルスベリ，ハナモモ，シモクレン，アジサイ，ユキヤナギ，ムクゲ，フヨウ	エゴノキ，ハナミズキ，ヤマボウシ，トチノキ，モミジ類，ナンキンハゼ，ネムノキ，サクラ類，フウ，スズカケノキ，カツラ，コブシ，ハクモクレン，ユリノキ，ケヤキ，シダレヤナギ，メタセコイア，イチョウ

調設定温度でも生育可能な植物を選ぶ必要がある（表５-Ⅲ-３）。

枯死した鉢植え植物が屋内で散見されるが，原因は根鉢の過湿や乾燥が多い。とくに根鉢の過湿は致命傷である。屋内栽培の植物は蒸散量が少ないため，灌水した水が乾きにくく，その状態でさらに灌水をくり返すと根腐れしやすくなる。極端な乾燥はきらうが，屋内では保水性が劣る養土で栽培するなどやや乾燥ぎみに管理するとよい。

❺街路（道路）緑化

並木の１種であるが，とくに市街地の道路に沿って樹木を植えることを，街路（道路）緑化（street greening）という（図５-Ⅲ-９，10）。無機的な都市に潤いと安らぎをもたらし，都市景観の重要な構成要素になっている。道路の往来者に緑陰も提供する。

現在利用されているおもな街路樹はイチョウなど約130種あるが（表５-Ⅲ-４），種類は増える傾向にある。街路樹には，①大気汚染，病害虫に強く，劣悪な環境でも生育可能な強健性，②毒性，刺，悪臭などがない，③整枝せん定に耐える，④大量に入手可能，⑤樹形が美しく，栽培が容易，などの条件が求められる。また，長期間栽培されるため，植栽桝内の土壌改良の必要性も論議されはじめている。

図５-Ⅲ-９
タブノキによる街路緑化（東京都中央区丸の内）

図５-Ⅲ-10
コブシの街路（東京都八王子市）

図５-Ⅲ-11　斜面緑化
手前は防草シートとヒメイワダレソウのマット植物の組み合わせ，奥は無処理（千葉市鹿島川）

4　斜面緑化（法面緑化）

道路，住宅，河川などの斜面を対象に行なうのが，斜面緑化（法面（のりめん）緑化）（slope planting）である。①土壌流亡の抑制，景観の向上をはかる緑化基礎工（注６），②植物を導入する植生工，③植栽植物の保護，侵入雑草の防除など植生を維持する保護管理工（注７）の３工法に大別される。

植生工は播種工と植栽工に大別される。播種工は芝草や郷土植物（注８）の種子を播いて緑化をはかる工法で，急傾斜面で行なわれることが多い。パルプなどと種子を混ぜてまく吹き付け，穴や溝への播種，種子を折り込んだ布や紙の張り付け，などの工法がある。植栽工は苗を植付ける工法で，緩い斜面に適用される。

ポット苗を定植するのが一般的だが，マット植物を利用すれば，張り付けるだけで瞬時に面的な広がりのある緑化が可能である（図５-Ⅲ-11）。植物としては，芝草，ヘデラ，イワダレソウ，ワイルドフラワーなどの利用が多い。

〈注６〉
法面緑化工の一部で，植生工のための生育環境を整備する工法。ネット張り工，法枠工，柵工などがある。

〈注７〉
構造物をつくって植物を保護したり，侵入雑草などを駆除して，安定した植生を維持する工法。

〈注８〉
その地域に自生や古くから生育している植物のこと。従来は強健な外来植物が使われていたが，景観に違和感を与えるなどの問題が指摘され，最近は郷土植物の利用が増えている。

2 医療と福祉への利用

1 医療と福祉での花や緑の役割

医療や福祉には，花や緑の観賞や栽培（園芸活動）がとりいれられている。とくに，病気療養中の患者，障害者，高齢者が植物とふれあいながら，心身の健康維持をめざして行なう園芸活動を園芸療法（horticultural therapy）とよぶ。超高齢化がすすむわが国では，高齢者施設での園芸療法の導入がさかんである。園芸療法の実施によって施設内での円滑なコミュニケーションが可能になり，免疫機能の維持に貢献することが示されている。

2 生活の質を高める園芸療法

❶ QOL

QOLとは“Quality of Life”の頭文字をとったものであり，日本語では「生活の質」と表現される。QOLという概念は経済学，医学，工学などの幅広い分野で使われている。医療分野では寿命を延ばすためだけの治療をみなおし，患者の人間らしい生活を第一に考える治療を提案するためにQOLという概念が導入された。花や緑をあつかう園芸療法は，医療や福祉でQOLを高める重要な役割を担っている。

❷高齢者施設における園芸療法

近年，高齢者施設で植物を育てる活動をとりいれるケースが多い。集団生活となる高齢者施設では入所者間のコミュニケーション不足や，自室への引きこもりが問題視されている。約3カ月間の園芸療法（花や野菜の播種，育苗，水やりなど）を実施した例では，入所者間の人間関係が円滑になったことが報告されている。さらに，園芸活動への参加によって，思考の柔軟性を測定する認知機能の一部が向上したという報告もある。

❸農業と医療との連携

園芸療法の効果が示される一方で，栽培植物の管理への負担や天候に左右される点などが問題となり，医療機関では園芸療法の導入を躊躇する場合も少なくない。そこで近年では，園芸の専門家と地域の病院が連携し，効果的で持続可能な園芸療法プラグラムが開発，実践されはじめている。

園芸の専門家が考案したプログラムでは，播種，移植，定植，収穫などの作業量が毎回ほぼ一定になっている（注9）。また，雨天時は温室での作業に変更するなど，現場での対応がスムーズな園芸療法の実施を可能にしている。

〈注9〉
作業量が一定であることによって，参加者に過度な身体的負担をかけることなく，決められた時間内にプログラムを終えることができる。

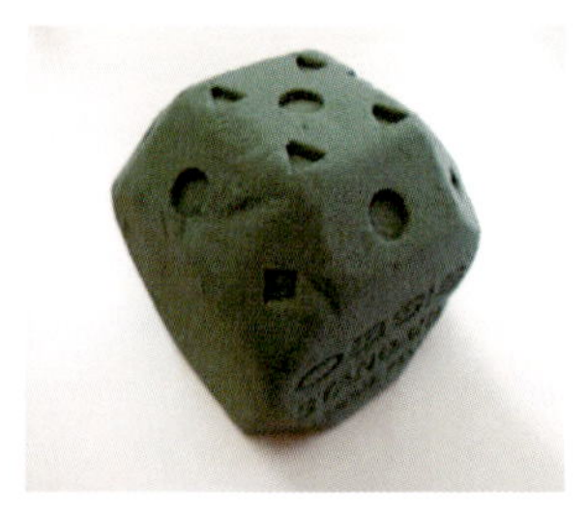

図5-Ⅲ-12
花材を挿す吸水スポンジ
花材を挿す場所には○や△の印がつけられ，ななめ45度に挿さなければならないところは45度にカットされている

3 園芸療法の新しいプログラム

❶フラワーアレンジメントを用いたプログラム

フラワーアレンジメントを用いた園芸療法プログラムとしてSFAプログラム（structured floral arrangement program）が実践されている。このプログラムでは，花による心理的な効果に加えて脳機能障害者の機能回復を目的としている。参加者は自由に花をアレンジするのではなく，印の

図5-Ⅲ-13　フラワーアレンジを用いたリハビリテーションの材料と完成見本
スポンジの○印にはガーベラ，△印にはカーネーションを挿す，というように印と花材が対応している

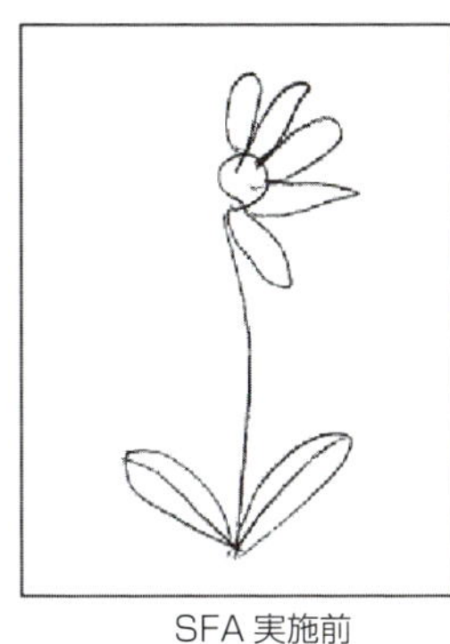

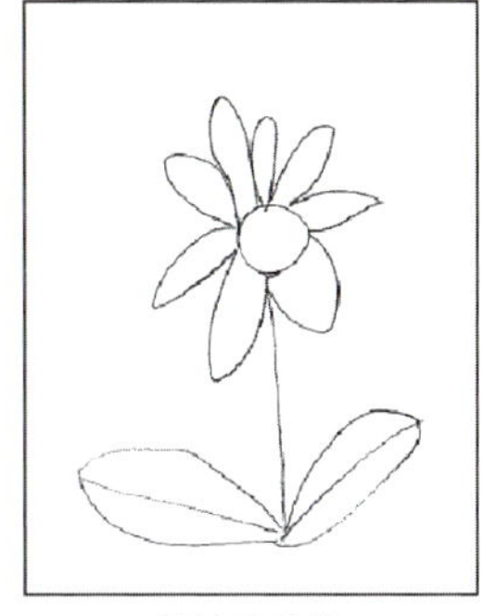

図5-Ⅲ-14　SFA プログラムに参加した患者の描画図の変化
参加者は右半分の広範な脳損傷によって，左側の情報をとらえにくくなった
SFA 実施前の描画図では左側花弁が正確に描かれていないが，実施後は左右に均等に花びらが描けるようになった

ついたスポンジ（図5-Ⅲ-12）に決まった手順にしたがって，花材を挿していく（図5-Ⅲ-13）。フラワーアレンジメントの作成はパズルやブロックを組み立てる作業に似ており，記憶力や空間認知能力のトレーニングになる。

頭部外傷の後遺症で図形が正しく認識できなくなった患者にSFAプログラムを実施したところ，障害が軽減した（図5-Ⅲ-14）。前頭葉の機能不全を示す患者にSFAプログラムを実施した例では，記憶力が向上したことが報告されている（図5-Ⅲ-15）。

また，生花を利用したプログラムは患者の意欲を引きだし，リハビリテーションへの参加率を高める効果もある。

脳に起因した認知機能障害は現代の医学の力をもってしても完治しない例が多く，家族の精神的な負担も大きい。それらの症状を少しでも和らげる方法として「花」を用いた園芸療法は有効である。

❷被災地支援

花や緑を利用した園芸療法の対象は，病気や障害をもった人だけではない。東日本大震災によって避難生活を余儀なくされている被災者

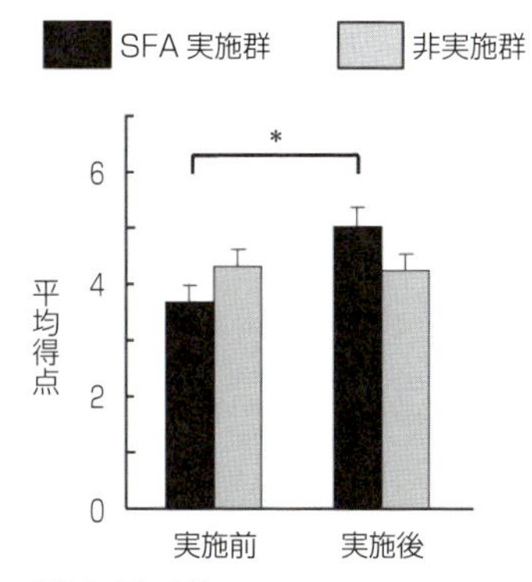

図5-Ⅲ-15
SFA プログラムの実施前と後の記憶検査課題の成績変化
SFA 実施によって成績が有意によくなった（農研機構ホームページ掲載の図を一部改変）
注）＊：$P < 0.05$

図5-Ⅲ-16
仮設住宅内で実施したフラワーアレンジメント体験会のようす
（許可を得て撮影）

を対象に，さまざまな園芸療法（園芸活動）が行なわれている。

東北地方に建設された仮設住宅で，SFAプログラムを利用したフラワーアレンジメント体験会が複数回行なわれており，延べ250名以上の被災者が参加した。SFAプログラムでは決められた花材をスポンジ上の印に挿すため，初心者であっても簡単にきれいなアレンジメントが完成する（図5-Ⅲ-16）。

参加者は皆，できあがった作品に満足したようすであり，笑顔でフラワーアレンジメントを自宅に持ち帰っていった。自宅に作品を飾り，花や緑のある生活を続けると，軽度な身体的症状（例：元気がなく疲れたと感じる）や，うつ傾向が軽減する例が認められた。

また，参加者からよせられた感想文から，簡素になりがちな仮設住宅で，フラワーアレンジメント体験会が花や緑のある生活をとりもどすきっかけになったこともうかがえた。長引く避難生活で，花や緑があることが被災者に笑顔を届け，メンタルヘレス低下を防ぐことが期待される。

4 花や緑が人間に与える影響

❶庭の草木は患者の回復を早める

同じ外科手術を受けた患者について，緑の庭がみえる部屋で術後を過ごした場合（23名）と隣の建物の壁がみえる部屋で過ごした場合（23名）の経過を比較したところ，庭がみえる部屋で過ごした患者のほうが術後の鎮痛剤使用量が少なく，入院日数も短かった。このように，庭の風景は患者の術後の痛みを軽減し，身体の回復を助けることが報告されている。

❷人間の心と身体，集中力を回復させる

自然環境と都市環境をくらべると，自然環境のほうが人間の疲労を回復し，緊張をやわらげる。学生に自然環境（野山の中や細いあぜ道）または都市環境（高層ビルが点在し，車が渋滞）の中を散歩させ，気分や血圧の変化を比較すると，自然環境の中を散歩した学生のみポジティブな気分が高まり，ネガティブな気分が低下したことが報告されている。収縮期血圧と拡張期血圧も自然環境条件のほうが基準値に近く，低い値を示したという。さらに，自然環境の中で休憩をとると注意力が高まることも報告されている。

人の心，身体，認知機能にさまざまな効果をもたらす花や緑は，医療や福祉での積極的な活用が期待される。

❸職場環境に変化をもたらす

インターネットを用いて，植物が置かれている（または緑が窓からみえる）職場と置かれていない職場での，仕事への満足度や人間関係を調査したところ，植物が置かれている職場のほうが労働者の満足度が高く，人間関係も円滑であるとの評価が高かった。

円滑な人間関係のなかで満足度の高い仕事が行なえる職場は，まさにQOLの高い環境である。花や緑のある空間は心の豊かさを生み，生活にゆとりをもたらす。ストレス社会といわれる現代では，花や緑はたんなる嗜好品ではなく，QOLを高める重要な手段，アイテムの1つである。

Encyclopedia of Gardening, Christopher Brickell, Dorling Kindersley Limited, London, 1992.
Handbook of poisonous and injurious plants, Nelson, L. S., M. D. Richard and M. J. Balick, Springer., New York, 2007.
Plant Physiology 4th Edition, Lincoln Taiz & Eduardo Zeiger 編, Sinauer Associates, Inc., Publishers, 2006.

Q&A 種苗法 平成19年改正法対応 植物新品種の育成者権保護のポイント，農林水産省生産局種苗課　編著，ぎょうせい，2008.
新しい植物ホルモンの科学 第2版，小柴共一・神谷勇治編，講談社，2010.
園芸学．金浜耕基編，永文堂，2009.
園芸学用語集・作物名編，園芸学会編，養賢堂，2005.
園芸通論，高野泰吉著，朝倉書店，1991
屋上・建物緑化事典，柴田忠裕他編著，産調出版，2005.
改訂版　花卉園芸総論，大川　清著，養賢堂，2009.
花卉園芸学，阿部定夫他著，朝倉書店，1979.
花卉園芸学 新訂版，今西英雄著，川島書店，2012.
花卉園芸大百科7　育種／苗生産／バイテク活用，農文協，2002.
花卉園芸ハンドブック，鶴島久男著，養賢堂，1988.
花卉生産マニュアル，鶴島久男著，養賢堂，1997
花卉総論，塚本洋太郎著，養賢堂，1969.
観賞園芸学，金浜耕基編，文永堂，2013.
切り花の品質保持，市村一雄著，筑波書房，2011.
切り花の品質保持マニュアル，（財）日本花普及センター監修，流通システム研究センター，2006.
種子生物学，鈴木善弘著，東北大学出版会，2003.
植物育種学，鵜飼保雄著，東京大学出版会，2003.
植物育種学各論，日向康吉・西尾　剛編，文永堂，2003.
植物育種学辞典，日本育種学会編，培風館，2005.
植物栄養・肥料の事典，植物栄養・肥料の事典編集委員会編，朝倉書店，2002.
植物生理学第3版，L.テイツ・E.ザイガー編，培風館，2004.
植物生理学大要 第二次増訂改版，田口亮平著，養賢堂，1998.
植物による食中毒と皮膚のかぶれ 身近にある毒やかぶれる成分をもつ植物の見分け方，指田　豊・中山秀夫共著，少年写真新聞社，2012.
植物の成長，西谷和彦著，裳華房，2011.
植物の分子育種学，鈴木正彦編著，講談社，2011.
植物病理学事典，日本植物病理学会編，養賢堂，1995.
図解植物用語事典，清水建美著，八坂書房，2001.
生物環境調節ハンドブック，日本生物環境調節学会編，養賢堂，1995.
太陽光型植物工場，古在豊樹編著，オーム社，2009.
日本植物病害大事典，岸　國平編，全国農村教育協会，1998.
日本植物病名データベース，生物資源研究所ジーンバンク：http://www.gene.affrc.go.jp/databases-micro_pl_diseases.php
日本の有毒植物，佐竹元吉監修，学研，2012.
農業技術体系　花卉編，農文協
農薬・防除便覧，米山伸吾他編，農文協，2012.
農林種子学総論，中村俊一郎著，養賢堂，1985.
花の育種，斎藤　清著，誠文堂新光社，1969.
花の園芸事典，今西英雄他編，朝倉書店，2014.
花の香りの秘密，渡辺修治・大久保直美著，フレグランスジャーナル社，2009.
花の品種改良入門，西尾　剛・岡崎桂一著，誠文堂新光社，2001.
花屋さんが知っておきたい花の小事典，宇田　明・桐生進著，農文協，2013.
バラ大図鑑，上田善弘・河合伸志監修，NHK出版，2014.
ビジュアル園芸・植物用語事典 増補改訂版，土橋　豊著，家の光協会，2011.
皮膚炎をおこす植物の図鑑，指田　豊編，協和企画通信，1998.
変化朝顔図鑑，仁田坂英二著，化学同人，2014.
薬草毒草300+20，朝日新聞社編，朝日新聞社，2000.
野菜・花卉の養液土耕，六本木和夫・加藤俊博著，農文協，2000.

植物名 / 学名

〔ア〕

アイリス属 / *Iris* spp.
アオイ科 / Malvaceae
アオキ / *Aucuba japonica*
アオノリュウゼツラン / *Agave americana*
アカザ / *Chenopodium album* var. *centrorubrum*
アカシア属 / *Acasia* spp.
アカネ科 / Rubiaceae
アガパンサス属 / *Agapanthus* spp.
アガベ属 / *Agave* spp.
アカマツ / *Pinus densiflora*
アカリファ属 / *Acalypha* spp.
アキメネス属 / *Achimenes* spp.
アグラオネマ属 / *Aglaonema* spp.
アケビ科 / Lardizabalaceae
アゲラタム属 / *Ageratum* spp.
アサガオ / *Ipomoea nil*
アサガオ属 / *Ipomoea* spp.
アザレア / *Rhododendron simsii*
アジサイ / *Hydrangea macrophylla* f. *macrophylla*
アスター / *Callistephus chinensis*
アスチルベ / *Astilbe* × *arendsii*
アスパラガス属 / *Asparagus* spp.
アセビ / *Pieris japonica*
アッツザクラ / *Rhodohypoxis baurii*
アディアンタム属 / *Adiantum* spp.
アナナス属 / *Ananas* spp.
アネモネ属 / *Anemone* spp.
アブラナ科 / Brassicaceae
アブラヤシ属 / *Elaeis* spp.
アフリカキンセンカ属 / *Dimorphotheca* spp.
アフリカマキ / *Podocarpus gracilior*
アフリカンマリーゴールド / *Tagetes erecta*
アベナ / *Avena fatua*
アベリア / *Abelia* × *grandiflora*
アマランサス属 / *Amaranthus* spp.
アマリリス属 / *Hippeastrum* spp.
アメリカノウゼンカズラ / *Campsis radicans*
アヤメ属 / *Iris* spp.
アラカシ / *Quercus glauca*
アリウム属 / *Allium* spp.
アリウム・アルボピロサム / *Allium alobopilosum*
アリウム・アングロサム / *Allium angulosum*
アリウム・カエシウム / *Allium caesium*
アリウム・カエルレウム / *Allium caeruleum*
アリウム・ギガンチウム / *Allium giganteum*
アリウム・セネセンス / *Allium senescence*
アリウム・ヒルスタム / *Allium hirstum*
アリウム・ポーラム / *Allium porrum*
アリウム・ローゼンバキアナム / *Allium rosenbachianum*
アリッサム / *Lobularia maritima*
アルストロメリア属 / *Alstroemeria* spp.
アルメリア 属 / *Armeria* spp.
アルメリア・マリティマ / *Armeria maritima*
アレカヤシ / *Dypsis lutescens*
アロエ属 / *Aloe* spp.
アローカシア / *Alocasia* spp.
アンズ / *Prunus armeniaca*
アンスリウム属 / *Anthurium* spp.
イキシア属 / *Ixia* spp.
イクソラ属 / *Ixora* spp.
イスノキ / *Distylium racemosum*
イセナデシコ / *Dianthus* × *isensis*
イソギク / *Chrysanthemum pacificum*
イソトマ / *Isotoma axillaris*
イタリアンライグラス / *Lolium multiflorum*
イチゴ / *Fragaria* × *ananassa*
イチヂク属 / *Ficus* spp.
イチョウ / *Ginkgo biloba*
イッケイキュウカ / *Cymbidium faberi*
イヌサフラン / *Colchicum autumnale*
イヌツゲ / *Ilex crenata*
イヌマキ / *Podocarpus macrophyllus*
イネ / *Oryza sativa*
イボタノキ / *Ligustrum obtusifolium*
イワタバコ科 / Gesneriaceae
イワダレソウ / *Phyla nodiflora*
イワヒバ / *Selaginella tamariscina*
インゲンマメ / *Phaseolus vulgaris*
インドゴムノキ属 / *Ficus* spp.
インパチエンス / *Impatiens walleriana*
ウコギ科 / Araliaceae
ウチワサボテン属 / *Opuntia* spp.
ウツギ属 / *Deutzia* spp.
ウツボカズラ属 / *Nepenthes* spp.
ウメ / *Prunus mume*
エーデルワイス / *Leontopodium alpinum*
エキザカム / *Exacum affine*
エケベリア属 / *Echeveria* spp.
エケベリア・ハームジー / *Echeveria harmsii*
エゴノキ / *Styrax japonica*
エゾムラサキ / *Myosotis sylvatica*
エドヒガンザクラ / *Cerasus spachiana* var. *spachiana*
エニシダ / *Cytisus scoparius*
エビネ / *Calanthe discolor*
エピフィルム属 / *Epiphyllum* spp.
エリシマム属 / *Erysimum* spp.
エルムルス属 / *Eremurus* spp.
エンドウ / *Pisum sativum*
オウバイ / *Jasminum nudiflorum*
オオイタビ / *Ficus pumila*
オオキンケイギク / *Coreopsis lanceolata*
オオシマザクラ / *Prunus lannesiana*
オオデマリ / *Viburnum plicatum* var. *plicatum* f. *plicatum*
オートムギ / *Avena sativa*
オーニソガラム属 / *Ornithogalum* spp.
オオミヤシ / *Lodoicea maldivica*
オオムギ / *Hordeum vulgare*
オオムラサキツユクサ / *Tradescantia ohiensis*
オキザリス属 / *Oxalis* spp.
オキシペタラム / *Tweedia caerulea*
オジギソウ / *Mimosa pudica*
オシロイバナ / *Mirabillis jalapa*

オステオスペルマム属 / *Osteospermum* spp.
オダマキ / *Aquilegia flabellata*
オドンチオダ属 / × *Odontioda* spp.
オドントグロッサム属 / *Odontoglossum* spp.
オヒルギ / *Bruguiera gymnorrhiza*
オミナエシ / *Patrinia scabiosifolia*
オモト / *Rohdea japonica*
オリーブ / *Olea europaea*
オリズルラン / *Chlorophytum comosum*
オンシジウム属 / *Oncidium* spp.
オンシジウム・スファケラツム / *Oncidium sphacelatum*
〔カ〕
カーネーション / *Dianthus caryophyllus*
ガーベラ属 / *Gerbera* spp.
カイドウ / *Malus halliana*
カエデ属 / *Acer* spp.
ガガイモ科 / Asclepiadaceae
カカオ / *Theobroma cacao*
カキツバタ / *Iris laevigata*
ガクアジサイ / *Hydrangea macrophylla* f. *normalis*
カクレミノ / *Dendropanax trifidus*
ガザニア属 / *Gazania* spp.
カスミソウ属 / *Gypsophila* spp.
カスミソウ / *Gypsophila elegans*
カタクリ / *Erythronium japonicum*
カツラ / *Cercidiphyllum japonicum*
カトレア・ラビアタ / *Cattleya labiata*
カトレア属 / *Cattleya* spp.
カナリーヤシ / *Phoenix canariensis*
カニバサボテン / *Schlumbergera russelliana*
カネノナルキ / *Crassula ovata*
カノコユリ / *Lilium speciosum*
カブ / *Brassica rapa* var. *rapa*
カボチャ属 / *Cucurbita* spp.
カマシア属 / *Camassia* spp.
カラー属 / *Zantedeschia* spp.
カラジウム / *Caladium bicolor*
カラスムギ / *Avena fatna*
カラタチバナ / *Ardisia crispa*
カラテア・マコヤナ / *Calathea makoyana*
カラテア属 / *Calathea* spp.
カランコエ属 / *Kalanchoe* spp.
カランコエ・ブロスフェルディアナ / *Kalanchoe blossfeldiana*
カルセオラリア属 / *Calceolaria* spp.
カレンジュラ / *Calendula officinalis*
カロライナジャスミン / *Gelsemium sempervirens*
カワラナデシコ / *Dianthus superbus var. longicalycinus*
カンキチク / *Homalocladium platycladum*
カンナ科 / Cannaceae
カンナ / *Canna* × *generalis*
カンノンチク / *Rhapis excelsa*
カンパニュラ・メディウム / *Campanula medium*
カンパニュラ属 / *Campanula* spp.
カンラン / *Cymbidium kanran*
キイチゴ属 / *Rubus* spp.
キキョウ / *Platycodon grandiflorus*
キキョウナデシコ / *Phlox drummondii*
キク科 / Asteraceae
キク属 / *Chrysanthemum* spp.
キク / *Chrysanthemum* × *morifolium*
キクタニギク / *Chrysanthemum boreale*
キビ属 / *Panicum* spp.
ギボウシ / *Hosta* spp.
キャベツ / *Brassica oleracea* var. *capitata*
キュウコンベゴニア / *Begonia* Tuberhybrida Group
キュウリ / *Cucumis sativus*
キンエボシ / *Opuntia microdasys*
キンギョソウ / *Antirrhinum majus*
キンケイギク / *Coreopsis drummondii*
キンシバイ / *Hypericum patulum*
キンセンカ / *Calendula officinalis*
キンポウゲ科 / Ranunculaceae
キンモクセイ / *Osmanthus fragrans* f. *aurantiacus*
キンラン / *Cephalanthera falcata*
キンリョウヘン / *Cymbidium floribundum*
キンレンカ / *Tropaeolum majus*
クジャクサボテン属 / *Epiphyllum* spp.
クスノキ / *Cinnamomum camphora*
クチナシ / *Gardenia jasminoides*
クマツヅラ属 / *Verbena* spp.
グラジオラス属 / *Gladiolus* spp.
クラッスラ属 / *Crassula* spp.
クリサンセマム属 / *Chrysanthemum* spp.
クリスマスローズ属 / *Helleborus* spp.
クリ属 / *Castanea* spp.
クリムソンクローバー / *Trifolium incarnatum*
クルクマ属 / *Curcuma* spp.
クルミ属 / *Juglans* spp.
クレマティス属 / *Clematis* spp.
クローバー / *Trifolium repens*
グロキシニア / *Sinningia speciosa*
クロタネソウ / *Nigella damascena*
クロッカス属 / *Crocus* spp.
クロトン / *Codiaeum variegatum*
クロマツ / *Pinus thunbergii*
クロユリ / *Fritillaria camtschatcensis*
グロリオサ / *Gloriosa superba*
クンシラン / *Clivia miniata*
ケイオウザクラ / *Cerasus cerasoides var. campanulata*
ケイトウ / *Celosia argentea*
ケシ科 / Papaveraceae
ゲスネリア属 / *Gesneria* spp.
ゲッカビジン / *Epiphyllum oxypetalum*
ゲッケイジュ / *Laurus nobilis*
ケヤキ / *Zelkova serrata*
ゲンチアナ属 / *Gentiana* spp.
コウシンバラ / *Rosa chinensis*
コウホネ / *Nuphar japonicum*
コウヤマキ / *Sciadopitys verticillata*
コウライシバ / *Zoysia matrella*
コウリャン / *Sorghum vulgare*
コーヒーノキ属 / *Coffea* spp.
コキア属 / *Kochia* spp.

ゴクラクチョウカ / *Strelitzia reginae*
コクリオダ属 / *Cochlioda* spp.
コケ植物 / *Bryophyta*
コスモス / *Cosmos bipinnatus*
コダカラベンケイ / *Kalanchoe daigremontianum*
コチョウラン属 / *Phalaenopsis* spp.
ゴデチア / *Clarkia amoena*
コデマリ / *Spiraea cantoniensis*
コノテガシワ / *Platycladus orientalis*
コブシ / *Magnolia kobus*
ゴボウ / *Arctium lappa*
コムギ / *Triticum aestivum*
ゴムノキ / *Ficus elastica*
ゴヨウマツ / *Pinus parviflora*
コリウス / *Solenostemon scutellarioides*
コルチカム属 / *Colchicum* spp.
コルジリーネ属 / *Cordyline* spp.
コロラドビャクシン / *Juniperus scopulorum*

〔サ〕

サイシン / *Asarum sieboldii*
サイネリア属 / *Seneca* spp.
ザイフリボク / *Amelanchier asiatica*
サギソウ / *Pecteilis radiata*
サクラソウウ / *Primula sieboldii*
サクラ属 / *Cerasus* spp.
ザクロ / *Punica granatum*
ササ属 / *Sasa* spp.
ササユリ / *Lilium japonicum*
サザンカ / *Camellia sasanqua*
サツキ / *Rhododendron indicum*
サトウキビ / *Saccharum officinarum*
サトイモ科 / Araceae
サネカズラ / *Kadsura japonica*
サフラン / *Crocus sativus*
サボテン科 / Cactaceae
ザミア属 / *Zamia* spp.
サラセニア属 / *Sarracenia* spp.
サルスベリ / *Lagerstroemia indica*
サルトリイバラ / *Smilax china*
サルビア属 / *Salvia* spp.
サルビア・ガラニチカ / *Salvia guaranitica*
サワラ / *Chamaecyparis pisifera*
サンザシ / *Crataegus cuneata*
サンショウ / *Zanthoxylum piperitum*
サンセベリア / *Sansevieria trifasciata*
サンダーソニア / *Sandersonia aurantiaca*
シオギク / *Chrysanthemum shiwogiku*
シカモアカエデ / *Acer pseudoplatanus*
ジギタリス / *Digitalis purpurea*
シキミ / *Illicium anisatum*
シクラメン属 / *Cyclamen* spp.
シクラメン / *Cyclamen persicum*
シダ植物 / *Pteridophyta*
シダレヤナギ / *Salix babylonica*
シデコブシ / *Magnolia stellata*
ジニア・エレガンス / *Zinnia elegans*
ジニア属 / *Zinnia* spp.
シネラリア属 / *Pericallis* spp.
ジプソフィラ属 / *Gypsophila* spp.
シマトリネコ / *Fraxinus griffithii*
シマナンヨウスギ / *Araucaria heterophylla*
シモクレン / *Magnolia liliflora*
ジャーマンアイリス / *Iris germanica*
シャクナゲ亜属 / *Hymenanthes* subgenus
シャクヤク / *Paeonia lactiflora*
シャコバサボテン / *Schlumbergera truncata*
シャスタ・デージー / *Leucanthemum* × *superbum*
ジャスミン属 / *Jasminum* spp.
シャリンバイ / *Rhaphiolepis indica* var. *umbellata*
シュッコンカスミソウ / *Gypsophila paniculata*
シュッコンスイートピー / *Lathyrus latifolius*
シュロチク / *Rhapis humilis*
シュンラン / *Cymbidium goeringii*
ショウガ科 / Zingiberaceae
シラカシ / *Quercus myrsinifolia*
シラン / *Bletilla striata*
シロイヌナズナ / *Arabidopsis thaliana*
シロツメグサ / *Trifolium repens*
シロバナユキワリコザクラ / *Primula farinosa* subsp. *modesta* var. *fauriei* f. *leucantha*
ジンチョウゲ / *Daphne odora*
シンテッポウユリ / *Lilium* × *formolongi*
シンビジウム属 / *Cymbidium* spp.
スイートピー / *Lathyrus odoratus*
スイカ / *Citrullus lanatus*
スイカズラ / *Lonicera japonica*
スイセン属 / *Narcissus* spp.
スイレン属 / *Nymphaea* spp.
スカシユリ / *Lilium maculatum*
スカビオサ属 / *Scabiosa* spp.
スギ / *Cryptomeria japonica*
スキラ属 / *Scilla* spp.
スクルンベルゲラ属 / *Schlumbergera* spp.
スゲ属 / *Carex* spp.
スズカケノキ / *Platanus orientalis*
ススキ / *Miscanthus sinensis*
スズラン / *Convallaria keiskei*
スターチス属 / *Limonium* spp.
スターチス・シヌアータ / *Limonium sinuatum*
スタジイ / *Castanopsis sieboldii*
ステルンベルギア属 / *Sternbergia* spp.
ストック / *Matthiola incana*
ストレプトカーパス・ウェンドランディー / *Streptocarpus wendlandii*
ストレプトカーパス・ダニー / *Streptocarpus dunnii*
ストレリチア属 / *Strelitzia* spp.
スノードロップ / *Galanthus nivalis*
スパティフィラム属 / *Spathiphyllum* spp.
スベリヒユ / *Portulaca oleracea*
スミレ属 / *Viola* spp.
スミレ / *Viola mandshurica*
スルガラン / *Cymbidium ensifolium*
セイタカアワダチソウ / *Solidago canadensis* var. *scabra*
セイヨウアジサイ / *Hydrangea macrophylla* f. *hortensia*

セイヨウオダマキ / *Aquilegia vulgaris*
セイヨウカナメモチ / *Photinia* × *fraseri*
セイヨウキヅタ / *Hedera helix*
セイヨウシャクナゲ / *Rhododendron* cvs.
セイヨウタンポポ / *Taraxacum officinale*
セイヨウトネリコ / *Fraxinus excelsior*
セイヨウヒイラギ / *Ilex aquifolium*
セキショウ / *Acorus gramineus*
セキチク / *Dianthus chinensis*
セコイア / *Sequoia sempervirens*
セダム属 / *Sedum* spp.
セッコク / *Dendrobium moniliforme*
ゼフィランサス属 / *Zephyranthes* spp.
ゼラニウム属 / *Pelargonium* spp.
セントーレア属 / *Centaurea* spp.
セントポーリア / *Saintpaulia* spp.
センニチコウ / *Gomphrena globosa*
センリョウ / *Sarcandra glabra*
ソケイ属 / *Jasminum* spp.
ソテツ / *Cycas revoluta*
ソメイヨシノ / *Cerasus* × *yedoensis*
ソリダゴ / *Solidago* spp.
ソルガム / *Sorghum bicolor*
〔タ〕
ダイアンサス属 / *Dianthus* spp.
ダイコン / *Raphanus sativus* var. *longipinnatus*
タイサンボク / *Magnolia grandiflora*
ダイズ / *Glycine max*
タギョウショウ / *Pinus densiflora* var. *umbraculifera*
タケ属 / *Bambusa* spp.
タチアオイ / *Althaea rosea*
ダッチアイリス / *Iris* × *hollandica*
タヌキモ / *Dionaea muscipula*
タバコ / *Nicotiana tabacum*
タブノキ / *Machilus thunbergii*
タマシダ属 / *Nephrolepis cordifolia*
タマネギ / *Allium cepa*
タマリュウ / *Ophiopogon japonicus*
ダリア属 / *Dahlia* spp.
タンポポ属 / *Taraxacum* spp.
チグリジア / *Tigridia pavonia*
チモシー / *Phleum pratense*
チャ / *Camellia sinensis*
チューベローズ / *Polianthes tuberosa*
チューリップ属 / *Tulipa* spp.
チューリップ / *Tulipa gesneriana*
ツタ / *Parthenocissus tricuspidata*
ツタギク / *Senecio mikanioides*
ツツジ属 / *Rhododendron* spp.
ツバキ属 / *Camellia* spp.
ツバキ / *Camellia japonica*
ツユクサ / *Commelina communis*
ツルアジサイ / *Hydrangea petiolaris*
ツルコケモモ / *Vaccinium oxycoccos*
ツルマサキ / *Euonymus fortunei*
ツワブキ / *Farfugium japonicum*
テイカカズラ / *Trachelospermum asiaticum*
ディフェンバキア / *Dieffenbachia seguine*
ディモルフォセカ属 / *Dimorphotheca* spp.
デージー / *Bellis perennis*
テーブルヤシ / *Chamaedorea elegans*
テッセン / *Clematis florida*
テッポウユリ / *Lilium longiflorum*
テリハノイバラ / *Rosa wichuraiana*
デルフィニウム属 / *Delphynium* spp.
デルフィニウム・エラツム / *Delphinium elatum*
デンドロビウム属 / *Dendrobium* spp.
トウジュロ / *Trachycarpus wagnerianus*
ドウダンツツジ / *Enkianthus perulatus*
トウヒ / *Picea jezoensis* var. *hondoensis*
トウモロコシ / *Zea mays*
トールフェスク / *Festuca arundinacea*
トキワマンサク / *Loropetalum chinense*
ドクダミ / *Houttuynia cordata*
ドクムギ / *Lolium temulentum*
トケイソウ属 / *Passiflora* spp.
トケイソウ / *Passiflora caerulea*
トコナツ / *Dianthus chinensis* var. *semperflorens*
トチノキ属 / *Aesculus* spp.
トチノキ / *Aesculus turbinata*
トマト / *Solanum lycopersicum*
ドラセナ属 / *Dracaena* spp.
トリカブト / *Aconitum* spp.
ドリティス / *Doritis* spp.
トリトニア属 / *Tritonia* spp.
トリトマ属 / *Kniphofia* spp.
トルコギキョウ / *Eustoma grandiflorum*
〔ナ〕
ナカガワノギク / *Chrysanthemum yoshinaganthum*
ナス科 / Solanaceae
ナズナ / *Capsella bursa-pastoris*
ナツユキカズラ / *Polygonum auberitii*
ナデシコ科 / Caryophyllaceae
ナデシコ属 / *Dianthus* spp.
ナナカマド / *Sorbus commixta*
ナラ / *Quercus robur*
ナンキンハゼ / *Triadica sebifera*
ナンテン / *Nandina domestica*
ニオイシュロラン / *Cordyline australis*
ニオイヒバ / *Thuja occidentalis*
ニセアカシア / *Robinia pseudoacacia*
ニチニチソウ / *Catharanthus roseus*
ニンジン / *Daucus carota*
ヌマヒノキ / *Chamaecyparis thyoides*
ネギ属 / *Allium* spp.
ネムノキ / *Albizia julibrissin*
ノアサガオ / *Ipomoea indica*
ノイバラ / *Rosa multiflora*
ノウゼンカズラ / *Campsis grandiflora*
ノキシノブ / *Lepisorus thunbergianus*
ノコギリソウ属 / *Achillea* spp.
ノジギク / *Chrysanthemum japonense*
ノシバ / *Zoysia japonica*

〔ハ〕

バーベナ属 / *Verbena* spp.
バイカウツギ / *Philadelphus coronarius*
バイカモ / *Ranunculus nipponicus* var. *submersus*
ハイドランジア属 / *Hydrangea* spp.
パイナップル属 / *Ananas* spp.
ハイビスカス / *Hibiscus* spp.
ハエトリグサ / *Dionaea muscipula*
ハギ属 / *Lespedeza* spp.
パキラ属 / *Pachira* spp.
ハクサイ / *Brassica rapa* var. *pekinensis*
ハクチョウゲ / *Serissa foetida*
ハクモクレン / *Magnolia denudata*
ハゲイトウ / *Amaranthus tricolor*
ハゴロモジャスミン / *Jasminum polyanthum*
バショウ科 / Musaceae
ハス / *Nelumbo nucifera*
ハツユキカズラ / *Trachelospermum asiaticum*
ハナキリン / *Euphorbia milii* var. *splendens*
ハナザクロ / *Punica granatum*
ハナショウブ / *Iris ensata*
ハナズオウ / *Cercis chinensis*
ハナナ / *Brassica rapa* var. *amplexicaulis*
ハナビシソウ / *Eschscholzia californica*
ハナミズキ / *Cornus florida*
ハナモモ / *Amygdalus persica*
バビアナ / *Babiana stricta*
パフィオペディルム属 / *Paphiopedilum* spp.
ハボタン / *Brassica oleracea* var. *acephala*
ハマナス / *Rosa rugosa*
ハマナデシコ / *Dianthus japonicus*
ハヤザキアワダチソウ / *Solidago juncea*
バラ属 / *Rosa* spp.
ハラン / *Aspidistra elatior*
パンジー / *Viola* × *wittrockiana*
バンダ属 / *Vanda* spp.
パンパスグラス / *Cortaderia selloana*
ヒアシンス / *Hyacinthus orientalis*
ビート / *Beta vulgaris* var. *cicla*
ピーマン / *Capsicum annuum*
ヒイラギナンテン / *Berberis japonica*
ヒエンソウ / *Consolida ambigua*
ビオラ属 / *Viola* spp.
ヒガンバナ属 / *Lycoris* spp.
ビグノニア / *Bignonia capreolata*
ヒサカキ / *Eurya japonica*
ビジョナデシコ / *Dianthus barbatus*
ヒトツバ / *Pyrrosia lingua*
ヒトリシズカ / *Chloranthus japonicus*
ヒナゲシ / *Papaver rhoeas*
ヒノキ / *Chamaecyparis obtusa*
ヒポエステス / *Hypoestes phyllostachya*
ヒマラヤスギ / *Cedrus deodara*
ヒマワリ / *Helianthus annuus*
ヒメイワダレソウ / *Phyla canescens*
ヒメコブシ / *Magnolia stellata*
ヒメツリガネゴケ / *Physcomitrella patens* subsp. *patens*
ヒメノカリス / *Hymenocallis narcissiflora*
ビャクシン属 / *Juniperus* spp.
ピラカンサ属 / *Pyracantha* spp.
ビワ / *Eriobotrya japonica*
ファレノプシス属 / *Phalaenopsis* spp.
フィロデンドロン属 / *Philodendron* spp.
フウ / *Liquidambar formosana*
ブーゲンビレア属 / *Bougainvillea* spp.
フウラン / *Neofinetia falcata*
フウリンソウ / *Campanula medium*
フクシア / *Fuchsia* spp.
フクジュソウ / *Adonis amurensis*
フジ / *Wisteria floribunda*
ブタクサ / *Ambrosia artemisiifolia*
フダンソウ / *Beta vulgaris* var. *cicla*
ブドウ属 / *Vitis* spp.
ブナ / *Fagus sylvatica*
ブプレウルム / *Bupleurum griffithii*
プヤ・ライモンディー / *Puya raimondii*
フヨウ / *Hibiscus mutabilis*
ブラジルヤシ / *Butia capitata*
フリージア属 / *Freesia* spp.
フリーセア属 / *Vriesea* spp.
フリチラリア / *Fritillaria* spp.
プリムラ属 / *Primula* spp.
プリムラ・オブコニカ / *Primula obconica*
プリムラ・ポリアンタ / *Primula* Polyanthus Group
プリムラ・マラコイデス / *Primula malacoides*
ブルースター / *Tweedia caerulea*
フレンチ・マリーゴールド / *Tagetes patula*
フロックス属 / *Phlox* spp.
ブロワリア属 / *Browallia* spp.
ヘゴ属 / *Cyathea spinulosa*
ベゴニア属 / *Begonia* spp.
ベゴニア・センパフローレンス / *Begonia* Semperflorens-cultorum Group
ベゴニア・レックス / *Begonia* Rex-cultorum Group
ペチュニア属 / *Petunia* spp.
ペチュニア・アキシラリス / *Petunia axillaris*
ベッセラ・エレガンス / *Bessera elegans*
ヘデラ属 / *Hedera* spp.
ペニセツム属 / *Pennisetum* spp.
ベニバナ / *Carthamus tinctorius*
ベニバナインゲン / *Phaseolus coccineus*
ペペロミア属 / *Peperomia* spp.
ヘメロカリス属 / *Hemerocallis* spp.
ペラルゴニウム属 / *Pelargonium* spp.
ペラルゴニウム / *Pelargonium* × *domesticum*
ヘリアンサス属 / *Helianthus* spp.
ベロニカ属 / *Veronica* spp.
ベンケイソウ科 / Crassulaceae
ペンタス / *Pentas lanceolata*
ベントグラス / *Agrostis* spp.
ポア属 / *Poa* spp.
ポインセチア / *Euphorbia pulcherrima*
ホウサイラン / *Cymbidium sinense*
ホウセンカ / *Impatiens balsamina*

ホウレンソウ / *Spinacia oleracea*
ホオズキ / *Physalis alkekengi* var. *franchetii*
ポーチュラカ属 / *Portulaca* spp.
ボケ / *Chaenomeles speciosa*
ホソバヒャクニチソウ / *Zinnia angustifolia*
ホタルブクロ属 / *Campanula* spp.
ホタルブクロ / *Campanula punctata*
ボタン / *Paeonia suffruticosa*
ホテイアオイ / *Eichhornia crassipes*
ポトス / *Epipremnum aureum*
ポリシャス / *Polyscias* spp.
ホルトノキ / *Elaeocarpus sylvestris* var. *ellipticus*
ホワイトレースフラワー / *Ammi majus*

〔マ〕

マーガレット / *Argyranthemum frutescens*
マオウ属 / *Ephedra* spp.
マサキ / *Euonymus japonicus*
マツ属 / *Pinus* spp.
マツバギク / *Lampranthus* spp.
マツバボタン / *Portulaca grandiflora*
マツバラン / *Psilotum nudum*
マドカズラ / *Monstera friedrichsthalii*
マドンナリリー / *Lilium candidum*
マメ科 / Fabaceae
マユミ / *Euonymus sieboldianus*
マリーゴールド属 / *Tagetes* spp.
マンゴー / *Mangifera indica*
マンサク / *Hamamelis japonica*
マンリョウ / *Ardisia crenata*
ミオソチス属 / *Myosotis* spp.
ミズナラ / *Quercus crispula*
ミズヒキ / *Persicaria filiformis*
ミドリサンゴ / *Euphorbia tirucalli*
ミムラス / *Mimulus* × *hybridus*
ミヤコグサ / *Lotus corniculatus* var. *japonicus*
ミヤコワスレ / *Aster savatieri*
ミルトニア属 / *Miltonia* spp.
ムクゲ / *Hibiscus syriacus*
ムスカリ属 / *Muscari* spp.
ムベ / *Stauntonia hexaphylla*
メタセコイア / *Metasequoia glyptostroboides*
メヒルギ / *Kandelia obovata*
モウセンゴケ / *Drosera rotundifolia*
モクセイ属 / *Osmanthus* spp.
モクレン属 / *Magnolia* spp.
モチノキ / *Ilex integra*
モミ属 / *Abies* spp.
モモ / *Amygdalus persica*
モンステラ属 / *Monstera* spp.
モントレースギ / *Cupressus macrocarpa*

〔ヤ〕

ヤグルマギク属 / *Centaurea* spp.
ヤコウカ / *Cestrum nocturnum*
ヤツデ / *Fatsia japonica*
ヤナギ属 / *Salix* spp.
ヤブコウジ / *Ardisia japonica*
ヤブコウジ属 / *Ardisia* spp.
ヤブツバキ / *Camellia japonica*
ヤマボウシ / *Benthamidia japonica*
ヤマモモ / *Myrica rubra*
ヤマユリ / *Lilium auratum*
ユーコミス属 / *Eucomis* spp.
ユウスゲ / *Hemerocallis citrina* var. *vespertina*
ユーチャリス / *Eucharis* × *grandiflora*
ユーフォルビア属 / *Euphorbia* spp.
ユキツバキ / *Camellia rusticana*
ユキヤナギ / *Spiraea thunbergii*
ユキワリコザクラ /
Primula farinosa subsp. *modesta* var. *fauriei*
ユキワリソウ / *Primula farinosa* subsp. *modesta*
ユリ科 / Liliaceae
ユリ属 / *Lilium* spp.
ユリノキ / *Liriodendron tulipifera*
ヨウシュトリカブト / *Aconitum napellus*

〔ラ〕

ラークスパー / *Consolida ajacis*
ライムギ / *Secale cereale*
ライラック / *Syringa vulgaris*
ラナンキュラス / *Ranunculus vulgaris*
ラバンデュラ属 / *Lavandula* spp.
ラワン / *Shorea* spp.
リアトリス属 / *Liatris* spp.
リコリス属 / *Lycoris* spp.
リナリア属 / *Linaria* spp.
リューココリーネ属 / *Leucocoryne* spp.
リュウゼツラン属 / *Agave* spp.
リンゴ属 / *Malus* spp.
リンゴ / *Malus pumila*
リンドウ属 / *gentiana* spp.
ルコウソウ / *Ipomoea quamoclit*
ルドベキア属 / *Rudbeckia* spp.
ルナリア属 / *Lunaria* spp.
ルピナス属 / *Lupinus* spp.
レオノティス / *Leonotis leonurus*
レタス / *Lactuca sativa*
レッド・ジンジャー / *Alpinia purpurata*
レンギョウ / *Forsythia suspensa*
レンゲ / *Astragalus sinicus*
ロウバイ / *Chimonanthus praecox*
ロザ・エグランテリア / *Rosa eglanteria*
ロサ・オドラータ / *Rosa* × *odorata*
ロサ・ギガンティア / *Rosa gigantea*
ロサ・フェティダ / *Rosa foetida*
ロベリア属 / *Lobelia* spp.

〔ワ〕

ワサビ / *Wasabia japonica*
ワスレナグサ / *Myosotis sylvatica*
ワスレナグサ属 / *Myosotis* spp.
ワタ属 / *Gossyoium* spp.
ワトソニア属 / *Watsonia* spp.
ワレモコウ / *Sanguisorba officinalis*

和文索引

和文索引

和文索引

欧文索引

著者一覧

編著者
腰岡政二（日本大学生物資源科学部）

著者（執筆順）
土橋　豊（東京農業大学農学部）
窪田　聡（日本大学生物資源科学部）
久松　完（農研機構 花き研究所）
小野崎　隆（農研機構 花き研究所）
鷹見敏彦（鳥取県農林水産部）
佐藤　衛（農研機構 花き研究所）
河合　章（農研機構 野菜茶業研究所）
中山真義（農研機構 花き研究所）
大久保直美（農研機構 花き研究所）
市村一雄（農研機構 花き研究所）
柴田忠裕（千葉県立農業大学校）
望月寛子（農研機構 花き研究所）

農学基礎シリーズ **花卉園芸学の基礎**

2015年2月20日　第1刷発行
2023年3月10日　第5刷発行

編著者　腰岡 政二

発行所　一般社団法人 農山漁村文化協会
郵便番号　335－0022　埼玉県戸田市上戸田2－2－2
電話　048（233）9351（営業）　048（233）9355（編集）
FAX　048（299）2812　振替 00120－3－144478

ISBN 978-4-540-12208-8　DTP制作／條 克己
〈検印廃止〉　印刷・製本／凸版印刷㈱

Printed in Japan　定価はカバーに表示